信息技术导论

主　编／连　丹　麻少秋　张　晖

副主编／郑定超　邱清辉　李谷伟　吴　敏

清华大学出版社

北京

内 容 简 介

本书深入浅出地介绍了计算机主要知识领域的基本内容及常用办公软件的基本操作,是一本学习计算机专业知识的入门教材。全书共分为 12 章,具体内容包括计算机基础、操作系统基础、文字处理 Word 2019、电子表格 Excel 2019、演示文稿 PowerPoint 2019、信息检索技术、软件开发技术、云计算与网络技术、大数据技术、人工智能技术、虚拟现实技术、信息安全技术。本书精选一些典型案例,以任务驱动的形式组织内容,每个任务都包含学习目标、任务描述、相关知识、任务实施和习题等内容并顺序展开,可以帮助学生对计算机领域有一个全面、系统、概括的了解。

本书结构清晰,内容翔实,剔除陈旧知识,添加部分前沿内容,易教易学,既可作为高等院校相关课程的教材,也可作为计算机各类社会培训的教材,还可作为各类工程技术人员和其他自学者的参考用书。

图书在版编目(CIP)数据

信息技术导论/连丹,麻少秋,张晖主编. —北京:清华大学出版社,2021.10 (2024.8重印)
ISBN 978-7-302-58435-3

Ⅰ.①信… Ⅱ.①连… ②麻… ③张… Ⅲ.①电子计算机-高等学校-教材 Ⅳ.①TP3

中国版本图书馆 CIP 数据核字(2021)第 115590 号

责任编辑:张龙卿
封面设计:范春燕
责任校对:李 梅
责任印制:宋 林

出版发行:清华大学出版社
      网   址:https://www.tup.com.cn,https://www.wqxuetang.com
      地   址:北京清华大学学研大厦 A 座   邮   编:100084
      社 总 机:010-83470000   邮   购:010-62786544
      投稿与读者服务:010-62776969,c-service@tup.tsinghua.edu.cn
      质量反馈:010-62772015,zhiliang@tup.tsinghua.edu.cn
      课件下载:https://www.tup.com.cn,010-83470410
印 装 者:三河市龙大印装有限公司
经   销:全国新华书店
开   本:185mm×260mm   印   张:17.75   字   数:428 千字
版   次:2021 年 10 月第 1 版   印   次:2024 年 8 月第 4 次印刷
定   价:59.00 元

产品编号:090829-01

前　言

　　随着科技的飞速发展,计算机技术不断升级和普及,给各学科以及人们的学习、工作及生活带来了无限便利,而掌握计算机技术知识及应用已经成为每个学生必备的技能。

　　本书依托"互联网+"技术,对信息技术导论相关资源库进行整合,摒弃陈旧的、过时的内容,引入前沿的、先进的教育资源,并开发在线资源。在线资源紧紧围绕计算思维教育,从分析问题、存储问题、解决问题的角度进行课程内容的组织和讲解,在充分考虑学生个体认知能力差异的基础上,让学生在尽可能短的时间内充分认识和理解计算思维本质,以及通过计算机实现计算思维的基本过程,并最终能将这一过程自觉地运用到日后的工作中。因此,本书比较适合作为计算机相关专业信息技术基础课程的教材,也可以作为广大计算机应用技术人员与计算机爱好者的参考资料。

　　本书以任务驱动的形式组织内容,全书共分为 12 章,包括计算机基础、操作系统、办公软件、各种新技术及实用技术。本书内容体现了广、浅、新、易、趣、思 6 个字的特点,即知识面广,层次浅显,内容新颖,通俗易懂,激发兴趣,引导思考。全书精选了 28 个任务,制作了一整套电子课件,录制了 13 个教学视频,便于教师和学生使用本书。本书较有特色的是剔除了许多陈旧知识,添加了云计算、虚拟现实技术、大数据技术、人工智能等前沿新技术,可以有效地开阔学生的视野,帮助学生为今后深入学习计算机相关专业的其他课程打下坚实的基础。

　　本书由连丹、麻少秋、张晖主编,郑定超、邱清辉、李谷伟、吴敏担任副主编,杨云担任主审。感谢浙江东方职业技术学院对本书编写给予的大力支持,并感谢其他教师在本书编写过程中提出的宝贵意见。

　　由于时间仓促,书中的疏漏和瑕疵之处在所难免,敬请广大读者朋友批评、指正。

编　者

2021 年 3 月

目　录

第1章
计算机基础

计算机(computer)是具备数据存储、修改功能,并实现对相关逻辑与数据的计算,是现代化智能电子设备。计算机的诞生对人类的生产活动和社会活动产生了极其重要的影响,并以强大的生命力飞速发展。它的应用领域从最初的军事科研应用扩展到社会的各个领域,由此引发了深刻的社会变革,成为信息社会中必不可少的工具。因此,学习和掌握计算机基础知识已成为人们的迫切要求。本章主要介绍了计算机的基础知识。

任务 1.1 了解计算机基础知识

任务描述

小李是一名大学新生,由于他的计算机知识储备不足,为了更好地适应大学的学习,现在他想在新学期开始之前先了解一下与计算机相关的知识和技能。

计算机俗称电脑,是现代一种用于高速计算并具有存储记忆功能的现代化智能电子设备,它能够运行程序,并自动、高速地处理海量数据。

随着科技的进步及各种计算机技术、网络技术的飞速发展,使计算机早已渗透到各行各业,因此,对计算机的熟练操作与应用已经成为从业人员必须掌握的工作技能。

1.1.1 计算机的发展史

1. 世界计算机发展史

自 1946 年第一台电子计算机问世以来,经历了几百年的发展,从机械式计算机发展到电子计算机,又从电子计算机发展到超大规模集成电路组成的微型计算机。计算机技术在元件器件、硬件系统结构、软件系统、应用等方面均有惊人进步。现代计算机系统小到微型计算机和个人计算机,大到巨型计算机及其网络,其形态、特性多种多样,并已广泛用于科学计算、事务处理和过程控制,日益覆盖社会各个领域,对社会的进步产生深刻影响。

1946 年 2 月 14 日,由美国军方定制的世界上第一台电子计算机——"电子数字积分计算机"(electronic numerical and calculator,ENIAC)在美国宾夕法尼亚大学问世了,它是美国奥伯丁武器试验场为了满足计算弹道需要而研制的。这台计算器使用了 17 840 支电子管,大小为 30.48mm×6m×2.4m,重达 28t,功耗为 170kW,其运算速度为每秒 5000 次的加法运算,造价约为 487 000 美元。ENIAC 的问世具有划时代的意义,表明电子计算机时代的到来。但是这种计算机的程序仍然是外加式的,存储容量也太小,尚未完全具备现代计算机的主要特征。

再一次的重大突破是由美籍匈牙利科学家冯·诺依曼领导的设计小组完成的。1945 年 3 月,他们发表了一个全新的存储程序式通用电子计算机方案——电子离散变量自动计算机(EDVAC)。1949 年 8 月,EDVAC 交付给弹道研究实验室,在发现和解决许多问题之后,直到 1951 年 EDVAC 才开始运行。冯·诺依曼提出了程序存储的思想,并成功将其运用在计算机的设计中,根据这一原理制造的计算机被称为冯·诺依曼结构计算机,这是所有现代电子计算机的范式,被称为"冯·诺依曼结构"。冯·诺依曼又被称为"现代计算机之父"。

回顾电子计算机的发展历史,自第一台电子计算机(ENIAC)诞生以来,根据所采用的物理器件,大致可将计算机的发展划分为 4 个阶段,如表 1-1 所示。

表 1-1　计算机发展的 4 个阶段

时　期	特　点
第一代计算机 1946—1957 年(电子管)	逻辑元件采用的是电子管。软件方面采用的是机器语言、汇编语言。应用领域以军事和科学计算为主。它的缺点是体积大、功耗高、可靠性差、速度慢、价格昂贵
第二代计算机 1958—1964 年(晶体管)	逻辑元件采用的是晶体管。软件方面出现了操作系统、高级语言及其编译程序。开始进入工业控制领域。它的特点是体积缩小,能耗降低,可靠性提高,运算速度提高
第三代计算机 1965—1970 年(集成电路)	逻辑元件采用的是中、小规模集成电路(MSI、SSI)。软件方面出现了分时操作系统以及结构化、规模化程序设计方法。开始进入文字处理和图形图像处理领域。它的特点是可靠性显著提高,价格进一步下降,产品走向了通用化、系列化和标准化等
第四代计算机 1971 年至今(大规模和超大规模集成电路)	逻辑元件采用的是大规模和超大规模集成电路(LSI 和 VLSI)。软件方面出现了数据库管理系统、网络管理系统和面向对象语言等。应用领域从科学计算、事务管理、过程控制逐步走向家庭。出现了微处理器,并且可以用微处理器和大规模、超大规模集成电路组装成微型计算机,就是我们常说的微机或 PC

2. 中国计算机发展史

中国计算机事业起步比美国晚了 13 年,但是经过老一辈科学家的艰苦努力,中国与世界的差距逐渐缩小了。

1958 年,中科院计算所研制成功我国第一台小型电子管通用计算机 103 机(八一型),标志着我国第一台电子计算机的诞生,如图 1-1 所示。

1965 年,中科院计算所研制成功第一台大型晶体管计算机 109 乙,之后推出的 109 丙在两弹试验中发挥了重要作用。

1974 年,清华大学等单位联合设计、研制并成功采用集成电路的 DJS-130 小型计算机,运算速度达每秒 100 万次。

1983 年,国防科技大学研制成功运算速度每秒上亿次的银河-Ⅰ巨型机,这是我国高速计算机研制的一个重要里程碑,如图 1-2 所示。

图 1-1　103 机

图 1-2　银河-Ⅰ巨型机

1985 年,电子工业部计算机管理局研制成功与 IBM PC 兼容的长城 0520CH 微机。

1992 年,国防科技大学研究出银河-Ⅱ通用并行巨型机,峰值速度达每秒 4 亿次浮点运算(相当于每秒 10 亿次基本运算操作),为共享主存储器的四处理机向量机。其向量中央处理机是采用中小规模集成电路自行设计的,总体上达到了 20 世纪 80 年代中后期国际的先进水平。它主要用于中期天气预报。

1993 年,国家智能计算机研究开发中心(后成立北京市曙光计算机公司,以下简称曙光公司)研制成功曙光一号全对称共享存储多处理机,这是国内首次以基于超大规模集成电路的通用微处理器芯片和标准 UNIX 操作系统设计并开发的并行计算机。

1995 年,曙光公司又推出了国内第一台具有大规模并行处理机(MPP)结构的并行机曙光 1000(含 36 个处理机),峰值速度每秒 25 亿次浮点运算,实际运算速度上了每秒 10 亿次浮点运算这一高性能台阶。曙光 1000 与美国 Intel 公司 1990 年推出的大规模并行机体系结构与实现技术相近,与国外的差距缩小到 5 年左右。

1997 年,国防科技大学研制成功银河-Ⅲ百亿次并行巨型计算机系统,采用可扩展分布共享存储并行处理体系结构,由 130 多个处理节点组成,峰值性能为每秒 130 亿次浮点运算,系统综合技术达到了 20 世纪 90 年代中期国际的先进水平。

1997—1999 年,曙光公司先后在市场上推出具有机群结构(cluster)的曙光 1000A,曙光 2000-Ⅰ,曙光 2000-Ⅱ超级服务器,峰值计算速度已突破每秒 1000 亿次浮点运算,机器规模已超过 160 个处理机。

1999 年,国家并行计算机工程技术研究中心研制的神威Ⅰ计算机通过了国家级验收,并在国家气象中心投入运行。系统有 384 个运算处理单元,峰值运算速度达每秒 3840 亿次。

2000 年,曙光公司推出每秒 3000 亿次浮点运算的曙光 3000 超级服务器。

2001 年,中科院计算所研制成功我国第一款通用 CPU——"龙芯"芯片,如图 1-3 所示。龙芯的诞生,打破了国

图 1-3　龙芯 3 号

外的长期技术垄断,结束了中国近二十年无"芯"的历史。

2002 年,曙光公司推出完全自主知识产权的"龙腾"服务器,龙腾服务器采用了"龙芯-1"CPU,采用了曙光公司和中科院计算所联合研发的服务器专用主板,采用曙光 Linux 操作系统。该服务器是国内第一台完全实现自有产权的产品,在国防、安全等部门发挥了重大作用。

2003 年,百万亿次数据处理超级服务器曙光 4000L 通过国家验收,再一次刷新国产超级服务器的历史纪录,使得国产高性能产业再上新台阶。

2003 年 4 月 9 日,由苏州国芯科技有限公司、南京熊猫电子股份有限公司、中芯国际集成电路制造有限公司、上海宏力半导体制造有限公司、上海贝岭股份有限公司、杭州士兰微电子股份有限公司、北京大学、清华大学等 61 家集成电路企业及机构组成的"中国芯产业联盟"在南京宣告成立,谋求合力打造中国集成电路完整产业链。

2003 年 12 月 9 日,联想承担的国家网格主节点"深腾 6800"超级计算机正式研制成功,其实际运算速度达到每秒 4.183 万亿次,全球排名第 14 位,运行效率 78.5%。

2003 年 12 月 28 日,"中国芯工程"成果汇报会在人民大会堂举行,我国"星光中国芯"工程开发设计出 5 代数字多媒体芯片,在国际市场上以超过 40%的市场份额占领了计算机图像输入芯片世界第一的位置。

2004 年 3 月 24 日,在国务院常务会议上,《中华人民共和国电子签名法(草案)》获得原则通过,这标志着我国电子业务渐入法制轨道。

2004 年 6 月 21 日,美国能源部劳伦斯伯克利国家实验室公布了最新的全球计算机 500 强名单,曙光计算机公司研制的超级计算机"曙光 4000A"排名第十,运算速度达 8.061 万亿次。

2005 年 4 月 1 日,《中华人民共和国电子签名法》正式实施。电子签名自此与传统的手写签名和盖章具有同等的法律效力,将促进和规范中国电子交易的发展。

2005 年 4 月 18 日,由中国科学研究院计算技术研究所研制的中国首个拥有自主知识产权的通用高性能 CPU"龙芯二号"正式亮相。

2005 年 5 月 1 日,联想正式宣布完成对 IBM 全球 PC 业务的收购,联想以合并后年收入约 130 亿美元,个人计算机年销售量约 1400 万台,一跃成为全球第三大 PC 制造商。

2005 年 8 月 5 日,国内最大搜索引擎百度公司的股票在美国 Nasdaq 市场挂牌交易,一日之内股价上涨 354%,刷新美国股市 5 年来新上市公司首日涨幅的纪录,百度也因此成为股价最高的中国公司,并募集到 1.09 亿美元的资金,比该公司最初预计的数额多出 40%。

2005 年 8 月 11 日,阿里巴巴公司和雅虎公司同时宣布,阿里巴巴收购雅虎中国全部资产,同时得到雅虎 10 亿美元投资,打造中国最强大的互联网搜索平台,这是中国互联网史上最大的一起并购案。

1.1.2 计算机的应用领域

人类已经进入以计算机为基础的信息化时代,计算机的应用已渗透到社会的各行各业,日益改变着传统的工作、学习和生活方式,推动着社会的发展。归纳起来,计算机的主要应用领域有以下 5 个方面。

1. 科学计算

科学计算也称数值计算,是指利用计算机来完成科学研究和工程技术中提出的数学问题的计算。科学计算是计算机应用的一个重要领域,如高能物理、工程设计、地震预测、气象预报、航天技术等。由于计算机具有高运算速度和精度以及逻辑判断能力,因此出现了计算力学、计算物理、计算化学、生物控制论等新的学科。

2. 信息管理

信息管理是指利用计算机来加工、管理与操作任何形式的数据资料,如企业管理、物资管理、报表统计、账目计算、信息情报检索等。国内许多机构纷纷建设自己的管理系统(MIS),生产企业也采用制造资源规划软件(MRP),商业流通领域则使用电子信息交换系统(EDI)等。据统计,80%以上的计算机主要用于数据处理,它是目前计算机应用最广泛的一个领域,因此出现了大数据技术与应用等新的专业。

3. 计算机辅助系统

计算机辅助系统(computer-aided system)是利用计算机辅助完成不同任务的系统的总称。计算机辅助系统包括计算机辅助设计(computer aided design,CAD)、计算机辅助制造(computer aided manufacturing,CAM)、计算机辅助测试(computer aided test,CAT)、计算机辅助教学(computer aided instruction,CAI)、计算机辅助翻译(computer aided translation,CAT)、计算机辅助工程(computer aided engineering,CAE)、计算机集成制造(computer integrated manufacturing systems,CIMS)等系统,因此出现了计算机应用技术等专业。

(1) 计算机辅助设计。这是利用计算机程序创建、修改、分析和记载物理对象的 2D 或 3D 图形表示形式,以代替手工草图和产品原型。在设计中通常要用计算机对不同方案进行大量的计算、分析和比较,以决定最优方案。由计算机自动产生的设计结果,可以快速做出图形,使设计人员及时对设计进行判断和修改。

(2) 计算机辅助制造。这是利用计算机进行生产设备的管理、控制与操作,从而提高产品质量,降低生产成本,缩短生产周期,并且还大幅改善了制造人员的工作条件。例如,在产品的制造过程中,用计算机控制机器的运行,处理生产过程中所需的数据,控制和处理材料的流动以及对产品进行检测等。

(3) 计算机辅助测试。这是利用计算机进行复杂而大量的测试工作,它可以用在不同的领域。在教学领域,可以使用计算机对学生的学习效果进行测试和学习能力估量,一般分为脱机测试和联机测试两种方法;在软件测试领域,可以使用计算机来进行软件的测试,提高了测试效率。

(4) 计算机辅助教学。这是利用计算机帮助教师讲授和学生学习的自动化系统,使学生能够轻松地从中学到所需要的知识。CAI 的主要特色是交互教育、个别指导和因人施教。

(5) 计算机辅助翻译。能够帮助翻译者优质、高效、轻松地完成翻译工作。它不同于以往的机器翻译软件,不依赖于计算机的自动翻译,而是在人的参与下完成整个翻译过程。与人工翻译相比,翻译质量相同或更好,翻译效率可提高一倍以上。CAT 使繁重的手工翻译流程自动化,并大幅度提高了翻译效率和翻译质量。

(6) 计算机辅助工程。这是把工程(生产)的各个环节有机地组织起来,关键是集成有关的信息,使其产生并存在于工程(产品)的整个生命周期。因此,CAE 系统是一个包括了相关人员、技术、经营管理,以及信息流和物流的有机集成且优化运行的复杂系统。

(7) 计算机集成制造。这是将技术上的各个单项信息处理和制造企业管理信息系统集成在一起,将产品生命周期中的所有功能,包括设计、制造、管理、市场等的信息处理全部予以集成。其关键是建立统一的全局产品数据模型,以及数据管理和共享的机制,以保证正确的信息在正确的时刻以正确的方式传到所需的地方。CIMS的进一步发展方向是支持"并行工程",即力图使那些为产品生命周期单个阶级服务的专家尽早地并行工作,从而使全局优化并缩短产品的开发周期。

4. 人工智能

人工智能(简称 AI),是指开发具有人类某些智能的应用系统,用计算机模拟人的思维判断、推理等智能活动,使计算机具有自主学习适应和逻辑推理的功能,诸如感知、判断、理解、学习、问题求解和图像识别等。近年来人工智能的研究走向实用化,在医疗诊断、模式识别、智能检索、语言翻译、机器人等方面已有显著成效,还相应出现了人工智能等新专业,如图 1-4 所示。

图 1-4　人工智能应用

5. 网络应用

计算机技术与现代通信技术的结合构成了计算机网络。计算机网络的建立,实现了全球性的资源共享和信息传递,极大地促进人类社会的进步和发展,因此出现了计算机网络等专业。

任务实施

通过本节知识的学习,小李同学已经对计算机相关基础知识有了初步的了解,他根据自己掌握的知识绘制了如图 1-5 所示的思维导图。

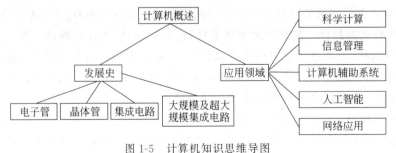

图 1-5　计算机知识思维导图

任务 1.2　组装计算机硬件系统

任务描述

无论哪个专业的学生都需要一台计算机来帮助自己学习,因此必须配备一台个人计算机。为了做到"只选对的,不买贵的",小李就去数码广场了解一下配置一台个人计算机需要购买什么器件。

1.2.1　计算机硬件系统组成

现代计算机尽管在性能和用途各方面有所不同,但都是遵循了冯·诺依曼提出的"存储程序和程序控制"的原理,采用了冯·诺依曼的体系结构。根据冯·诺依曼体系结构设计的计算机由运算器、控制器、存储器、输入设备和输出设备组成,如图 1-6 所示。

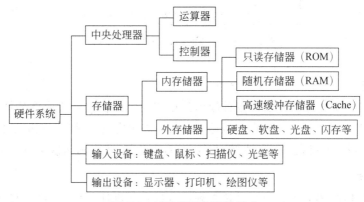

图 1-6　计算机硬件系统组成

1. 运算器

运算器也称算术逻辑单元(arithmetic logic unit,ALU),它的主要功能是对数据进行各种算术运算和逻辑运算。算术运算是指加、减、乘、除等基本的常规运算;逻辑运算是指"与""或""非"这样的基本逻辑运算以及数据的比较、移位等操作。在计算机中,任何复杂运算都转化为基本的算术或逻辑运算,然后在运算器中完成。

2. 控制器

控制器(controller unit,CU)是整个计算机系统的控制中心,它指挥计算机各部分协调地工作,保证计算机按照预先规定的目标和步骤有条不紊地进行操作及处理。它的基本功能是从内存取指令和执行指令。指令是指示计算机如何工作的一步操作,由操作码(操作方法)及操作数(操作对象)两部分组成。控制器从内存中逐条取出指令,分析指令,并根据分析的结果向计算机其他部分发出控制信号,统一指挥整个计算机完成指令所规定的操作。计算机自动工作的过程,实际上是自动执行程序的过程,而程序中的每条指令都是由控制器来分析执行的,因此,控制器是计算机实现"程序控制"的主要部件。

通常将运算器和控制器统称为中央处理器,即 CPU(central processing unit),它是整个计算机的核心部件,是计算机的"大脑"。它控制了计算机的运算、处理、输入和输出等工作。

3. 存储器

存储器(memory unit)的主要功能是存储程序和各种数据信息,并能在计算机运行过程中高速、自动地完成程序或数据的存取。存储器是具有"记忆"功能的设备,它以二进制形式存储信息。根据存储器与 CPU 联系的密切程度,可将其分为内存储器(简称内存,是主存储器)和外存储器(简称外存,是辅助存储器)两大类。内存直接与 CPU 交换信息,它的特点是容量小,存取速度快,一般用来存放正在运行的程序和待处理的数据。外存作为内存的延伸,间接和 CPU 联系,用来存放系统必须使用,但又不急于使用的程序和数据,程序必须从外存调入内存方可执行。外存的特点是存取速度慢,存储容量大,可以长时间地保存。CPU与内存、外存之间的关系如图 1-7 所示。

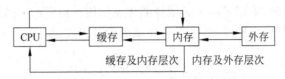

图 1-7 CPU 访问内存和外存的方式

4. 输入设备

输入设备是用来向计算机输入各种原始数据和程序的装置。其功能是把各种形式的信息,如数字、文字、图像等转换为计算机能够识别的二进制代码,并把它们输入计算机内存储起来。常用的输入设备有键盘、鼠标、光笔、扫描仪、数字化仪、条形码阅读器、视频摄像机等。

5. 输出设备

输出设备是将计算机的处理结果传送到计算机外部供计算机用户使用的装置。其功能是把计算机加工处理的结果(二进制形式的数据信息)换成人们所需要的或其他设备能接受和识别的信息形式如文字、数字、图形、声音等。常用的输出设备有显示器、打印机、绘图仪等。

按照冯·诺依曼存储程序的原理,如图 1-8 所示,五大部件实际上是在控制器的控制下协调统一地工作。首先,控制器发出输入命令,把表示计算步骤的程序和计算中需要的相关数据,通过输入设备送入计算机的存储器存储。其次,在计算开始时,在取指令作用下把程序指令逐条送入控制器。控制器根据程序指令的操作要求向存储器和运算器发出存储、取数和运算命令,经过运算器计算并把结果存放在存储器内。最后,控制器发出取数和输出命令,通过输出设备输出计算结果。

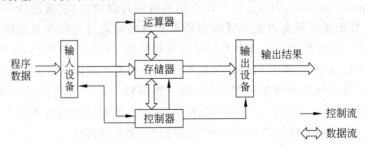

图 1-8 计算机基本硬件组成及简单工作原理

1.2.2　计算机性能指标

计算机性能的好坏是相对的,是有多项指标综合确定的。各项指标之间也不是彼此孤立的。在实际应用时,应该把它们综合起来考虑,而且还要遵循"性能价格比"(简称性价比)的原则。下面介绍几个计算机主要的性能指标。

1. 运算速度

运算速度是衡量计算机性能的一项重要指标。通常所说的计算机运算速度(平均运算速度),是指每秒所能执行的指令条数,一般用"百万条指令/秒"来描述。同一台计算机,执行不同的运算所需时间可能不同,因而对运算速度的描述常采用不同的方法。常用的有CPU时钟频率(主频)、每秒平均执行指令数等。微型计算机一般采用主频来描述运算速度,例如,Pentium 4 1.5G 的主频为 1.5GHz,AMD Ryzen7 3700X 8-Core processor 3.60G 的主频为 3.60GHz。一般来说,主频越高,运算速度就越快。

2. 字长

计算机在同一时间内处理的一组二进制数称为一个计算机的"字",而这组二进制数的位数就是"字长"。在其他指标相同时,字长越大,计算机处理数据的速度就越快。早期的微型计算机的字长一般是 8 位和 16 位。目前的计算机基本上是 64 位。

3. 内存容量

内存是 CPU 可以直接访问的存储器,需要执行的程序与需要处理的数据就是存放在内存中的。内存容量的大小反映了计算机即时存储信息的能力。随着操作系统的升级、应用软件的不断丰富及其功能的不断扩展,人们对计算机内存容量的需求也不断提高。

内存容量一般都是 2 的整次方倍,比如,运行 Windows 10 操作系统至少需要 2GB 的内存容量。一般而言,内存容量越大,越有利于系统的运行。系统对内存的识别是以 Byte(字节)为单位,每个字节由 8 位二进制数组成,即 8bit(比特,也称"位")。按照计算机的二进制方式,1Byte=8bit,1KB=1024Byte,1MB=1024KB,1GB=1024MB,1TB=1024GB。

4. 外存容量

外存容量通常是指硬盘容量(包括内置硬盘和移动硬盘)。外存容量越大,可存储的信息就越多,可安装的应用软件就越丰富。目前计算机内置硬盘除了配备传统的机械硬盘外,还配备了固态硬盘,固态硬盘则大幅提高了计算机的读/写速度。

1.2.3　计算机组装与维护

计算机组装是指用户将在计算机使用前将硬件组装成可工作的计算机的过程。不同的用户在组装中对硬件要求不同,但是处理器、主板、内存、硬盘、光驱、显卡、声卡、显示器、音箱、电源、键盘、鼠标等是必不可少的。可以按照以下流程来组装计算机。

(1)打开机箱,将电源安装在机箱中。

(2)在主板的 CPU 插座上插入 CPU 芯片并涂抹导热硅脂,安装散热片和散热风扇。

(3)将内存条插入主板的内存插槽中。

(4)将主板安装在机箱中主板的位置上,并把电源的供电线插接在主板上。

（5）将显卡安装在主板的显卡插槽上（若是集成板，可以省略此步）。

（6）声卡都是 PCI 接口，所以将声卡插入 PCI 插槽中（若是集成板，可以省略此步）。

（7）在机箱中安装硬盘，并将数据线插在主板相应的接口上，接好电源线。

（8）将机箱面板控制线与主板连接，即各种开关、指示灯、PC 喇叭的连接。

（9）将显示器的信号线连接到显卡上。

（10）加电测试系统是否能正常启动。如果能正常启动（听到"滴"的一声，并且屏幕上显示硬件的自检信息），那么关掉电源继续下面的安装操作。如果不能正常启动，就要检查前面的安装过程是否存在问题，部件是否损坏。

（11）将机箱的侧面板安装好，检查固定螺钉。

（12）安装鼠标和键盘等外设连线，接好电源，全部组装工作完成。

为了延长与提高计算机使用寿命和运行效率，对计算机日常维护是必不可少的。其基本内容包括注意计算机工作中的防潮、防尘、散热处理；按照正常顺序开关机（先开外设，后开主机，而关机正好相反），不宜频繁地开关机；整理好计算机连接线路，确保电源、电路正常；使计算机始终在正常的温度、湿度下运行等。日常维护工作要求使用者养成良好的使用习惯，在使用方式正确、妥当的情况下，使计算机长期处于一种高效、稳定的运行状态。

任务实施

通过本节知识的学习以及亲身实践，小李同学已经对计算机硬件系统有了深入的了解，也总结出一套选购计算机的方法。选购家用计算机，首先要做的是需求分析，做到心中有数、有的放矢。够用、耐用是选购家用计算机最基本的两个原则。计算机用户在购买计算机前一定要明确自己计算机的用途，也就是说用户究竟让计算机做什么工作，具备什么样的功能。明确了这一点，才能有针对性地选择不同档次的计算机。

小李从自身需求出发，为自己配置了一台个人计算机，具体参数如表 1-2 所示。

表 1-2　个人计算机配置参数表

设　备	型　号
CPU	Intel Core i6-9700F（盒）
散热器	酷冷至尊 T400i 散热器
内存条	金士顿 DDR4 16GB
显示器	AOC C27G1
音响	漫步者 R101V
主板	技嘉 B365M D2V
显卡	影驰 GTX1650Super 骁将（显存为 4GB）
固态硬盘	西部数据 SSD（250GB）
机箱、电源	爱国者炫影 mini，安钛克 BP400（额定功率为 400W）
键盘、鼠标	罗技 G100S 键鼠套装

任务 1.3　安装计算机软件系统

任务描述

小李从自身的需求出发,组装了一台个人计算机,但发现这台计算机还无法正常工作。要使他的计算机正常使用,他还必须做一些工作。

1.3.1　软件系统概述

一个完整的计算机系统必须包括硬件系统和软件系统,二者缺一不可。硬件是软件赖以工作的物质基础,软件的正常工作是硬件发挥作用的唯一途径。计算机系统必须要配备完善的软件系统才能正常工作,且充分发挥其硬件的各种功能。计算机软件也随着硬件技术的迅速发展而发展,而软件的不断发展与完善又促进硬件的更新。

计算机的软件系统是指为运行、管理和维护计算机而编制的各种程序、数据和文档的总称。程序是完成某一任务的指令或语句的有序集合;数据是程序处理的对象和处理的结果;文档是描述程序操作及使用的相关资料。计算机软件是计算机硬件与用户之间的一座桥梁,能保证计算机按照用户的意愿正常运行,满足用户使用计算机的各种需求,帮助用户管理计算机和维护资源,执行用户命令,控制系统调度等。

1.3.2　软件系统分类

计算机软件系统通常被分为系统软件和应用软件两大类。

1. 系统软件

系统软件是指控制和协调计算机及外部设备,支持应用软件开发和运行的系统,是无须用户干预的各种程序的集合,主要功能是调度、监控和维护计算机系统;负责管理计算机系统中各种独立的硬件,使得它们可以协调工作。系统软件根据它们的功能,可分为操作系统、语言处理程序、服务性程序和数据库管理系统等。

(1)操作系统。操作系统(operation system,OS)是管理计算机硬件与软件资源的计算机程序。操作系统会提供一个让用户与系统交互的操作界面。计算机的操作系统根据用途的不同分为不同的种类,从功能角度分,分别有实时系统、批处理系统、分时系统、网络操作系统等。常见的操作系统如表 1-3 所示。

(2)语言处理程序。语言处理程序是将用程序设计语言编写的源程序转换成机器语言的形式,以便计算机能够运行。这一转换是由翻译程序来完成的。不同的计算机语言有相应的翻译程序。如采用编译程序的有 FORTRAN、PASCAL 和 C 等高级语言,采用解释程序的有 BASIC、LISP 等高级语言。

(3)服务性程序。服务性程序是指为了帮助用户使用与维护计算机,提供服务性手段并支持其他软件开发而编制的一类辅助性的程序。它可以在操作系统的控制下运行,也可以在没有操作系统的情况下独立运行。服务性程序主要有工具软件、编辑程序、软件调试程序以及诊断程序等几种。

表 1-3　常见的操作系统

分　类	简　介	应　用　领　域
嵌入式系统(iOS 及 Android)	iOS 是苹果公司开发的手持设备操作系统	主要用于 iPhone、iPod touch、iPad 及 Apple TV 等产品上
	Android 是一种基于 Linux 的自由及开放源代码的操作系统	主要用于移动设备,如智能手机和平板电脑
Microsoft Windows	这是微软公司设计的图形操作系统	主要用于多媒体计算机,也用于低级和中阶服务器
类 UNIX 系统	常见的有 System V、BSD 与 Linux	主要用于服务器和工作站

(4) 数据库管理系统。数据库管理系统(database management system,DBMS)是一种操纵和管理数据库的大型软件,可用于建立、使用和维护数据库。它对数据库进行统一的管理和控制,以保证数据库的安全性和完整性。用户通过 DBMS 访问数据库中的数据,数据库管理员也通过 DBMS 进行数据库的维护工作。它提供多种功能,可使多个应用程序和用户用不同的方法在同时或不同时刻去建立、修改和询问数据库。它使用户能方便地定义和操纵数据,维护数据的安全性和完整性,以及进行多用户下的并发控制和恢复数据库。如 SQL Server、Oracle、Visual Foxpro。

2. 应用软件

应用软件是和系统软件相对应的,是用户可以使用的各种程序设计语言,以及用各种程序设计语言编制的应用程序的集合。应用软件通常包括应用软件包和用户程序。

应用软件是为满足用户不同领域、不同问题的应用需求而提供的那部分软件。它可以拓宽计算机系统的应用领域,放大硬件的功能。

应用软件根据用途可分为通用软件和专业软件。

(1) 通用软件。通用软件通常是为解决某一类问题而设计的。比如,图像处理软件 Photoshop、微软的 Microsoft Office 套装软件等。

(2) 专用软件。这是指具有特殊功能和需求的软件,如财务管理软件、工业控制软件、辅助教育软件、图书资料检索程序、医疗诊断专家系统软件等。

任务实施

计算机系统由硬件系统和软件系统组成,如图 1-9 所示。没有安装任何软件的计算机称为裸机,是无法正常工作的。下面,小李要为他的计算机安装操作系统和各种应用软件。

1. 安装操作系统

下载 Windows 10 系统(镜像文件),制作 U 盘启动盘。进入 BIOS,设置 U 盘为第一启动项。接下来按照提示操作即可,计算机将自动引导安装。操作系统安装成功后,联网下载并安装驱动程序,使硬件系统能正常工作。

2. 安装应用软件

安装了操作系统之后,接下来就可以根据自己的需要安装相应的应用软件。根据本书学习的需要,下面以安装 Office 2019 为例,说明应用软件的安装。

先购买或下载 Office 2019 软件,解压后,双击安装图标,按照提示一步一步操作即可。

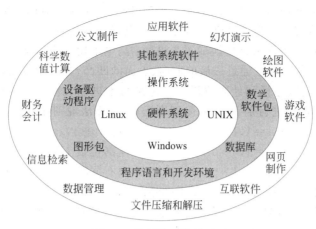

图 1-9 软硬件系统关系图

安装完成后,要使用该软件,还需要通过激活码激活软件。

任务 1.4 信息编码

任务描述

小李在使用计算机的过程中产生一个疑问,想搞清楚现实世界这些五花八门的信息是以什么形式存储在计算机里的。

1.4.1 数制

信息编码(information coding)是为了方便信息的存储、检索和使用,在进行信息处理时赋予信息元素以代码的过程。即用不同的代码与各种信息中的基本单位组成部分建立一一对应的关系。信息编码的基本原则是在逻辑上要满足使用者的要求,又要适合于处理的需要,结构易于理解和掌握,要有广泛的适用性,易于扩充。要对信息进行编码,我们就先要了解一下数制。

数制也称为"计数制",是用一组固定的符号和统一的规则来表示数值的方法。人们通常采用的数制有十进制、二进制、八进制和十六进制。任何一个数制都包含三个基本要素:数码、基数和位权,如表 1-4 所示。

表 1-4 常见数制简表

进 制	基数	数 码	位权	特 点
二进制(B)	2	0,1	2^i	逢二进一,借一当二
八进制(O)	8	0,1,2,3,4,5,6,7	8^i	逢八进一,借一当八
十进制(D)	10	0,1,2,3,4,5,6,7,8,9	10^i	逢十进一,借一当十
十六进制(H)	16	0,1,2,3,4,5,6,7,8,9 A(10),B(11),C(12),D(13),E(14),F(15)	16^i	逢十六进一,借一当十六

现代的电子计算机技术全部采用的是二进制,因为二进制具有以下优点。

(1) 电路中容易实现。当计算机工作的时候,电路通电工作,于是每个输出端就有了电压。电压的高低通过模数转换即转换成了二进制:高电平用 1 表示,低电平用 0 表示。

(2) 物理上易实现存储。通过磁极的取向、表面的凹凸、光照的有无等来记录。

(3) 便于进行加、减运算和计数编码。二进制与十进制数易于互相转换。二进制数与十进制数一样,同样可以进行加、减、乘、除四则运算,其算法规则如下。

加运算:$0+0=0,0+1=1,1+0=1,1+1=10$(逢 2 进 1);

减运算:$1-1=0,1-0=1,0-0=0,0-1=1$(向高位借 1 当 2);

乘运算:$0\times0=0,0\times1=0,1\times0=0,1\times1=1$(只有同时为"1"时结果才为"1");

除运算:二进制数只有两个数(0,1)因此它的商是 1 或 0。

(4) 便于逻辑判断(是或非)。逻辑代数是逻辑运算的理论依据,二进制只有两个数码,正好与逻辑代数中的"真"和"假"相吻合。

(5) 用二进制表示数据具有抗干扰能力强,可靠性高等优点。因为每位数据只有高低两个状态,当受到一定程度的干扰时,仍能可靠地分辨出它是高还是低。

1.4.2 进制之间的转换

虽然现代的电子计算机技术全部采用的是二进制,且二进制也有不少优点,但毕竟我们日常生活中用的都是十进制。为了能在日常生活中使用,就有必要把二进制转换为十进制。为便于二进制的计算和阅读,也需要将二进制转换为八进制或十六进制表示。

进制转换

1. 二进制转换为十进制

整数要从右到左用二进制的每个数去乘以相应的位权,小数点后则是从左往右。例如:
$$(1101.001)_2=1\times2^3+1\times2^2+0\times2^1+1\times2^0+0\times2^{-1}+0\times2^{-2}+1\times2^{-3}=(13.125)_{10}$$

2. 十进制整数转换为二进制整数

采用"除 2 取余,逆序排列"的方法。具体做法是:用 2 整除十进制整数,可以得到一个商和余数;再用 2 去除商,又会得到一个商和余数;如此进行,直到商小于 1 时为止。然后把先得到的余数作为二进制数的低位有效位,后得到的余数作为二进制数的高位有效位,依次排列起来。例如:
$$(38)_{10}=(100110)_2$$

转换过程如表 1-5 所示。

表 1-5 十进制整数转换为二进制数的过程

计算次数	十进制数	商	余数
1	38	19	0
2	19	9	1
3	9	4	1
4	4	2	0
5	2	1	0
6	1	0	1

3. 十进制小数转换为二进制数

采用"乘 2 取整，顺序排列"的方法。具体做法是：用 2 乘十进制小数，可以得到积；将积的整数部分取出，再用 2 乘余下的小数部分，又得到一个积；再将积的整数部分取出，继续运算，直到积的小数部分为 0。此时 0 或 1 为二进制的最后一位，或者达到所要求的精度为止。例如：

$$(0.625)_{10} = (0.101)_2$$

转换过程如表 1-6 所示。

表 1-6　十进制整数转换为二进制数的过程

计算次数	十进制数	积	整数部分
1	0.625	1.25	1
2	0.25	0.5	0
3	0.5	1	1

4. 二进制转换为八进制

采用"取三合一"的方法，即以二进制的小数点为分界点，向左（向右）每三位取成一位，接着将这三位二进制按权相加，得到的数就是一位八进制数。然后，按顺序进行排列，小数点的位置不变，得到的数字就是所求的八进制数。例如：

$$(10001011.00101)_2 = \underline{010}\ \underline{001}\ \underline{011}.\underline{001}\ \underline{010} = (213.12)_8$$

三位二进制数对应的八进制数如表 1-7 所示。

表 1-7　三位二进制数对应的一位八进制数

二进制	八进制	二进制	八进制	二进制	八进制	二进制	八进制
000	0	010	2	100	4	110	6
001	1	011	3	101	5	111	7

5. 八进制转换为二进制

采用"取一分三"的方法，即以小数点为分界点，向左（向右）每位八进制数按照表 1-7 所示转换成对应的三位二进制数，按顺序进行排列，小数点的位置不变，将整数部分最前面的零和小数部分末尾的零去掉，得到的数字就是所求的二进制数。例如：

$$(317.44)_8 = (\underline{011}\ \underline{001}\ \underline{111}.\underline{100}\ \underline{100})_2 = (11001111.1001)_2$$

6. 二进制转换为十六进制

采用"取四合一"的方法，即以二进制的小数点为分界点，向左（向右）每四位取成一位，接着将这四位二进制数按权相加，得到的数就是一位十六位二进制数。然后，按顺序进行排列，小数点的位置不变，得到的数字就是所求的十六进制数。四位二进制数对应的十六进制数如表 1-8 所示。例如：

$$(1011101011.01101)_2 = \underline{0010}\ \underline{1110}\ \underline{1011}.\underline{0110}\ \underline{1000} = (2EB.68)_{16}$$

表 1-8　四位二进制数对应的一位十六进制数

二进制	十六进制	二进制	十六进制	二进制	十六进制	二进制	十六进制
0000	0	0100	4	1000	8	1100	C
0001	1	0101	5	1001	9	1101	D
0010	2	0110	6	1010	A	1110	E
0011	3	0111	7	1011	B	1111	F

7. 十六进制转换为二进制

采用"取一分四"的方法,即以小数点为分界点,向左(向右)每位十六进制数按照表 1-8 所示转换成对应的四位二进制数,按顺序进行排列。小数点的位置不变,将整数部分最前面的零和小数部分末尾的零去掉,得到的数字就是所求的二进制数。例如:

$$(18A.6C)_{16} = (\underline{0001}\ \underline{1000}\ \underline{1010}.\underline{0110}\ \underline{1100})_2 = (110001010.011011)_2$$

1.4.3　数值数据的表示

在计算机中最主要的数据类型有布尔值、无符号整型、有符号整型、非整型数。

1. 布尔值

布尔值就是真或假,用 8 位(1 个字节)的数值形式表示,一般 0 为假,非 0 为真。

2. 无符号整型

数学中的正整数,在计算机中使用二进制的原码表示无符号整数,没有正负号占位。若用 8 位表示一位数,那么数的范围是 $0 \sim 2^8 - 1$。

3. 有符号整型

在普通数字中,将符号"+"或"—"放在数的绝对值之前来区分数的正负。在计算机中用最高位表示正负号,0 表示正号,1 表示负号,在计算机中有符号数包含三种表示方法:原码、反码、补码。

(1)原码表示法:用机器数的最高位代表符号位,各位都是数的绝对值。符号位若为 0,则表示正数;若为 1,则表示负数。比如,3 的原码为 00000011,—3 的原码为 10000011。原码是人脑最容易理解和计算的表示方式。

(2)反码表示法:正数的反码和原码相同,负数的反码是对原码除符号位外各位取反。比如,3 的反码为 00000011,—3 的反码为 11111100。

(3)补码表示法:正数的补码和原码相同,负数的补码是该数的反码加 1。比如,3 的补码为 00000011,—3 的补码为 11111101。

为了使计算机运算的设计电路更加简单,电路设计时使符号位参与运算,并且只保留加法。为了解决原码做减法的问题,出现了反码;为了解决 0 的符号问题及 0 的两个编码问题,出现了补码。

4. 小数

在计算机中处理非整数时,需要考虑小数点的位置,无法对齐的小数点就无法做加法、减法等操作。小数点位置是相对于存储的数位来说的,比如,存储的数为 01001001,将小数点放在第三位之后,则实际存储的数为 010.01001。

在计算机中处理小数点位置有浮点和定点两种,定点就是小数点永远在固定的位置上,比如约定一种 16 位无符号定点数,它的小数点永远在第 5 位后面,这样能表示的最大数是 11111.11111111111。定点数是提前对齐的小数,整数是一种特殊情况,小数点永远在最后一位之后。定点数的优点是计算简单,大部分运算实现起来与整数一样或者略有变化;缺点是表示范围有限,在表示很小的数时,大部分位都是 0,精度很差,不能充分运用存储单元。

浮点数可以克服以上缺点,它相当在一个定点数之上加了一个阶码。阶码表示将这个定点数的小数点移动若干位。由于可以用阶码移动小数点,因此称为浮点数。在计算机中表示一个浮点数的结构为:尾数部分(定点小数)+阶码部分(定点整数)。这种设计可以在某个固定长度的存储空间内表示定点数无法表示的更大范围的数。

1.4.4　文字的表示

1. 字符的表示

在计算机处理信息的过程中,要处理数值数据和字符数据,因此需要将数字、运算符、字母、标点符号等字符用二进制编码来表示、存储和处理。目前通用的是美国国家标准学会规定的 ASCII 码(美国标准信息交换代码)。ASCII 码表中,每个字符用 7 位二进制数来表示,共有 128 种状态,这 128 种状态表示了 128 种字符,包括大、小写字母,0～9,其他符号,控制符,如图 1-10 所示。

低四位			高四位																					
			ASCII非打印控制字符								ASCII 打印字符													
			0000				0001				0010		0011		0100		0101		0110		0111			
			0				1				2		3		4		5		6		7			
			十进制	字符	Ctrl	代码	字符解释	十进制	字符	Ctrl	代码	字符解释	十进制	字符	十进制	字符	十进制	字符	十进制	字符	十进制	字符	十进制	字符	Ctrl
0000	0	0	BLANK NULL		^@	NUL	空	16	►	^P	DLE	数据链路转意	32		48	0	64	@	80	P	96	`	112	p
0001	1	1	☺		^A	SOH	头标开始	17	◄	^Q	DC1	设备控制 1	33	!	49	1	65	A	81	Q	97	a	113	q
0010	2	2	☻		^B	STX	正文开始	18	↕	^R	DC2	设备控制 2	34	"	50	2	66	B	82	R	98	b	114	r
0011	3	3	♥		^C	ETX	正文结束	19	‼	^S	DC3	设备控制 3	35	#	51	3	67	C	83	S	99	c	115	s
0100	4	4	♦		^D	EOT	传输结束	20	¶	^T	DC4	设备控制 4	36	$	52	4	68	D	84	T	100	d	116	t
0101	5	5	♣		^E	ENQ	查询	21	§	^U	NAK	反确认	37	%	53	5	69	E	85	U	101	e	117	u
0110	6	6	♠		^F	ACK	确认	22	▬	^V	SYN	同步空闲	38	&	54	6	70	F	86	V	102	f	118	v
0111	7	7	•		^G	BEL	震铃	23	↨	^W	ETB	传输块结束	39	'	55	7	71	G	87	W	103	g	119	w
1000	8	8	◘		^H	BS	退格	24	↑	^X	CAN	取消	40	(	56	8	72	H	88	X	104	h	120	x
1001	9	9	○		^I	TAB	水平制表符	25	↓	^Y	EM	媒体结束	41	)	57	9	73	I	89	Y	105	i	121	y
1010	A	10	◙		^J	LF	换行/新行	26	→	^Z	SUB	替换	42	*	58	:	74	J	90	Z	106	j	122	z
1011	B	11	♂		^K	VT	竖直制表符	27	←	^[	ESC	转意	43	+	59	;	75	K	91	[	107	k	123	{
1100	C	12	♀		^L	FF	换页/新页	28	∟	^\	FS	文件分隔符	44	,	60	<	76	L	92	\	108	l	124	|
1101	D	13	♪		^M	CR	回车	29	↔	^]	GS	组分隔符	45	-	61	=	77	M	93	]	109	m	125	}
1110	E	14	♫		^N	SO	移出	30	▲	^6	RS	记录分隔符	46	.	62	>	78	N	94	^	110	n	126	~
1111	F	15	☼		^O	SI	移入	31	▼	^-	US	单元分隔符	47	/	63	?	79	O	95	_	111	o	127	△ Back space

图 1-10　ASCII 码表

2. 汉字表示

计算机中汉字也采用二进制编码表示。根据应用目的不同,分为以下几种。

(1) 汉字输入码。汉字输入码也称汉字外码,是为将汉字输入计算机设计的代码。计算机中汉字的输入方法可以分为自然输入和键盘编码输入两大类。目前,常用的输入码有拼音码、五笔字型码、自然码、表形码、认知码、区位码和电报码等。

(2) 汉字国标码(汉字信息交换码)。国家根据汉字的常用程度,制订出了一级和二级汉字字符集,并规定了编码。中国国家标准化管理局于 1981 年公布了国家标准 GB 2312—80,即《信息交换用汉字编码字符集》基本集,其中共收录汉字和图形符号 7445 个。每一个汉字或符号都用两个字节表示。每一个字节的编码取值范围都是 20H～7EH,即十进制写法的 33～126,这与 ASCII 码中可打印字符的取值范围一样,都是 94 个。这样两个字节可以表示的不同字符总数为 8836 个,而国标码字符集共有 445 个字符,所以在上述编码范围中实际上还有一些空位。

汉字国标码作为一种国家标准,是所有汉字编码都必须遵循的统一标准,但由于汉字国标码每个字节的最高位都是 0,与国际通用的标准 ASCII 码无法区分。例如,"天"字的国标码是 01001100 01101100,即两个字节分别是十进制的 76 和 108。而英文字符"L"和"l"的 ASCII 码也恰好是 76 和 108,因此,内存中的两个字节 76 和 108 就难以确定到底是汉字"天",还是英文字符"L"和"l"。显然,国标码必须进行某种变换才能在计算机内部使用。常见的用法是将两个字节的最高位设定为 1(低 7 位采用国标码)。例如,"天"字的机内码是 11001100 11101100,即十进制的 204 和 236。但这种用法对国际通用性以及 ASCII 码在通信传输时加奇偶检验位等都是不利的,因而还有改进的必要。

(3) 汉字机内码。汉字机内码,又称"汉字 ASCII 码",简称"内码",指计算机内部存储,处理加工和传输汉字时所用的由 0 和 1 符号组成的代码。输入码被接受后,就由汉字操作系统的"输入码转换模块"转换为机内码,与所采用的键盘输入法无关。汉字机内码是汉字最基本的编码,不管是什么汉字系统和汉字输入方法,输入的汉字外码到机器内部都要转换成汉字机内码,才能被存储和进行各种处理。汉字机内码=汉字国标码+8080H。

(4) 汉字地址码。汉字地址码是指汉字库中存储汉字字形信息的逻辑地址码。它与汉字机内码有着简单的对应关系,以简化汉字机内码到汉字地址码的转换。输出汉字时要通过汉字地址码找到对应的汉字字形码。

(5) 汉字字形码。为了将汉字在显示器或打印机上输出,把汉字按图形符号设计成点阵图,就得到了相应的点阵代码,即汉字字形码。

全部汉字字码的集合叫汉字字库。汉字库可分为软字库和硬字库。软字库以文件的形式存放在硬盘上,现多用这种方式;硬字库则将字库固化在一个单独的存储芯片中,再和其他必要的器件组成接口卡,插接在计算机上,通常称为汉卡。

用于显示的字库叫显示字库。显示一个汉字一般采用 16×16 点阵或 24×24 点阵或 48×48 点阵,如图 1-11 所示。用于打印的字库叫打印字库,其中的汉字比显示字库多,而且工作时也不像显示字库需调入内存。

已知汉字点阵的大小,可以计算出存储一个汉

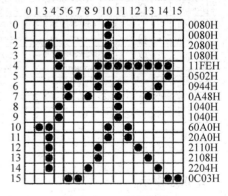

图 1-11　汉字字形码

字所需占用的字节空间,即字节数＝点阵行数×点阵列数÷8。如用 16×16 点阵表示一个汉字,就是将每个汉字用 16 行,每行 16 个点表示,一个点需要 1 位二进制代码,16 个点需用 16 位二进制代码(即 2 个字节),共 16 行,所以需要 16 行×16 列÷8＝32(字节)。即 16×16 点阵表示一个汉字,汉字字形码需用 32 字节。

1.4.5 多媒体数据的表示

1. 图像信息的数字化

要在计算机中处理图像,必须先把真实的图像(照片、画报、图书、图纸等)通过数字化转变成计算机能够接受的显示和存储格式,然后用计算机进行分析处理。图像的数字化过程主要分采样、量化与压缩编码 3 个步骤。

(1) 采样。采样的实质就是要用多少点来描述一幅图像,采样结果质量的高低就是用图像分辨率来衡量。简单来讲,对二维空间上连续的图像在水平和垂直方向上等间距地分割成矩形网状结构,所形成的微小方格称为像素点。一副图像就被采样成有限个像素点构成的集合。例如:一幅 640×480 像素分辨率的图像,表示这幅图像是由 640×480＝307 200 个像素点组成。

(2) 量化。量化是指要使用多大范围的数值来表示图像采样之后的每一个点。量化的结果是图像能够容纳的颜色总数,它反映了采样的质量。

(3) 压缩编码。数字化后得到的图像数据量十分巨大,必须采用编码技术来压缩其信息量。在一定意义上讲,编码压缩技术是实现图像传输与储存的关键。为了使图像压缩标准化,20 世纪 90 年代后,国际电信联盟(ITU)、国际标准化组织(ISO)和国际电工委员会(IEC)已经制定并继续制定一系列静止和活动图像编码的国际标准,已批准的标准主要有 JPEG 标准、MPEG 标准、H.261 等。图像文件的后缀名有 bmp、gif、jpg、pic、png、tif 等。

2. 声音信息的数字化

自然界的声音是一种连续变化的模拟信息,可以采用 A/D 转换器对声音信息进行数字化。声音信息的数字化也需要采样、量化和编码等过程。声音文件的后缀名有 wav、aif、au、mp3、ram、wma、mmf、amr、aac、flac 等。

3. 视频信息的数字化

视频信息可以看成是由连续变换的多幅图像构成的。播放视频信息,每秒需传输和处理 25 幅以上的图像。视频信息数字化后的存储量相当大,所以需要进行压缩处理。视频文件后缀名有 avi、mov、qt、asf、rm、navi、divx、mpeg、mpg、dat 等。

✿ 任务实施

通过学习,小李了解了计算机中信息的表示方式。现以汉字为例,说明信息在计算机中的表示方法。通过输入码(数字编码、拼音编码、字形编码)直接用西文标准键盘将汉字输入计算机,计算机将汉字输入码转变为汉字机内码存储和处理,最后将汉字机内码转换为汉字字形码,将各种字体、字号的文字和符号输出到显示器上,如图 1-12 所示。

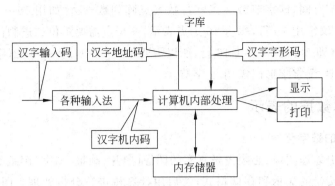

图 1-12　汉字在计算机中的表示方法

习 题

一、填空题

1. 世界上第一台电子计算机是于_____诞生在_____。

2. 科学家_____被计算机界称誉为"计算机之父",他的存储程序原则被誉为计算机发展史上的一个里程碑。

3. ROM 的意思是_____。

4. 计算机的 CPU 包括 _____和_____。

5. 计算机系统包括_____和_____。

6. _____用于 CPU 与主存储器之间进行数据交换的缓冲。其特点是速度快,但容量小。

7. 计算机硬件由_____、_____、_____、_____和_____五大部件组成。

8. 标准 ASCII 码字符集采用的二进制码长是 _____位。

9. 计算机辅助设计的英文缩写是_____。

10. 十进制数 150 转换成二进制数是_____。

二、单项选择题

1. 从第一代电子数字计算机到第四代计算机的大部分体系结构都是相同的,都是由运算器、控制器、存储器以及输入/输出设备组成的,称为(   )体系结构。

　　A. 艾伦·图灵　　　　B. 罗伯特·诺伊斯　　　　C. 比尔·盖茨　　　　D. 冯·诺依曼

2. 在下列设备中,(   )不是存储设备。

　　A. 硬盘驱动器　　　　B. 磁带机　　　　　　　C. 打印机　　　　　　D. 光盘驱动器

3. 内存储器存储信息时的特点是(   )。

　　A. 存储的信息永不丢失,但存储容量相对较小

　　B. 存储信息的速度极快,但存储容量相对较小

　　C. 关机后存储的信息将完全丢失,但存储信息的速度不如硬盘

　　D. 存储信息的速度快,存储的容量极大

4. 表示存储器的容量时,MB 的准确含义是(　　　)。

　　A. 1 米　　　　　　　B. 1024K 字节　　　　　C. 1024 字节　　　　　D. 1000 字节

5. 下列文件格式中,(　　　)表示图像文件。

　　A. ＊.doc　　　　　　B. ＊.xls　　　　　　　C. ＊.bmp　　　　　　D. ＊.txt

6. 在进位计数制中,当某一位的值达到某个固定量时,就要向高位产生进位。这个固定量就是该进位计数制的(　　　)。

　　A. 阶码　　　　　　　B. 尾数　　　　　　　C. 原码　　　　　　　D. 基数

7. 与二进制数 101100 等值的十六进制数为(　　　)。

　　A. B0　　　　　　　　B. 2D　　　　　　　　C. 54　　　　　　　　D. 2C

8. 用 MIPS 来衡量的计算机性能指标是(　　　)。

　　A. 处理能力　　　　　B. 存储容量　　　　　C. 可靠性　　　　　　D. 运算速度

9. 下列四条叙述中,正确的是(　　　)。

　　A. 二进制数正数原码的补码就是原码本身

　　B. 所有十进制小数都能准确地转换为有限的二进制小数

　　C. 存储器中存储的信息即使断电也不会丢失

　　D. 汉字机内码就是汉字输入码

10. CPU 不能直接访问的存储器是(　　　)。

　　A. ROM　　　　　　　B. RAM　　　　　　　C. Cache　　　　　　D. 外存储器

第 2 章
操作系统基础

学习目标

- 掌握操作系统的定义与五大管理功能。
- 了解常见的操作系统的历史、类型及特点。
- 了解 Windows 和 Linux 操作系统。
- 了解进程的概念及状态、调度和管理。
- 掌握文件的目录结构与管理。

操作系统是现代计算机系统中不可缺少的基本系统软件。操作系统管理和控制计算机系统中的所有软、硬件资源，是计算机系统的灵魂和核心。其中，Windows 和 Linux 操作系统是当前使用比较多的操作系统。Windows 界面友好、功能完善，可靠性高，在个人操作系统领域有较大的市场占有率；Linux 操作系统开源免费，具有非常强大的网络功能，工具链完整，移植性强，在服务器操作系统领域有较大的市场占有率。

本章主要介绍操作系统中的处理机管理和文件管理。在计算机系统的各种资源中，最宝贵的资源是 CPU，为了提高它的利用率，操作系统引入了并发机制，允许内存中同时有多个程序存在和执行。文件管理是操作系统的重要组成部分，主要解决文件的存储、检索、更新、共享和保护等问题，并给用户提供一套系统调用命令以便对文件进行操作。

任务 2.1 了解操作系统基础知识

任务描述

小郑是一名大学新生，新买了一台计算机，但是计算机并没有安装操作系统。为了让计算机运行起来，他决定自己安装操作系统，现在他需要了解操作系统的相关知识。

2.1.1 操作系统的发展史

操作系统是管理计算机硬件与软件资源的计算机程序。操作系统需要处理如管理与配置内存，决定系统资源供需的优先次序，控制输入设备与输出设备，操作网络与管理文件系统等基本事务，同时也提供一个让用户与系统交互的操作界面。

1. 人工操作阶段

从计算机诞生到 20 世纪 50 年代中期的计算机属于第一代计算机,其特点是运行速度慢,规模小,外设少,操作系统尚未出现。由程序员采用手工方式直接控制和使用计算机硬件,程序员使用机器语言编程,并将事先准备好的程序和数据穿孔在纸带或卡片上,从纸带或卡片将程序和数据输入计算机。启动计算机后,程序员可以通过控制台上的按钮、开关和氖灯来操纵和控制程序。程序运行完毕,用户取走计算输出的结果,才轮到下一个用户上机。

2. 管理程序阶段

早期批处理系统借助于作业控制语言变革了计算机的手工操作方式。用户不再通过开关和按钮来控制计算机执行,而是通过脱机方式使用计算机,通过作业控制卡来描述对作业的加工控制步骤,并把作业控制卡连同程序、数据一起提交给计算机的操作员。操作员收集到一批作业后,把它们一起放到卡片机上输入计算机。计算机上则运行一个驻留在内存中的执行程序,以对作业进行自动控制和成批处理。自动进行作业转换以减少系统空闲和手工操作时间。

3. 多道程序设计

20 世纪 60 年代初,有两项技术取得了突破:中断和通道,这两种技术结合起来为实现 CPU 和 I/O 设备并行工作提供了基础,此时,多道程序的概念才变成了现实。

多道程序设计是指允许多个程序(作业)同时进入一个计算机系统的内存储器并进行交替计算的方法。也就是说,计算机内存中同时存放了多道(两个以上相互独立的)程序。从宏观上看多道程序是并行的,都处于运行过程中,但都未运行结束;从微观上看是串行的,各道程序轮流占用 CPU,交替地执行。引入多道程序设计技术的根本目的是提高 CPU 的利用率,充分发挥计算机系统部件的并行性,现代计算机系统都采用了多道程序设计技术。引入多道程序设计的好处:一是提高了 CPU 的利用率;二是提高了内存和 I/O 设备的利用率;三是改进了系统的吞吐率;四是充分发挥了系统的并行性。其主要缺点是延长了作业周转时间。

应注意多道程序设计系统与多重处理系统是有差别的,后者是指配置了多个物理 CPU,从而能真正同时执行多道程序的计算机系统。当然要有效地使用多重处理系统,必须采用多道程序设计技术;而多道程序设计不一定要求有多重处理系统支持。多重处理系统的硬件结构可以多种多样,如共享内存的多 CPU 结构,网络连接的独立计算机结构。虽然多重处理系统增加了硬件,但却换来了提高系统吞吐量、可靠性、计算能力和并行处理能力的好处。

4. 操作系统的形成

第三代计算机的性能有了更大提高,机器速度更快,内外存容量增大,I/O 设备数量和种类增多,为软件的发展提供了有力支持。如何更好地发挥硬件功效,如何更好地满足各种应用的需要,这些都迫切要求扩充管理程序的功能。中断技术和通道技术的出现使得硬部件具有了较强的并行工作能力,从理论上来说,实现多道程序系统已无问题。但是,从半自动的管理程序方式过渡到能够自动控制程序执行的操作系统方式,对辅助存储器性能的要求增高。这个阶段虽然有个别的磁带操作系统出现,但操作系统的真正形成还期待着大容量高速辅助存储器的出现。大约到 20 世纪 60 年代中期以后,随着磁盘的问世,相继出现了多道批处理操作系统和分时操作系统、实时操作系统,到这个时候才标志着操作系统正式形成。

计算机配置操作系统后,其资源管理水平和操作自动化程度有了进一步提高,具体表现在以下方面。

(1) 操作系统实现了计算机操作过程的自动化。批处理方式更为完善和方便,作业控制语言有了进一步发展,为优化调度和管理控制提供了新手段。

(2) 资源管理水平有了提高,实现了外围设备的联机同时操作,进一步提高了计算机资源的利用率。

(3) 提供虚存管理功能。由于多个用户作业同时在内存中运行,在硬件设施的支持下,操作系统为多个用户作业提供了存储分配、共享、保护和扩充的功能,导致操作系统步入实用化。

(4) 支持分时操作,多个用户通过终端可以同时联机地与一个计算机系统交互。

(5) 文件管理功能有改进,数据库系统开始出现。

(6) 多道程序设计趋于完善,采用复杂的调度算法,充分利用各类资源,最大限度地提高计算机系统的效率。

操作系统的出现、使用和发展是近四十余年来计算机软件的一个重大进展。尽管操作系统尚未有一个严格的定义,但一般认为:操作系统是管理系统资源,控制程序执行,改善人机界面,提供各种服务,合理组织计算机工作流程和为用户使用计算机提供良好运行环境的一种系统软件。

计算机发展到今天,从个人机到巨型机,无一例外都配置一种或多种操作系统。操作系统已经成为现代计算机系统不可分割的重要组成部分,它为人们建立各种各样的应用环境奠定了重要基础。配置操作系统的主要目标可归结为以下几点。

(1) 方便用户使用:操作系统通过提供用户与计算机之间的友善接口来方便用户使用。

(2) 扩大机器功能:操作系统通过扩充改造硬件设施和提供新的服务来扩大机器功能。

(3) 管理系统资源:操作系统有效管理好系统中所有硬件软件资源,使其得到充分利用。

(4) 提高系统效率:操作系统合理组织好计算机的工作流程,以改进系统性能和提高系统效率。

(5) 构筑开放环境:操作系统遵循有关国际标准来设计和构造,以构筑出一个开放环境。其含义主要是指遵循有关国际标准(如开放的通信标准、开放的用户接口标准、开放的线程库标准等),支持体系结构的可伸缩性和可扩展性,支持应用程序在不同平台上的可移植性和可互操作性。

计算机系统的层次结构如图 2-1 所示。

2.1.2 操作系统的分类

1. 单用户操作系统

计算机发展的早期,没有任何用于管理的软件,所有的运行管理和具体操作都由用户自己承担,计算机能做的所有工作就是完成数字运算,如各种数学运算及函数运算等。根据管理员的时间安排,用户到计算机机房中将自己准备好的线路板插入计算机,然后就是等待好

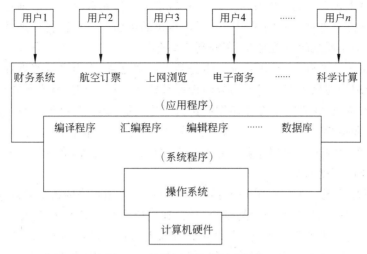

图 2-1 计算机系统的层次结构

几个小时得到计算机的计算结果。这样低效率的计算机制约了用户的应用。

20 世纪 50 年代中期,计算机硬件技术得到进一步发展,晶体管取代了真空管,程序卡取代了线路板,计算机的制造能力和应用能力逐步提高,使在计算机上运行程序的设计、构造、编程、操作、维护工作逐渐分离。计算机的管理和维护由系统管理员完成,程序员用汇编语言或 FORTRAN 语言先将程序手工编译后,再穿孔到计算机的输入纸带上,将穿孔好的程序纸带交给输入机房中的操作员,由操作员将输入纸带放到计算机中运行。当程序运行结果出来后,程序员将打印好的结果取走。计算机的大量时间耗费在等待操作员完成输入、输出的操作过程中,计算机的效率非常低。其主要问题如下。

(1) 用户独占资源:一个用户的计算独占计算机全部资源,计算机的资源利用率低。

(2) 人工干预:程序的输入、输出,和大量的操作、维护工作都要手工完成,既浪费时间,又容易发生差错。

(3) 占用处理器时间长:程序和数据的输入、执行和输出都需要处理器的直接参与,即在联机情况下完成。计算机的处理器需要等待程序和数据的输入/输出过程,处理机被每个用户程序从输入到输出的全部时间占满,一个程序完成后,才能接受另一个程序。

2. 多道批处理系统

(1) 批处理系统。20 世纪 60 年代,计算机硬件的发展,一方面实现了计算机磁介质输入取代纸带输入,使存储空间增大和存储速度加快,磁带上能够接纳更多的作业;另一方面实现了晶体管等逻辑部件取代真空管,处理器的运算速度显著提高,能够处理更多的作业,系统的吞吐量加大。因此,为了减少用户作业的等待时间,提高计算机的利用率,采用了将一批作业进行组织并一起提交给系统的方式。具有批处理作业组织和处理能力的计算机系统称为批处理系统。作业是批处理系统的基本单位。

早期"批处理系统"的实现采用了脱机输入/输出方式。在输入机房中将需要处理的一批作业收集满后,系统用一个较便宜的设备将这些作业读入磁带上,再将磁带作为计算机的输入。计算机的处理结果也直接存到磁带上。系统用输出设备将磁带中将每个作业的处理结果打印出来。主机中的批处理控制程序控制作业的执行。每当一个作业完成后,批处理控制程序从磁带上再调入另一个作业。所有在磁带上的作业都在该批处理控制程序的监督控制下完成。虽然批处理系统的采用提高了计算机的利用率,但是,批处理系统存在用户等待时间长、用户与作业之间不能交互、资源利用率低等缺点。

在批处理系统的基础上,操作系统逐步得到发展和完善,成为高效管理计算机的系统软件。今天,批处理功能仍然存在于大多数的操作系统中。在 UNIX 操作系统中,作业的批处理通过命令脚本进行,在脚本中有描述作业执行顺序的说明语句,批处理系统根据命令脚本进行作业调度和处理。同样,Windows 操作系统也支持作业的批处理功能,用文件 autoexec.bat 组织并管理批处理作业。除了自动完成作业调度外,有些操作系统还支持用户指定批处理作业的调度时间。

(2) 多道程序系统。在一段时间内,内存中能够接纳多道程序的系统称为多道程序系统。

从操作系统接收用户提交作业的时间开始,到用户作业完成为止,这样的一段时间为作业的周转时间。对于批处理系统,作业的响应时间也为作业的周转时间。批处理作业需要经历作业调度,等待处理器运行,等待系统资源等过程。在这样的过程中,一个作业真正需要处理器处理的时间相对很短。在单道程序系统中,只有一道用户作业需要处理器处理,除少量的时间用于处理作业外,处理器其他时间都在等待作业,处理器大量的时间被闲置,系统的效率低。

随着计算机硬件技术的发展,特别是中断和通道的实现、内存的扩大、脱机输入/输出的采用,处理器处理与输入/输出过程可以并行工作,使多道程序系统的实现成为可能。在多道程序系统中,当处理器正在处理一道程序时,其他的程序可以进行输入/输出操作。这样,处理器的处理和输入/输出操作可以并行进行。在一段时间内,计算机的内存可以接纳多道程序。图 2-2 所示为三道作业在内存的多道程序环境情况。

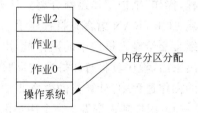

图 2-2 具有三道作业的多道程序环境

多道程序环境下,处理器的利用率得到了提高。图 2-3 所示为三道程序 A、B、C 环境下处理器的利用情况。当程序 A 进行输入/输出操作时,处理器可以执行程序 B;当程序 A 和程序 B 都在进行输入/输出操作时,处理器可以执行程序 C。与单道程序环境相比,多道程序环境下处理器空闲等待的时间更短,利用率更高。

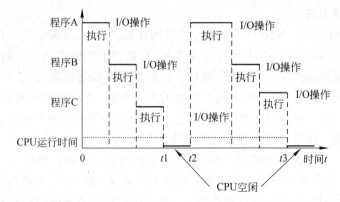

图 2-3 多道程序环境下 CPU 利用率

3. 分时操作系统

在批处理系统中,用户不能干预自己程序的运行,无法得知程序运行情况,对程序的调试和排错不利。为了克服这一缺点,便产生了分时操作系统。

允许多个联机用户同时使用一台计算机系统进行计算的操作系统称为分时操作系统。其实现思想如下:每个用户在各自的终端上以问答方式控制程序运行,系统把中央处理器的时间划分成时间片,轮流分配给各个联机终端用户,每个用户只能在极短时间内执行,若时间片用完,而程序还未做完,则挂起并等待下次分配到时间片。由于调试程序的用户经常只发出简短的命令,这样每个用户的每次要求都能得到快速响应,表面上看每个用户好像独占了这台计算机。实质上,分时系统是多道程序的一个变种,CPU 被若干个交互式用户多路分用,不同之处在于每个用户都有一台联机终端。

分时操作系统已成为最流行的一种操作系统,几乎所有的现代通用操作系统都具备分时系统的功能。分时操作系统具有以下特性。

(1) 同时性:若干个终端用户同时联机使用计算机,分时就是指多个用户分享使用同一台计算机的 CPU 时间。

(2) 独立性:终端用户彼此独立,互不干扰,每个终端用户都会感觉好像他独占了这台计算机。

(3) 及时性:终端用户的立即型请求(即不要求大量 CPU 时间处理的请求)能在足够快的时间之内得到响应(通常应该为 2～3 秒)。这一特性与计算机 CPU 的处理速度、分时系统中联机终端用户数目和时间片的长短密切相关。

(4) 交互性:人机交互,联机工作,用户直接控制其程序的运行,便于程序的调试和排错。

4. 实时操作系统

虽然多道批处理操作系统和分时操作系统获得了较佳的资源利用率和快速的响应时间,从而使计算机的应用范围日益扩大,但它们难以满足实时控制和实时信息处理领域的需要。于是便产生了实时操作系统。例如,计算机用于生产过程控制时,要求系统能现场实时采集数据,并对采集的数据进行及时处理,进而能自动地发出控制信号控制相应执行机构,使某些参数(压力、温度、距离、湿度)能按预定规律变化,以保证产品质量。导弹制导系统、飞机自动驾驶系统、火炮自动控制系统都是实时过程控制系统,计算机接收成千上万从各处终端发来的服务请求和提问,系统应在极快的时间内做出回答和响应。

实时操作系统是指当外界事件或数据产生时,能够接收并以足够快的速度予以处理,其处理的结果又能在规定的时间之内来控制生产过程或对处理系统做出快速响应,并控制所有实时任务协调一致运行的操作系统。因而,提供及时响应和高可靠性是其主要特点。由实时操作系统控制的过程控制系统较为复杂,通常由四部分组成。

(1) 数据采集:用来收集、接收和录入系统工作必需的信息或进行信号检测。

(2) 加工处理:对进入系统的信息进行加工处理,获得控制系统工作必需的参数或做出决定,然后进行输出、记录或显示。

(3) 操作控制:根据加工处理的结果采取适当措施或动作,达到控制或适应环境的目的。

（4）反馈处理：监督执行机构的执行结果，并将该结果反馈至信号检测或数据接收部件，以便系统根据反馈信息采取进一步措施，达到控制的预期目的。

实时操作系统的主要特点如下。

（1）对处理时间和响应时间要求高：实时操作系统要求能够及时响应外部事件的请求，在规定时间内完成对事件的处理。因此，对处理时间和响应时间要求高。

（2）可靠性和安全性高：实时操作系统将可靠性和安全性放在首位，系统的效率放在第二位，这一点与分时系统不同。在实时操作系统中任何的差错都可能带来巨大的经济损失，甚至产生无法预料的灾难性后果。因此，实时操作系统往往采用了多级容错措施来保证系统的安全性和数据的安全性。

（3）多路性、独立性和交互性：实时操作系统的应用主要在于联机实时任务，与分时操作系统一样，需要具有多路性、独立性和交互性。实时操作系统的多路性表现在可以对多路的现场信息进行采集，并对多路对象或多个执行机构进行控制。实时操作系统的独立性表现在每个用户终端向实时操作系统提出的服务请求相互独立，实时控制系统中信息的采集和对对象的控制，互不干扰，彼此独立操作。实时操作系统中的交互性表现在绝大多数的实时操作系统允许用户与系统之间交互会话，只有少量的实时操作系统，如各种控制系统，用户与系统的交互，仅限于访问系统中某些特定的专用服务程序，不能交互会话，不能向终端用户提供数据处理、资源共享等服务，不允许用户通过实时终端设备编写新的程序或修改已有的数据。

（4）整体性强：实时操作系统要求所管理的联机设备和资源必须按照一定的时间关系或逻辑关系协调工作。

5. 网络操作系统

计算机网络是通过通信设施将地理上分散并具有自治功能的多个计算机系统互连起来的系统。网络操作系统（network operating system）是能够控制计算机在网络中方便地传送信息和共享资源，并能为网络用户提供各种所需服务的操作系统。网络操作系统主要有两种工作模式：第一种是客户机/服务器（client/server，C/S）模式，这类网络中分成两类站点，一类是作为网络控制中心或数据中心的服务器，提供文件打印、通信传输、数据库等各种服务；另一类是本地处理和访问服务器的客户机。这是目前较为流行的工作模式。第二种是对等（peer-to-peer）模式，这种网络中的站点都是对等的，每一个站点既可作为服务器，又可作为客户机。

网络操作系统应该具有以下几项功能。

（1）网络通信：在源计算机和目标计算机之间实现无差错的数据传输。具体完成建立/拆除通信链路，传输控制，差错控制，流量控制，路由选择等功能。

（2）资源管理：对网络中的所有硬件及软件资源实施有效管理，协调诸用户对共享资源的使用，保证数据的一致性、完整性。典型的网络资源有硬盘、打印机、文件和数据。

（3）网络管理：包括安全控制、性能监视、维护功能等。

（4）网络服务：如电子邮件、文件传输、共享设备服务、远程作业录入服务等。

目前，计算机网络操作系统有三大主流：UNIX、Netware 和 Windows NT。UNIX 是唯一能跨多种平台的操作系统；Windows NT 工作在微机和工作站上；Netware 则主要面向微机。支持 C/S 结构的微机网络操作系统主要有 Netware、UNIXware、Windows NT、LAN

Manager 和 LAN Server 等。

下一代网络操作系统应能提供以下功能支撑。

(1) 位置透明性：支持客户机、服务器和系统资源不停地在网络中加入及移出，且不固定确切位置的工作方式。

(2) 名字空间透明性：网络中的任何实体都必须从属于同一个名字空间。

(3) 管理维护透明性：如果一个目录在多台机器上有映象，应负责对其同步维护；应能将用户和网络故障相隔离；同步多台地域上分散机器的时钟。

(4) 安全权限透明性：用户仅需使用一个注册名及口令，就可在任何地点对任何服务器的资源进行存取，请求的合法性由操作系统验证，数据的安全性由操作系统保证。

(5) 通信透明性：提供对多种通信协议的支持，缩短通信的延时。

6. 分布式操作系统

以往的计算机系统中，其处理和控制功能都高度地集中在一台计算机上，所有的任务都由它完成，这种系统称为集中式计算机系统。而分布式计算机系统是指由多台分散的计算机，经网络连接而成的系统。每台计算机高度自治，又相互协同，能在系统范围内实现资源管理，任务分配，并行地运行分布式程序。

用于管理分布式计算机系统的操作系统称分布式操作系统。它与集中式操作系统的主要区别在于资源管理、进程通信和系统结构三个方面。和计算机网络类似，分布式操作系统中必须有通信规程，计算机之间的发信、收信按规程进行。分布式系统的通信机构、通信规程和路径算法都是十分重要的研究课题。集中式操作系统的资源管理比较简单，一类资源由一个资源管理程序来管。这种管理方式不适合于分布式系统。例如，一台机器上的文件系统来管理其他计算机上的文件是有困难的。所以，分布式系统中，对于一类资源往往有多个资源管理程序，这些管理者必须协调一致地工作，才能管好资源。这种管理比单个资源管理程序的方式复杂得多，人们已开展了许多研究工作，提出了许多分布式同步算法和同步机制。分布式操作系统的结构也和集中式操作系统不一样，它往往有若干相对独立的部分，各部分分布于各台计算机上，每一部分在另外的计算机上往往有一个副本。当一台机器发生故障时，由于操作系统的每个部分在其他计算机上有副本，因而，仍可维持原有功能。

2.1.3　操作系统的特征和性能指标

1. 操作系统的特征

(1) 并发性。这是指两个或两个以上的事件或活动在同一时间间隔内发生。操作系统是一个并发系统，并发性是它的重要特征，操作系统的并发性指它应该具有处理和调度多个程序同时执行的能力。多个 I/O 设备同时在输入/输出；设备 I/O 和 CPU 计算同时进行；内存中同时有多个系统和用户程序被启动，交替、穿插地执行，这些都是并发性的例子。发挥并发性能够消除计算机系统中部件和部件之间的相互等待，有效地改善系统资源的利用率，改进系统的吞吐率，提高系统效率。例如，一个程序等待 I/O 时，就出让 CPU，而调度另一个程序占有 CPU 来运行。这样，在程序等待 I/O 时，CPU 便不会空闲，这就是并发技术。

并发性虽然能有效改善系统资源的利用率，但却会引发一系列的问题，使操作系统的设计和实现变得复杂化。如怎样从一个运行程序切换到另一个运行程序？以什么样的策略来选择下一个运行的程序？怎样将各个运行程序隔离开来,使之互不干扰,免遭对方破坏？怎样让多个运行程序互通消息和协作完成任务？怎样协调多个运行程序对资源的竞争？多个运行程序共享文件数据时,如何保证数据的一致性？操作系统必须具有控制和管理程序并发执行的能力,为了更好地解决上述问题,操作系统必须提供机制和策略来进行协调,以使各个并发进程能顺利推进,并获得正确的运行结果。另外,操作系统还要合理组织计算机工作流程,协调各类软硬件设施有效工作,充分提高资源的利用率,充分发挥系统的并行性,这些也都是在操作系统的统一指挥和管理下进行的。

(2) 共享性。这是操作系统的另一个重要特性。共享指操作系统中的资源(包括硬件资源和信息资源)可被多个并发执行的进程共同使用,而不是被一个进程所独占。出于经济上的考虑,一次性向每个用户程序分别提供它所需的全部资源不但是浪费的,有时也是不可能的。现实的方法是让操作系统和多个用户程序共用一套计算机系统的所有资源,因此,必然会产生共享资源的需要。资源共享的方式可以分成两种:

第一种是互斥访问。系统中的某些资源如打印机、磁带机、卡片机,虽然它们可提供给多个进程使用,但在同一时间内却只允许一个进程访问这些资源,即要求互相排斥地使用这些资源。当一个进程还在使用该资源时,其他欲访问该资源的进程必须等待,仅当该进程访问完毕并释放资源后,才允许另一进程对该资源访问。这种同一时间内只允许一个进程访问的资源称临界资源。许多物理设备,以及某些数据和表格都是临界资源,它们只能互斥地被共享。

第二种是同时访问。系统中还有许多资源,允许同一时间内多个进程对它们进行访问,这里"同时"是宏观上的说法。典型的可供多进程同时访问的资源是磁盘。

(3) 异步性。操作系统的第三个特性是异步性,或称随机性。在多道程序环境中,允许多个进程并发执行,由于资源有限而进程众多,多数情况下,进程的执行不是一直到底,而是"走走停停"。例如,一个进程在 CPU 上运行一段时间后,由于等待资源满足或事件发生,它被暂停执行,CPU 转让给另一个进程执行。系统中的进程何时执行？何时暂停？以什么样的速度向前推进？进程总共要花多少时间执行才能完成？这些都是不可预知的,或者说该进程是以异步方式运行的,其导致的直接后果是程序执行结果可能不唯一。异步性给系统带来了潜在的危险,有可能导致进程产生与时间有关的错误,但只要运行环境相同,操作系统必须保证多次运行进程都会获得完全相同的结果。

(4) 虚拟性。这是指操作系统中的一种管理技术,它是把物理上的一个实体变成逻辑上的多个对应物,或把物理上的多个实体变成逻辑上的一个对应物的技术。显然,前者是实际存在的,而后者是虚构假想的。采用虚拟技术的目的是为用户提供易于使用且方便高效的操作环境。例如,在多道程序系统中,物理 CPU 可以只有一个,每次也仅能执行一道程序,但通过多道程序和分时使用 CPU 技术,宏观上有多个程序在执行,就好像有多个 CPU 在为各道程序工作一样,物理上的一个 CPU 变成了逻辑上的多个 CPU。联机同时操作技术可把物理上的一台独占设备变成逻辑上的多台虚拟设备;窗口技术可把一个物理屏幕变成逻辑上的多个虚拟屏幕;通过时分或频分多路复用技术可以把一个物理信道变成多个逻辑信道;IBM 的 VM 技术把物理上的一台计算机变成逻辑上的多台计算机。虚拟存储器则是把物理上的多个存储器(主存和辅存)变成逻辑上的一个(虚存)的例子。

2. 操作系统的性能指标

操作系统的性能指标体现在多个方面,主要的指标如下。

(1) 系统的可靠性。这是系统能够发现、诊断和恢复硬件及软件故障,以减小用户误操作或环境破坏而造成的系统损失的能力。

系统的可靠性通过系统平均无故障时间进行度量。平均无故障时间越长,系统的可靠性越高。系统的并发性、共享性和随机性对系统的可靠性影响很大。用户一方面希望系统的可靠性高,另一方面又希望系统的并发性、共享性和随机性好。显然,这两方面是矛盾的,如何处理好这两方面的矛盾是操作系统需要解决的问题。

(2) 系统的吞吐量。这是指系统在单位时间内所处理的信息量,用一定时间内系统所完成的作业个数来度量。系统吞吐量反映了系统的处理效率。吞吐量越大,系统的处理效率越高。但是,增大系统的吞吐量则意味着加大系统的并发性,使得系统的开销增大,从而减小了系统的可靠性。

(3) 系统的响应时间。这是从系统接收作业到输出结果的时间间隔。在批处理系统中,用户从提交作业到得到计算结果的时间间隔为响应时间。对分时操作系统或实时操作系统,系统的响应时间是指用户终端发出命令到系统做出应答之间的时间间隔。

(4) 系统的资源利用率。这表示系统中各部件、各设备的使用程度,即单位时间内某设备实际使用时间。系统中各设备越忙,系统的资源利用率越高。

(5) 系统的可移植性。这是指将一个操作系统从一个硬件环境转移到另一个硬件环境仍能够正常工作的能力。常用转移工作的工作量来度量。

任务实施

经过操作系统基础知识的学习,小郑初步了解了什么是操作系统。操作系统是现代计算机系统中不可缺少的基本系统软件。操作系统管理和控制计算机系统中的所有软、硬件资源,是计算机系统的灵魂和核心。

任务 2.2　熟悉常见操作系统

任务描述

在了解了什么是操作系统之后,小郑接下来就想安装计算机操作系统了,但他应该安装什么样的操作系统呢?他需要学习常见的操作系统。

2.2.1　Windows 操作系统

Windows 和 Linux 操作系统是当前使用比较多的操作系统。Windows 界面友好、功能完善,具有可扩展性、可移植性和高可靠性,在个人操作系统领域有较大的市场占有率;Linux 操作系统实质上是 UNIX 的变种,设计人员完全免费地提供了系统的内核源代码,该系统具备多任务、多用户等特性。

微软公司成立于 1975 年,其产品覆盖操作系统、编译系统、数据库管理系统、办公自动化软件和因特网支撑软件等各个领域。从 1983 年 11 月微软公司宣布 Windows 诞生到今天的 Windows 10,Windows 操作系统已经走过了近 40 个年头,并且成为风靡全球的 PC 操作系统。目前 PC 上采用 Windows 操作系统的占 90%,微软公司几乎垄断了 PC 行业。

图形化用户界面操作环境的思想并不是微软公司率先提出的,Xerox 公司的商用 GUI 系统(1981 年)、Apple 公司的 Lisa(1983 年)和 Macintosh(1984 年)是图形化用户界面操作环境的鼻祖。Windows 操作系统的早期版本不太成功,基本上没有多少用户。直到 1990 年发布的 Windows 3.0 对原来系统做了彻底改造,功能上有了很大扩充,才赢得了用户。1992 年 4 月 Windows 3.1 发布后,Windows 逐步取代 DOS 在全世界流行。

Windows 3.x 以及之前的版本,系统都必须依靠 DOS 提供的基本硬件管理功能才能工作。因此,从严格意义上来说还不能算作是一个真正的操作系统,只能称为图形化用户界面操作环境。1995 年 8 月微软公司推出了能够独立在硬件上运行的 Windows 95,是真正的新型操作系统。微软公司又相继推出了 Windows 97、Windows 98、Windows SE 和 Windows Me 等后继版本。Windows 3.x 和 Windows 9x 都属于家用操作系统范畴,主要运行于个人计算机上。

除了家用版本外,Windows 还有 Windows NT、Windows 2000 server、Windows Server 2003、Windows Server 2008 等商用版本,主要运行于小型机、服务器上,也可以在 PC 上运行。Windows NT 3.1 于 1993 年 8 月推出,以后又相继发布了 NT 3.5、NT3.51、NT 4.0、NT 5.0 等版本。基于 NT 内核,微软公司于 2000 年 2 月正式推出了 Windows 2000。2001 年 1 月微软公司宣布停止 Windows 9x 内核的改进,把家用操作系统版本和商用操作系统版本合二为一,新的 Windows 操作系统命名为 Windows XP。

另外,Windows 操作系统还有嵌入式操作系统系列,包括嵌入式操作系统 Windows CE、Windows NT Embedded 4.0 和带有 Server Appliance Kit 的 Windows 2000 等。

下面介绍一些较新版本的特点。

1. Windows 2000 和 Windows XP

Windows 2000 是在 Windows NT 基础上修改和扩充而成的,能充分发挥 32 位微处理器的硬件能力,在处理速度、存储能力、多任务和网络计算支持诸方面与大型机和小型机进行竞争。Windows 2000 不是单个操作系统,它包括 4 个系统来支持不同的应用。专业版(Windows 2000 Professional)为个人用户设计,可支持 2 个 CPU,最大内存可配 4GB;服务器版(Windows 2000 Server)为中小企业设计,可支持 4 个 CPU,最大内存 4GB;高级服务器版(Windows 2000 Advanced Server)为大型企业设计,支持 8 个 CPU 和最大 8GB 内存;数据中心服务器版(Windows 2000 Datacenter Server)专为大型数据中心开发,支持 32 个 CPU 和最大 64GB 内存。

Windows 2000 除继承 Windows 98 和 Windows NT 的特性外,在与 Internet 连接、标准化安全技术、工业级可靠性和性能、支持移动用户等方面具有新的特征,它还支持新的即插即用和电源管理功能,提供活动目录技术,支持 2~4 路对称式多处理器系统,提供全面的 Internet 应用软件服务。

Windows XP 是一个把家用操作系统和商用操作系统融合为一的操作系统,它将结束 Windows"两条腿走路"的历史。它具备更多的防止应用程序错误的手段,进一步增强了 Windows 的安全性,简化了系统管理与部署,并革新了远程用户工作方式。

2. Windows Vista 和 Windows 7

Windows Vista 是微软公司继 Windows XP 和 Windows Server 2003 之后推出的版本，带有许多新的特性和技术。新的关键技术包括：

- Windows Presentation Fundation(简称 WPF，以前被称为 Avalon)；
- Windows Communication Fundation(简称 WCF，以前被称为 Indigo)；
- Windows Workflow Fundation(简称 WWF)；
- Windows CardSpace(简称 WCS)。

以上四种关键技术被合称为 WinFX，后又被命名为.NET Framework 3.0。

各种 Windows Vista 版本可以分为家用和商用两大类。

2009 年 7 月 14 日，Windows 7 开发正式完成，稍后进行了正式版本的发布。Windows 7 其实是 Windows Vista 的改进版。Windows 7 在 Windows Vista 的基础上进行了大量的完善工作，也加入了不少新特性。Windows Vista 与其上一代的 Windows XP 相比，做了非常大的改进。然而，一方面，这些改进过于巨大，用户乃至相应软件厂商一时无法完全接受；另一方面，由于特性的不完全具备，Windows Vista 的表现没有想象中那么好。到了 Windows 7，包括操作系统本身、软件厂商和用户都已经做好了准备，加上许多功能的更新，因此反响比 Windows Vista 更好。

3. Windows 10

Windows 10 在易用性和安全性方面有了极大的提升，除了针对云服务、智能移动设备、自然人机交互等新技术进行融合外，还对固态硬盘、生物识别、高分辨率屏幕等硬件进行了优化完善与支持。

(1) 生物识别技术。Windows 10 所新增的 Windows Hello 功能带来了一系列对于生物识别技术的支持。除了常见的指纹扫描外，系统还能通过面部或虹膜扫描来让你进行登录。当然，需要使用新的 3D 红外摄像头来应用这些新功能。

(2) Cortana 搜索功能。Cortana 可以用来搜索硬盘内的文件，设置系统，应用安装，甚至是搜索互联网中的信息。作为一款私人助手服务，Cortana 还能像在移动平台那样帮用户设置基于时间和地点的备忘录信息。

(3) 平板模式。微软公司在照顾老用户的同时，也没有忘记随着触控屏幕成长的新一代用户。Windows 10 提供了针对触控屏设备优化的功能，同时还提供了专门的平板电脑模式，"开始"菜单和应用都将以全屏模式运行。如果设置得当，系统会自动在平板电脑与桌面模式间切换。

(4) 桌面应用。微软公司放弃激进的 Metro 风格，回归传统风格，用户可以调整应用窗口大小，久违的标题栏重回窗口上方，最大化与最小化按钮也给了用户更多的选择和自由度。

(5) 多桌面。如果用户没有多显示器配置，但依然需要对大量的窗口进行重新排列，那么 Windows 10 的虚拟桌面应该可以帮到用户。在该功能的帮助下，用户可以将窗口放进不同的虚拟桌面当中，并在其中进行轻松切换，使原本杂乱无章的桌面也就变得整洁起来。

(6) 兼容性增强。只要能运行 Windows 7 操作系统，就能更加流畅地运行 Windows 10 操作系统。针对固态硬盘、生物识别、高分辨率屏幕等硬件都进行了优化支持与完善。

(7) 安全性增强。除了继承旧版 Windows 操作系统的安全功能外，还引入了 Windows

Hello、Microsoft Passport、Device Guard 等安全功能。

(8) 新技术融合。在易用性、安全性等方面进行了深入的改进与优化。针对云服务、智能移动设备、自然人机交互等新技术进行融合。

2.2.2 Linux 操作系统

自由软件是指该软件遵循通用公共许可证 GPL(general public license)规则,保证用户有使用上的自由,获得源程序的自由,自己修改源程序的自由,复制和推广的自由,也可以有收费的自由。自由并不是免费,自由软件之父 Richard Stallman 将自由软件划分为若干等级,其中,0 级是指对软件的自由使用,1 级是指对软件的自由修改,2 级指对软件的自由获利。

自由软件赋予人们极大的自由空间,但这并不意味自由软件是完全无规则的,例如,GPL 就是自由软件必须遵循的规则。GPL 是所有自由软件的支撑点,没有 GPL 就没有今天的自由软件。

Linux 是由芬兰籍科学家 Linus Torvalds 于 1991 年编写完成的一个操作系统内核,当时他还是芬兰首都赫尔辛基大学计算机系的学生。Linus 把这个系统放在 Internet 上,允许他人自由下载,许多人对这个系统进行改进、扩充、完善。Linux 由最初一个人写的原型,演化成在 Internet 上由无数志同道合的程序高手们参与的一场运动。

Linux 是一个开放源代码、类 UNIX 的操作系统,它继承了技术成熟的 UNIX 操作系统的特点和优点,同时做了许多改进,成为一个真正的多用户、多任务通用操作系统,目前已得到广泛使用。许多计算机大公司如 IBM、Intel、Oracle、Sun、Compaq 等都大力支持 Linux 操作系统,各种成名软件纷纷移植到 Linux 平台上,运行在 Linux 下的应用软件越来越多,Linux 的中文版已开发出来,为发展我国自主操作系统提供了良好条件。

"Linux"这个词本身指的是操作系统内核,也就是一个操作系统本身最核心的部分。它支持大多数 PC 及其他类型的计算机平台。但是我们要用计算机,光有内核不行。Linux 加上其他应用软件,例如,内核与外部交流的工具 shell、桌面系统 X Window、办公软件 OpenOffice.org,以及网络组件等,才构成一个完整适于用户的操作系统。

所以,Linux 操作系统和 Windows 系列的发布方式不一样,它不是一套单一的产品。各种发行版以自己的方案提供了 Linux 操作系统从内核到桌面的全套应用软件,以及该发行版的工具包和文档,从而构建为一套完整的操作系统软件。

目前最常见的 Linux 发行版包括以下几种。

(1) RedHat Linux/Fedora Core。这是最出色、用户最多的 Linux 发行版本之一,同时也是中国用户最熟悉的发行版。RedHat 创建的软件包管理器(Redhat package manager,RPM)为用户提供了安全方便的软件安装/卸载方式,是目前 Linux 界最流行的软件安装方式。RedHat Linux 工程师认证 RHCE 和微软工程师认证 MSCE 一样炙手可热,含金量甚至比后者还要高。

RedHat 公司在 2003 年发布了 RedHat 9.0,之后,转向了支持商业化的 RedHat Enterprise Linux(RHEL),并选择了和开源社区合作的方式,以 Fedora Core X(X 为版本号)的名称继续发布。Fedora Core 每半年发布一个最新的版本。

(2) Debian Linux。Debian Linux 至今坚持独立发布,不含任何商业性质。它的发布版包括 Woody、Sarge 和 Sid。

Woody 是最稳定安全的系统,但稳定性的苛刻要求导致它不会使用软件的最新版本,非常适合于服务器的运行。Sarge 上则运行了版本比较新的软件,但稳定性不如 Woody,比较适合普通用户。Sid 保证了软件是最新的,但不能保证这些最新的软件在系统上能否稳定运行,适合于乐于追求新软件的爱好者。可见,在稳定性方面,Woody＞Sarge＞Sid;在软件版本的更新方面,Woody＜Sarge＜Sid。

国内的 Linux 厂商以做服务器为主。最有名的是红旗 Linux,单独发行了免费下载的桌面版。红旗 Linux 在桌面领域主要致力于模仿 Windows 的界面和使用方法,以吸引更多的 Windows 用户转入其中。

任务实施

经过常见操作系统的学习,小郑了解 Windows、Linux 等操作系统,他应该为自己的计算机安装 Windows 操作系统。现在需要上网查找资料,了解如何为自己的计算机安装操作系统。

任务 2.3　了解处理机管理

任务描述

在安装了操作系统之后,计算机就可以正常运行了。小郑从网上下载了聊天软件、音乐播放软件,一边跟朋友聊天,一边听课,他觉得计算机功能十分强大,可以同时做好几件事情。接下来他需要学习处理机管理相关知识。

2.3.1　进程

在计算机系统的各种资源中,最宝贵的资源是 CPU。为了提高它的利用率,操作系统引入了并发机制,允许内存中同时有多个程序存在和执行。但是仅使用传统的"程序"概念是无法刻画多个程序并发执行时系统呈现出的动态特征的。因此需要了解进程的特点、组成、调度、管理等方面的知识。

所谓"程序",是一个在时间上严格有序的指令集合。程序规定了完成某一任务时计算机所需做的各种操作,以及这些操作的执行顺序。在多道程序设计出现以前,只要一提到程序,就表明它独享系统中的一切资源,如处理机、内存、外部设备等,没有其他竞争者与它争夺与共享。一个程序通常由若干个程序段组成,它们必须按照某种先后次序执行,前一个操作执行完后,才能执行后继操作,这种计算过程即程序的执行顺序。程序的执行顺序如图 2-4 所示。

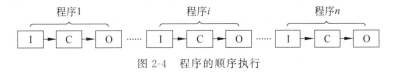

图 2-4　程序的顺序执行

计算机系统在任一时刻只处理一个程序的某个程序段。从整体来看,系统一直在进行运算或者输入/输出操作,很"忙碌";但是从局部看,系统在某一时刻只能处于输入、计算、输出三个阶段之一。如果处于计算阶段,则输入设备和输出设备将闲置;如果处于输入阶段,则处理机和输出设备将闲置；如果处于输出阶段，则处理机和输入设备将闲置。可见，多道程序设计出现以前，由于系统中一次只能执行一个独立程序，导致计算机不同部件之间有忙有闲，不能够充分发挥系统资源的效率。为了提高系统资源的利用率，我们必须尽量让系统中各种设备充分利用起来。可以设想，如果系统中有多个程序同时存在，就可以在某个程序进行计算操作的同时（此时输入设备、输出设备闲置），让第二个程序进行输入操作，第三个程序进行输出操作，这样系统中各部分资源就同时"忙碌"起来，系统资源利用更充分。图2-5显示了3个程序同时执行的过程，输入程序在输入第三个程序(I3)的同时，计算程序可以正在对第二个程序(C2)进行计算，而输出程序正在输出第一个程序(O1)的计算结果，此时系统中输入、计算、输出设备都被利用起来了。

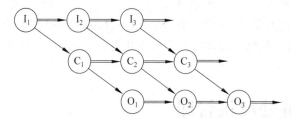

图2-5　多个程序的同时执行示意图

在计算机系统中同时存在和执行多个具有独立功能的程序，各程序轮流使用系统的各种软、硬件资源的程序设计方法就叫作多道程序设计。目前的操作系统中，多道批处理操作系统、分时操作系统、实时操作系统、网络操作系统及分布式操作系统等都引入了多道程序设计。

1. 进程的定义

在多道程序工作环境下，各个程序是并发执行的，它们共享系统资源，共同决定这些资源的状态，彼此之间相互制约、相互依赖，因而呈现出并发性、制约性、失去封闭性、不可再现性等新的特征。这样，用"程序"这个概念已经不能如实反映程序的这些动态特征了。为此人们引入"进程"这一新概念来描述程序动态执行过程的性质。

进程(process)是现代操作系统设计的一个基本概念，也是一个管理实体。它最早被用于美国麻省理工学院的 MULTICS 系统和 IBM 的 CTSS/360 系统，不过那时称其为任务(task)，其实是两个等同的概念。

人们对进程下过许多定义，但迄今为止对进程还没有非常确切和统一的描述。有的人称"进程是任何一个处于执行的程序"，有的人称"进程是可以并行执行的计算部分"，有的人称"进程是具有一定独立功能的程序在某个数据集合上的一次运行活动"，也有的人称"进程是一个实体。当它执行一个任务时，将要分配和释放各种资源"。

综合起来可以从以下三个方面描述进程。

（1）进程是程序的一次运行活动。

（2）进程的运行活动是建立在某个数据集合之上的。

（3）进程在获得资源的基础上从事自己的运行活动。

据此，本书把进程的定义描述为：所谓进程是指一个具有独立功能的程序在某个数据集合上的一次执行过程，是系统进行资源分配和运行调度的独立单位。

在多道程序设计系统中,既运行着操作系统程序,又运行着用户程序,因此整个系统中存在着两类进程,一类是系统进程,另一类是用户进程。操作系统中用于管理系统资源的那些并发程序,形成了一个个系统进程,它们提供系统的服务,分配系统的资源;可以并发执行的用户程序段,形成了一个个用户进程,它们是操作系统的服务对象,是系统资源的实际的享用者。可见,这是两类不同性质的进程,主要区别如下。

(1) 系统进程之间的相互关系由操作系统负责协调,以便有利于增加系统的并行性,提高资源的整体利用率;用户进程之间的相互关系要由用户自己(在程序中)安排。不过,操作系统会向用户提供一定的协调手段(以命令的形式)。

(2) 系统进程直接管理有关的软、硬件资源的活动;用户进程不得插手资源管理。在需要使用某种资源时,必须向系统提出申请,由系统统一调度与分配。

(3) 系统进程与用户进程都需要使用系统中的各种资源,它们都是资源分配与运行调度的独立单位,但系统进程的使用级别,应该高于用户进程。也就是说,在双方出现竞争时,系统进程有优先获得资源及优先得以执行的权利。只有这样,才能保证计算机系统高效、有序地工作。

2. 进程的特征

(1) 动态性。进程是程序的一次执行过程,因此是动态的。动态性是进程的最基本特征。它还表现在进程由创建而产生,由调度而执行,因得不到资源而暂停执行,最后因撤销而消亡。

(2) 并发性。这是指多个进程能在一段时间内同时执行。引入进程的目的就是为了使程序能与其他程序并发执行,以提高系统资源的利用率。

(3) 独立性。进程是一个能独立运行,独立分配资源和独立调度的基本单位,未建立进程的程序都不能作为一个独立的单位参加运行。

(4) 异步性。进程按各自独立的、不可预知的速度向前推进,即进程按异步方式运行。由于进程之间的相互制约,使得各进程间断执行,其速度不可预知。

(5) 结构特征。为了描述和记录进程的运动变化过程,并使其独立正确执行,系统为每个进程配置了一个进程控制块(process control block,PCB)。从结构上看,进程由程序段、数据段和进程控制块 3 部分组成。

3. 进程和程序的区别

进程是程序在一个数据集合上的一次执行过程。这就是说,进程与程序之间有一种必然的联系,但是进程又不等同于程序,它们是两个完全不同的概念。进程与程序的区别有如下几个方面。

(1) 进程是一个动态的概念,进程强调的是程序的一次"执行过程";程序是一组有序指令的集合,在多道程序设计环境下,它不涉及"执行",因此是一个静态的概念。如果将一部电影看作一个程序,那电影在影院的一次放映过程,就相当于进程。

(2) 进程是有生命周期的,是一个动态生存的暂存性资源;而程序是永久性的软件资源。当系统要完成某一项工作时,它就"创建"一个进程,以便执行事先编写好的、完成该工作的那段程序。程序执行完毕,完成预定的任务后,系统就"撤销"这个进程,收回它所占用的资源。一个进程创建后,系统就感知到它的存在;一个进程撤销后,系统就无法再感知到它。于是,从创建到撤销,这个时间段就是一个进程的生命周期。

(3) 不同进程可以执行同一个程序,而一个进程也可以执行多个程序。从进程的定义可知,区分进程的条件一是所执行的程序,二是数据集合。即使多个进程执行同一个程序,只要它们运行在不同的数据集合上,它们就是不同的进程。例如,一个编译程序同时被多个用户调用,各个用户程序的源程序是编译程序的处理对象(即数据集合)。于是系统中形成了一个个不同的进程,它们都运行编译程序,只是每个加工的对象不同。由此可知,进程与程序之间,不存在——对应的关系。

(4) 程序是指令的有序集合,而进程是由程序、数据和进程控制块三部分组成。

4. 进程的基本状态

在多道程序设计系统中,可能同时存在多个进程,各个进程争用系统资源,得到资源的进程可以继续运行,暂时没有得到资源的进程就要等待。同时,某些进程由于互相合作完成某项任务,还需要互相等待互相通信,致使系统中部分进程间断执行。因此,各进程在其整个生命周期中可能处于不同的活动状态。

(1) 执行状态。执行状态又称为运行状态,当一个进程获得了必要的资源,并占有处理机时,其处于执行状态。在单处理机系统中,最多只能有一个进程处于执行状态。在多处理机系统中,可能有多个进程处于执行状态,但处于执行状态的进程个数不会超过系统中处理机的个数。

(2) 阻塞状态。进程在执行过程中,由于发生某个事件(如等待输入/输出操作的完成,等待另一个进程发送消息)而暂时无法执行下去时,就处于阻塞状态。阻塞状态也称等待状态或挂起状态。在一个系统中,处于就绪状态的进程可能有多个,它们按照阻塞的不同原因组成多个阻塞队列。导致进程阻塞的典型原因有请求输入/输出、等待使用某个资源等。

(3) 就绪状态。当进程已获得除处理机以外的所有资源(处理机被系统中的其他进程占用),一旦分配了处理机即可立即执行,则其处于就绪状态。在一个系统中,处于就绪状态的进程可能有多个,通常将它们排成一个就绪队列。操作系统必须按照一定的算法,每次从这些队列中选择一个进程投入运行,这个选择的过程称为进程调度。

一个进程的状态,可以随着自身的推进和外界环境的变化而从一种状态变迁到另一种状态。图 2-6 所示为进程状态变迁图,箭头表示的是状态变迁的方向,旁边标识的文字是引起这种状态变迁的原因。

可见,一个正处于执行状态的进程,会因其提出输入/输出请求或等待某个事件发生而变为阻塞状态。在输入/输出操作完成或等待的某个事件发生

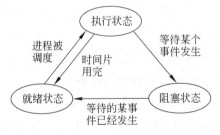

图 2-6 进程状态的变迁图

后,进程会由阻塞状态变为就绪状态。当占用处理机的进程执行完毕或者进入阻塞状态时,它会让出处理机,系统则按照特定的规则从就绪队列中选择合适的进程,并将处理机分配给它,被选中的进程进入执行状态。处于就绪状态与阻塞状态的进程,虽然都"暂时无法执行",但两者有着本质上的区别。前者已做好了执行的准备,只要获得 CPU 就可以投入运行;而后者要等待某事件完成后才能继续执行,在此之前即使把 CPU 分配给它,它也无法执行。

2.3.2　进程的调度与管理

1. 进程调度

处理机是计算机系统中的重要资源,在多道程序设计系统中,一个任务被提交后,必须经过调度才能够获得处理机并被执行。进程调度就是控制、协调进程对 CPU 的竞争,按照特定的调度算法,使某一个进程获得对 CPU 的使用权。进程调度的主要任务就是确定什么时候进行调度(调度时机),怎样调度(调度算法),按什么原则进行调度(调度过程具体做些什么)。在操作系统中有一个专门的进程调度程序来完成调度任务。进程调度程序记录系统中所有进程的状态、优先级和资源需求情况,确定把处理机分配给哪个进程,分配多长时间。当有更高级别的进程进入就绪队列时,根据调度方式确定优先级别高的进程是否能够抢占当前进程的 CPU。当前进程放弃处理机时,进程调度程序要保存该进程的 CPU 现场信息,修改该进程的状态并插入相应的队列中,然后根据调度算法从就绪队列中选择下一个进程,恢复该进程的 CPU 现场信息,使其变为执行状态。

进程调度又称为低级调度。用户把一个任务提交给计算机操作系统后,一般要经过一个三级调度的过程才能完成整个任务,图 2-7 描述的就是处理机调度的三种类型。

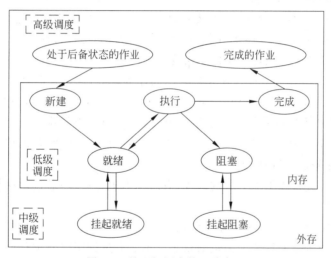

图 2-7　处理机调度的 3 种类型

(1) 高级调度。又称为宏观调度或者作业调度,主要任务是决定把外存中的哪些后备作业送入内存,建立相应的进程,分配内存、输入/输出设备等必要的资源,将创建的进程放入就绪队列上,使其能够得到执行的机会。作业调度发生的时间间隔比较长,其时间衡量尺度通常是分钟、小时或者天。

(2) 中级调度。又称为交换调度,主要任务是按照给定的原则和策略,在内存空间紧张时,将内存中处于活动就绪状态或者活动阻塞状态的进程交换到外存,腾出内存空间;在内存空间富余时,将外存中的挂起就绪进程或挂起阻塞进程调入内存,准备执行。中级调度的主要目的就是缓解内存空间的紧张状态。一个进程在运行期间可能要经过多次换进换出。这种调度发生的时间间隔比作业调度要短得多。

(3) 低级调度。又称为微观调度或进程调度,主要任务是按照某种策略和方法选取一个处于就绪状态的进程,为其分配 CPU 并执行。进程调度是操作系统中最频繁的调度,也是算法最复杂的调度,其时间间隔尺度通常是毫秒级。

不是任何操作系统都具有这三级调度,所有操作系统都具有低级调度,而中级调度和高级调度不一定存在。例如,目前许多交互式操作系统就没有作业调度。

2. 进程管理

为了对进程进行有效的管理和控制,操作系统要提供若干基本的操作,以便能创建进程,撤销进程,阻塞进程和唤醒进程。这些操作对于操作系统来说是最为基本、最为重要的。为了保证执行时的绝对正确,要求它们以一个整体出现,不可分割。也就是说,一旦启动了它们的程序,就要保证做完,中间不能插入其他程序的执行序列。在操作系统中,把具有这种特性的程序称为"原语"。

为了保证原语操作的不可分割性,通常总是利用屏蔽中断的方法。也就是说,在启动它们的程序时,首先关闭中断,然后去做创建、撤销、阻塞或唤醒等工作;完成任务后,再打开中断。下面对这四个原语的功能做一简略描述。

(1) 创建进程原语。需要时,可以通过调用创建进程原语建立一个新的进程,调用该原语的进程被称为父进程,创建的新进程被称为子进程。创建进程原语的主要功能有三项:为新建进程申请一个进程控制块 PCB;将创建者(即父进程)提供的信息填入 PCB 中,比如程序入口地址、优先级等,系统还要给它一个编号,作为它的标识;将新建进程设置为就绪状态,并按照所采用的调度算法,把 PCB 排入就绪队列中。

(2) 撤销进程原语。一个进程在完成自己的任务之后,应该及时撤销,以便释放占用的系统资源。撤销进程原语的主要功能是收回该进程占用的资源,将该进程的 PCB 从所在队列里摘下,将 PCB 所占用的存储区归还给系统。可以看到,当创建一个进程时,为它申请一个 PCB;当撤销一个进程时,就收回它的 PCB。如此才表明操作系统确实是通过进程的 PCB 来"感知"一个进程的存在的。

通常,总是由父进程或更上一级的进程(有时称为祖先进程)通过调用撤销进程原语,来完成对进程的撤销工作。

(3) 阻塞进程原语。一个进程通过调用阻塞进程原语,或将自己的状态由执行变为阻塞,或将处于就绪的子孙进程改变为阻塞状态。不能通过调用阻塞进程原语,把别的进程族系里的进程加以阻塞。阻塞进程原语的主要功能是将被阻塞进程的现场信息保存到 PCB 中,把状态改为阻塞,然后将其 PCB 排到相应的阻塞队列中。如果被阻塞的是自己,那么调用了该原语后,就应该转到进程调度程序去,以便重新分配处理机。

(4) 唤醒进程原语。在等待的事件发生后,就要调用唤醒进程原语,以便把某个等待进程从相应的阻塞队列里解放出来,进入就绪队列,重新参与调度。很显然,唤醒进程原语应该和阻塞进程原语配合使用,否则被阻塞的进程将永远无法解除阻塞。

唤醒进程原语的主要功能是在有关事件的阻塞队列中,寻找到被唤醒进程的 PCB,把它从队列上摘下,将它的状态由阻塞改为就绪,然后插入就绪队列中排队。

🍀 任务实施

经过处理机管理的学习,小郑了解了程序运行的一些原理,了解了进程、线程之间的一些关系。一般情况下同时运行多个程序是没有问题的,计算机 CPU 会自己合理分配资源。

任务 2.4　了解文件管理

任务描述

小郑从网上下载了很多程序、图片、视频、文档等资料,但找不到下载到哪里了,接下来需要学习文件管理等相关知识。

2.4.1　文件管理

文件管理是操作系统的重要组成部分,主要解决文件的存储、检索、更新、共享和保护等问题,并给用户提供一套系统调用命令以便对文件进行操作。

1. 文件的定义

文件是指具有完整逻辑意义的一组相关信息的集合,是一种在磁盘上存取信息的方法。文件用符号名加以标识,这个符号名称为"文件名"。文件名是在创建文件时给出的。对文件的具体命名规则,在各个操作系统中不尽相同。

为了便于管理和控制文件而将文件分为若干种类型,不同系统对文件的分类方法有很大差异。为了方便系统和用户了解文件的类型,很多操作系统中都通过文件的扩展名来反映文件的类型。表 2-1 给出了常见的文件扩展名及其含义。

表 2-1　常见文件扩展名及其含义

扩 展 名	文件类型	含　　义
.c、.cc、.java、.asm	程序源文件	用各种语言编写的源代码
.exe、.com、.bin	可执行文件	可以运行的机器语言程序
.obj	目标文件	编译过的、尚未链接的机器语言程序
.bat、.sh	批处理文件	由命令解释程序处理的命令
.txt、.doc	文本文件	文本数据、文档
.lib、.dll	库文件	供程序员使用的标准函数/子程序集
.hlp	帮助文件	提供帮助信息
.zip、.rar	压缩文件	压缩后的文件

2. 文件的属性

文件通常包含两部分内容,一是文件所包含的数据,二是关于文件本身的说明信息或属性。文件属性是指描述文件的信息,如文件的创建日期、拥有者及存取权限等,文件系统就是通过这些信息来管理文件的。不同文件系统有不同种类的文件属性,常用的文件属性如下。

(1) 文件名。文件名是供用户使用的标识符,是文件的最基本属性。文件必须要有文件名。

(2) 文件内部标识符。文件内部标识符是一个编号,它是文件的唯一标识。

(3) 文件的物理位置。具体表明文件在存储器上的物理位置,比如文件所占用的物理块号。

（4）文件拥有者。这是多用户系统中必须有的一个文件属性。

（5）文件的存取控制。规定用户对文件的读/写权限。

（6）文件的长度。长度单位可以是字节，也可以是块。

（7）文件的时间。文件的创建时间、修改时间、访问时间等。

3. 文件的分类

常见的文件分类方法如下。

（1）按文件的性质和用途，分类如下。

系统文件：主要由操作系统的核心和各种系统应用程序组成，通常是可执行的目标代码及所访问的数据。用户对它们只能执行，没有读和写的权利。

用户文件：是用户在使用计算机时创建的各种文件，如源程序、目标代码和数据等。只能由文件主和被授权者使用。

库文件：标准子程序及实用子程序等组成。允许用户调用和查看，但是不允许修改，如C语言的函数库。

（2）按文件的存取控制属性，分类如下。

> **提示**：文件的存取控制是指对文件的操作权限。

只读文件：只允许文件属主及被授权者读文件，不允许写和运行。

读写文件：允许文件属主及被授权者读和写。

只执行文件：只允许被授权者调用执行，不允许读和写。

（3）按文件的存取方式，分类如下。

顺序存取文件：对文件的存取操作，只能依照记录在文件中的先后次序进行。如果当前是对文件的第 i 个记录进行操作，那么下面肯定是对第 $i+1$ 个记录进行操作。

随机存取文件：对文件的存取操作，是根据给出关键字的值来确定的。比如根据给出的学号（关键字），可以立即找到该学生的记录。

（4）按文件的逻辑结构，分类如下。

流式文件：把文件视为有序的字符集合，是用户组织文件的一种常用方式。UNIX操作系统和MS-DOS采用该形式。

记录式文件：文件由一个个记录集合而成，文件的基本信息单位是记录。这是用户组织文件的一种常用方式。

（5）按文件的物理结构，分类如下。

> **提示**：文件的物理结构是指文件在辅存上存储时的组织结构。

连续文件：也称为顺序文件，即把文件中的记录顺序地存储到连续的物理块中。在连续文件中记录的次序与它们的物理存放次序是一致的。

链接文件：文件中的记录存放在不连续的物理块中，通过链接指针指明它们的顺序关系，并将它们组成一个链表。

索引文件：文件中的记录存放在的不连续的物理块中。每个文件都有一张索引表，存放文件中各记录和物理块之间的映射关系。

（6）按文件的内容，分类如下。

普通文件：即通常意义下的各种文件。

目录文件：在管理文件时，要建立每一个文件的目录项。当文件很多时，操作系统就把这些目录项聚集在一起，构成一个文件来加以管理。由于这种文件中包含的都是文件的目录项，因此称为"目录文件"。

特殊文件：为了统一管理和方便使用，在操作系统中常以文件的观点来看待设备，称为设备文件，也称为"特殊文件"。

4. 文件系统

文件系统是指操作系统中与文件管理有关的那部分软件、被管理的文件以及管理文件所需要的数据结构的总体。从系统的角度看，文件系统是对文件存储器（如磁盘）的存储空间进行组织和分配，负责文件的存储并对存入的文件进行检索和保护的系统。

文件系统具有以下基本功能。

（1）文件和文件目录的管理。这是文件系统最基本的功能，包括文件的创建、读、写和删除操作，以及对文件目录的建立、修改和删除操作。

（2）文件的组织和文件存取的管理。用于组织和管理文件的逻辑结构和物理结构，在文件的逻辑结构与相应的物理结构之间建立起一种映射关系，并实现两者之间的转换。通过这种映射，用户不必知道文件存放的具体物理位置，实现按名存取。

（3）文件存储空间的管理。创建一个文件时，文件系统根据文件的大小分配一定的存储空间；删除一个文件时，文件系统收回该文件使用的存储空间，以便提高资源的利用率。

（4）文件的共享和保护。

（5）提供接口。文件系统提供系统调用子程序和系统命令供用户使用。

2.4.2　文件结构与文件目录

1. 文件结构

文件的结构是指以什么样的形式去组织一个文件。用户从使用的角度组织文件，而系统从存储的角度组织文件。因此，文件有两种结构：从用户角度所看到的文件信息的组织结构，称为文件的逻辑结构；文件在辅存上的存储形式，称为文件的物理结构。

（1）文件的逻辑结构。文件的逻辑结构有两种：流式和记录式。

流式文件是指文件内部不再对信息进行组织划分，是由一组相关信息组成的有序字符流，即无结构的文件。流式文件以字符为操作对象，文件中的任何信息的含义都由用户级程序解释。大量的源程序、可执行程序、库函数等采用这种文件形式。

记录式文件是指用户把文件信息划分成一个个记录，存取时以记录为单位进行。用户为每个记录顺序编号，称为记录号。记录号一般从 0 开始。每个记录是一组相关数据的集合，用于描述一个对象的各种属性。

（2）文件的物理结构。文件的物理结构是指文件在辅存上的存储形式，也称为文件的存储结构。它和文件的存取方法密切相关，直接影响文件系统的性能。为了有效分配文件存储器的空间，通常将其划分为若干块，以块为单位进行分配。每个块称为物理块，块中的信息称为物理记录。物理块的长度是固定的。一个物理块可以存放多个逻辑记录，一个逻辑记录也可以占用多个块。

文件的物理结构通常有三种：连续结构、链接结构和索引结构。

2. 文件目录

文件控制块(file control block, FCB)是系统为管理文件而设置的一个数据结构。FCB是文件存在的标志，它记录了系统管理文件所需要的全部信息。文件与FCB是一一对应的。只有找到了文件的FCB，得到了这个文件的有关信息，才能对它进行操作。FCB的有序集合构成文件目录，每个目录项就是一个FCB。文件目录的组织与管理是文件管理的一个重要方面，有一级目录、两级目录、树形目录三种结构方式，目前常用的是树形目录结构。

(1) 一级目录结构。一级目录也称为单级目录，是一种最简单、最原始的目录结构。这种方式把所有文件的FCB都登记在一个文件目录中。比如，某计算机系统有三个用户A、B、C，用户A有2个文件Afile1、Afile2，用户B有3个文件Bfile1、Bfile2、Bfile3，用户C有1个文件Cfile1。图2-8所示为一级目录结构，方框表示文件的FCB(其中的文字表示文件名)，圆圈代表文件本身。

一级目录结构易于实现，管理简单，只需要建立一个文件目录，对所有文件的所有操作，都是通过该文件目录实现的；但存在查找速度慢、不允许重名等问题。

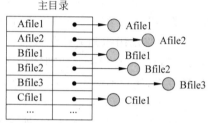

表2-8 一级目录结构

(2) 二级目录结构。为了克服一级目录结构的不足，文件系统引入了两级目录结构，由主目录和用户目录两级组成。在主目录中，给出用户名以及用户子目录所在的物理位置。主目录按照用户进行划分，每个用户都有自己的用户文件目录。在用户目录中，给出该用户所有文件的FCB。

二级目录结构如图2-9所示。

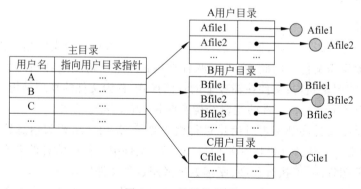

图2-9 二级结构目录

在两级目录结构中，因为每个用户拥有自己的目录，所以不同用户可以拥有相同名称的文件。用户访问某个文件时，系统只需查找它本身的用户文件目录，查找速度比一级目录有所提高。但是如果一个用户拥有很多文件，在他的目录中查找也需要花费较多时间。另外，用户无法对自己的文件进行再分类。

(3) 树形目录结构。为了克服两级目录结构的不足，又引入了树形目录结构，它允许每个用户目录可以拥有多个子目录,子目录下还可以再分子目录,如图 2-10 所示。第 1 层为根目录,第 2 层为用户目录 A、B、C,再往下是用户的子目录(方框表示的 AD1、CD1、CD2)或文件(圆圈表示)。每一层目录中,既可以有子目录的目录项,也可以有文件的目录项。

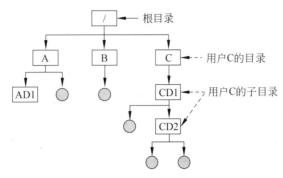

图 2-10　树形目录结构

如同文件都要有文件名一样,目录和子目录也都要有名称。在树形目录结构中,用户可以把不同类型或不同用途的文件分类,组织自己的目录层次,便于用户查找文件;不同目录下可以使用相同的文件名。

(4) 绝对路径名。从根目录到任何文件,都只有一条唯一的通路。在该路径上,从根目录开始,把全部目录名与文件名依次地用分隔符连接起来,就构成了该文件的绝对路径名。比如,“C:\”不同系统中分隔符有所不同,Linux、Windows 中为“/”,MS-DOS 中为“\”。

> **注意**：文件的绝对路径名必须从根目录出发,是唯一的。

(5) 相对路径名。当树形目录结构有很多级时,每访问一个文件,都要使用从根目录开始直到文件为止的绝对路径名,非常麻烦。由于一个用户经常访问的文件,大多局限于某个范围,所以用户可以指定一个目录为当前目录(又称为工作目录),用户对各文件的访问都相对于当前目录进行。此时,各文件使用的路径,只需从当前目录开始,逐级经过中间目录,最后达到要访问的文件。把这一路径上的目录名与文件名依次用分隔符连接起来形成的路径名,称为文件的相对路径名。由于相对路径名与所指定的当前目录有关,所以它不是唯一的。

任务实施

小郑在学习了文件管理后,初步了解了文件、目录等相关概念,然后通过目录路径查找到了相关文件的储存位置。

习　题

一、填空题

1. 操作系统是控制和管理计算机系统内各种_____、有效地组织多道程序运行的_____,是_____与计算机之间的接口。

2. 进程在执行过程中有三种基本状态,它们是_____态、_____态和_____态。

3. 系统中一个进程由_____、_____和_____三部分组成。

4. 单级(一级)文件目录不能解决_____的问题。多用户系统所用的文件目录结构至少应是二级文件目录。

5. 文件系统主要管理计算机系统的软件资源,即对于各种_____的管理。

二、单项选择题

1. 操作系统是一种(   )。

    A. 应用软件   B. 系统软件   C. 通用软件   D. 工具软件

2. 操作系统是一组(   )。

    A. 文件管理程序   B. 中断处理程序   C. 资源管理程序   D. 设备管理程序

3. 在进程管理中,当(   )时,进程从阻塞状态变为就需状态。

    A. 进程被调度程序选中   B. 进程等待某一事件发生

    C. 等待的事件出现   D. 到达一个时间片

三、简答题

1. 什么是操作系统?计算机操作系统的主要功能是什么?

2. 何谓自由软件?

3. 简述什么是文件的逻辑结构,以及它有哪几种组织方式;简述什么是文件的物理结构,它有哪几种组织方式。

第 3 章
文字处理 Word 2019

Microsoft Office Word 2019 是微软公司的一个文字处理器应用程序。Word 2019 文字处理软件操作界面简单、友好、方便,使用 Word 2019 可以非常方便地对各类文章、论文等进行排版,可以制作图文并茂的文档,极大地方便并满足了我们日常工作和生活的需要。

任务 3.1　迎新生晚会海报制作

任务描述

晓莉是一名学生会干事,新生报到后,学院要举办一次迎新生晚会,为了更好地宣传,晓莉想设计并制作一张宣传海报。她已经学习了 Word 文字处理基础知识,包插文字录入、文字设置、段落设置等,现在她需要综合运用页面设置、图文混排等,完成迎新生海报的设计与制作,最终海报效果如图 3-1 所示。

3.1.1　页面设置和美化

页面设置包含"页边距""纸张方向""布局"和"文档网格"四个选项卡的设置。单击"布局"功能选项卡,在"页面设置"工具组单击右下角箭头,显示"页面设置"对话框,如图 3-2 所示。"页边距"选项卡中的"页边距"分为上、下、左、右,用来表示文字距离纸张上、下、左、右方向的距离,"纸张方向"分为横向和纵向,默认是纵向。"纸张"选项卡

图 3-1　迎新生海报效果图

用来设置纸张的大小,默认为 A4 纸张。不同的纸张可根据用户需要进行修改。"布局"选项卡设置行号、页面的垂直对齐方式、页眉/页脚的奇偶页和边距等信息。"文档网格"选项卡用来设置每页行数和每行字符数,比如一些论文期刊对每页的行数和每行的字符数有一定的要求。

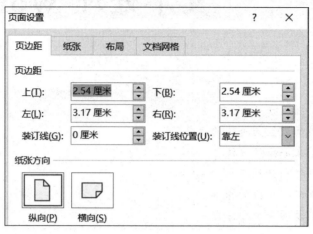

图 3-2　页面设置

页面美化可以给页面添加边框,修改页面的颜色等。单击"设计"功能选项卡,除了系统自带的主题,在"页面背景"工具组中单击"页面边框",打开"边框和底纹"对话框中的"页面边框"选项卡,如图 3-3 所示,分为三部分:"设置""样式""预览"。"设置"部分用来设定边框的形状,然后在"样式"部分选定边框线的类型、颜色、宽度以及线类型,在"预览"部分可以看到最终的效果。

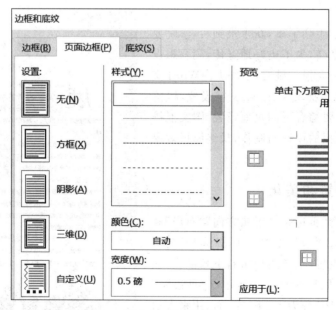

图 3-3　页面边框

　　页面颜色用来修改纸张的背景颜色,默认为白色,可以根据需要进行任意的修改,也可以选择其他类型作为背景填充。单击"页面颜色",如图 3-4 所示,可以从主题颜色、标准色或其他颜色中选择一样单一颜色;也可以选择"填充效果"并打开一个对话框,如图 3-5 所示,可以选择渐变颜色填充,纹理填充,图案和图片填充等。

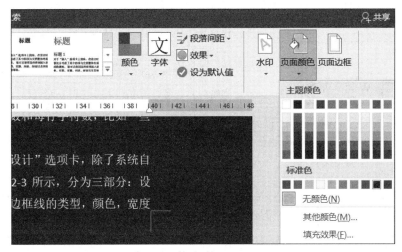

图 3-4　单色背景

图 3-5　填充效果

3.1.2　首字下沉和分栏

　　首字下沉是使文档中一个段落的第一个字符变大,大到占用 2 行及以上的大小。设置段落首字下沉的操作步骤为:选择文档段落的第一个字,单击"插入"功能选项卡的"文本"工具组中的"首字下沉",选择"首字下沉选项",打开的对话框如图 3-6 所示,从中选择"下沉",设置字体、下沉行数、距正文等选项,单击"确定"按钮。

分栏就是对文档的内容设置成相同或不同栏宽的两个以上的栏。选中文档中分栏文字内容,单击"布局"功能选项卡中的"页面设置"工具栏组中"栏"的向下箭头,单击"更多分栏",打开的对话框如图 3-7 所示,选择"栏数"为 2,每栏的宽度和间距用默认值,以及取消选中"分隔线"选项,单击"确定"按钮。

图 3-6　首字下沉设置

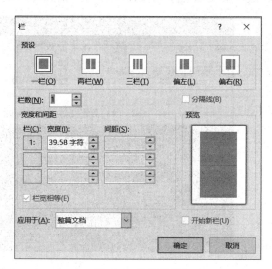

图 3-7　分栏设置

3.1.3　插入艺术字

单击"文本"工具栏组中的"艺术字",再单击艺术字样式,则在文档中出现"请在此放置您的文字"的内容,单击并修改内容,在功能选项卡最右侧出现"绘图工具—格式"选项卡,如图 3-8 所示。

图 3-8　格式设置

通过该功能选项卡可以修改艺术字的样式,包括文本填充、文本轮廓、文本效果以及文本的方向、对齐方式等。

3.1.4　插入形状

绘图工具栏是 Word 将常见的绘图工具集中到一个工具栏上而形成的。单击"插入"→"插图"→"形状"按钮,从下拉列表中选择矩形,如图 3-9 所示,在文档中按下左键拖动鼠标,即可绘制出一个矩形。单击选中该矩形,出现"绘图工具—格式"功能选项卡,通过相关工具可以对绘制的图形进行编辑、修改。

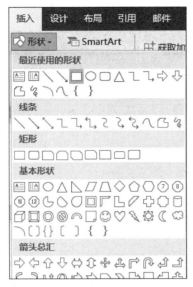

图 3-9 "形状"下拉菜单

图 3-10 插入图片

3.1.5 插入图片

在"插入"功能选项卡中单击"图片"的下三角,弹出下拉列表,包含"此设备"与"联机图片"两个选项,如图 3-10 所示选择"此设备",再在打开的对话框中选择插入图片的位置并选中图片,单击"插入"按钮。

图片的编辑:插入的图片默认以嵌入式的方式存放在文档中,可以对该图片进行编辑修改。单击插入的图片,在选项卡右边会出现"图片工具—格式"的新功能选项卡,单击"格式",显示如图 3-11 所示。

图 3-11 "格式"功能选项卡

通过该功能选项卡,可以编辑插入图片的颜色、阴影效果、边框、排列方式、裁剪效果以及大小的精确修改等。

3.1.6 插入文本框

文本框是图形对象的一种,在文本框中可以输入文本,默认的文本框是白色背景、黑色边框线。单击"插入"→"文本"→"文本框"按钮,出现一个下拉列表,包括"内置文本框""绘制文本框""绘制竖排文本框"等功能。如果用户需要绘制一个水平文本框,则选择"绘制文本框"功能,在文档中按住鼠标左键拖动,放开左键即完成文本框的绘制。绘制好的文本框可以任意地拖动放到想放置的文档位置。单击绘制好的"文本框",功能选项卡右侧出现"绘图工具—格式"功能选项卡,单击"格式",出现修改文本框的"形状样式"工具组,如图 3-12

所示,可以修改文本框的填充颜色、轮廓颜色、形状效果等。

图 3-12 修改文本框

任务实施

下面用已有的文字素材和图片素材,制作一份精美的宣传海报。

1. 页面背景设计

新建一份 Word 文档,单击"保存"按钮,命名为"迎新生晚会海报"。选择"布局"功能选项卡,在"页面设置"对话框中设置页边距,上、下为 2 厘米,左、右为 3.5 厘米,单击"确定"按钮。

任务实施 迎新生
晚会海报制作

2. 插入图片

单击"插入"功能选项卡"插图"工具组中的"图片"按钮,从弹出的下拉列表中选择"此设备",再在打开的对话框中从本地素材文件夹中选择背景图片,如图 3-13 所示。

图 3-13 选择插入的素材图

选中插入的背景图片,右击,在弹出的快捷菜单中选择"环绕文字"→"衬于文字下方"命令,如图 3-14 所示。

选中图片,四周会有空心圆形控制点,拖动控制点,使图片刚好占满整个页面,如图 3-15 所示。

图 3-14　"环绕文字"相关命令　　　　　　图 3-15　图片占满整页

3. 插入艺术字

单击"插入"→"文字"→"艺术字"按钮,在艺术字样式表中选择"填充:蓝色,主题色 1;阴影",如图 3-16 所示。在编辑区会出现"请在此放置您的文字"文本框,在文本框内输入"艺彩飞扬"。选中文本外框,在"开始"功能选项卡中设置文字大小为 60、加粗。在"绘图工具—格式"功能选项卡中设置"文字效果"中的"转换"为"双波形:上下",如图 3-17 所示。

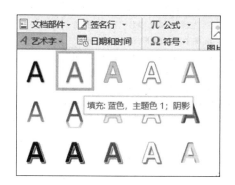

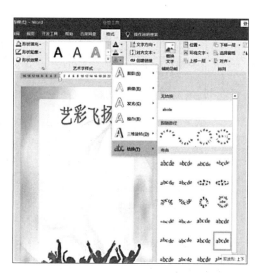

图 3-16　艺术字样式　　　　　　　　图 3-17　转换效果

用同样的方法插入艺术字"数字工程学院迎新生晚支",在"绘图工具—格式"功能选项卡中设置"文字效果"中的"映像"为"紧密映像:4 磅 偏移量",如图 3-18 所示。放置好文字位置。

图 3-18　映像变体样式

4. 文字编辑

复制素材文字到文档编辑区,设置字体为"宋体",文字大小为"四号";设置"段落首行缩进"为 2 字符,"行距"为 2 倍行距。

设置首字下沉。选中第一段的第一个字"展",再单击"插入"→"文本"→"首字下沉"→"下沉",如图 3-19 所示,得到的效果如图 3-20 所示。

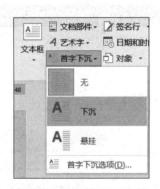

图 3-19　"首字下沉"选项　　　　　　　　图 3-20　首字下沉效果

突出显示时间和地点。选中"9 月 18 日 19:00",单击"开始"选项卡,"字体"工具组的"扩展"按钮,在打开的"字体"对话框中,"着重号"选择为"点",如图 3-21 所示。在"开始"功能选项卡的"字体"工具组中设置文字突出显示颜色为"青绿",如图 3-22 所示。再设置字体加粗。对地址进行同样的设置即可。

设置落款的对齐方式为右对齐,效果如图 3-23 所示。

在文本中插入"表演节目"图片,选中图片,在"图片工具—格式"功能选项卡的"大小"工具组中设置图片"高度"为 4 厘米,在"排列"工具组中选择"环绕文字"为"四周型",在"图片样式"工具组中选择"棱台矩形",如图 3-24 所示。放置好位置,则案例制作完毕。

图 3-21　设置字体着重号

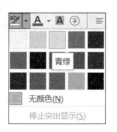

图 3-22　文字突出显示颜色

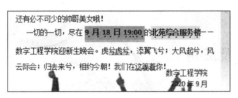

图 3-23　落款设置效果

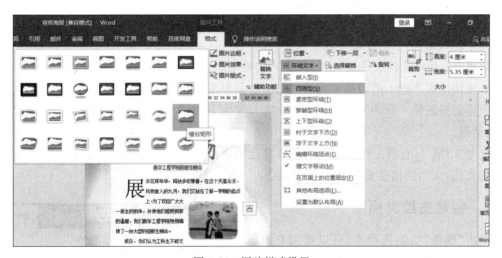

图 3-24　图片样式设置

任务 3.2　用邮件合并功能进行学生成绩单的制作

任务描述

张老师是某校的大二班主任，期中考试后，学校要求召开一次家长会，需要把每位同学的成绩告知其家长。一个班有几十名学生，一份成绩单包括好几门课程的成绩，如何才能快速地生成每位同学的成绩呢？张老师用 Word 2019 的邮件合并功能让每位同学成绩单上的每门课程的成绩自动生成,效果如图 3-25 所示。

学生成绩单

学年	2020—2021 学年	姓名	董宏峰
学号	01	性别	男
计算机	84	思想品德	79
高数	59	英语	58
体育	60		
总分	340	名次	27

图 3-25　学生成绩单效果图

3.2.1　邮件合并功能及应用

邮件合并功能需要建立两个文档:主控文档和数据源。主控文档主要包括内容不变的部分,而数据源则是不断变化的信息。在主控文档中插入不断变化的信息后,生成一份完整的文档信息,就是邮件合并的主要功能。

主控文档:包含文本和图形,合并文档的每个版本都是相同的文档。在建立主控文档之前先建立数据源,然后才能生成主控文档。

数据源:是一个信息目录,比如所有人的姓名、计算机成绩、英语成绩、高数成绩等,这是主控文档中需要插入的数据来源。创建的数据源主要指数据表格,比如 Excel 电子表格。一般数据表格的第一行为域名,而域就是插入主控文档的不同信息,可以是时间、地点、姓名、电话等。

合并文档:只有当主控文档和数据源都建成之后才能进行合并。Word 将自动生成一个大的文档,文档的信息是根据数据源的记录一条条来生成的。

3.2.2　创建主控文档

单击"邮件"功能选项卡,可以看到它有 5 个工具组。用户可以根据需要创建一个主控文档,也可以将已有的文档转化为主控文档。例如,创建一个新文档作为学生成绩的通知单,方法如下。

新建一个 Word 文档,单击"邮件"→"开始邮件合并"按钮,弹出下拉列表,如图 3-26 所示。选择"普通 Word 文档"作为主控文档,然后在新创建的空白主控文档中进行编辑,输入相关的内容,如图 3-27 所示。

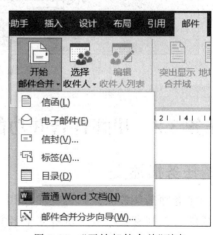

图 3-26　"开始邮件合并"列表

学生成绩单

学年	2020—2021 学年	姓名	
学号		性别	
计算机		思想品德	
高数		英语	
体育			
总分		名次	

图 3-27　学生成绩单的框架

3.2.3　选择数据源

主控文档创建好了后,需要明确学生的姓名、各科成绩、总分、名次等数据,而这些数据可以以多种形式存在,可以是 Excel 电子表格,OutLook 联系人列表,Word 中的表格,Access 数据库或文本文件等。

单击"选择收件人",可以选择数据源,会弹出一个下拉列表,可以选择"键入新列表"选项来直接制作数据源,可以选择"使用现有列表"选项来使用已经做好的数据源,还可以选择"从 Outlook 联系人中选择"选项来根据邮件联系人选择,如图 3-28 所示。

3.2.4　插入合并域

在正确选择数据源之后,就要将数据源的数据插入主控文档中,这需要用"插入合并域"功能来实现。将鼠标光标定位到主控文档中需要插入域的位置,单击"插入合并域"按钮,弹出快捷菜单,从中选择正确的域名,依次将所有的域名插入主控文档中,完成合并域的操作。

图 3-28　选择数据源

图 3-29　"完成并合并"按钮的下拉列表

3.2.5　合并文档

合并文档是邮件合并的最后一步,可以先单击"预览结果",查看合并后的效果。如果对合并的结果满意,就可以进行合并工作。

单击"完成并合并"按钮,弹出下拉列表,如图 3-29 所示,有 3 种合并的方式,可以根据自己的需要进行选择。合并完成之后,需要对合并的文档进行保存。

任务实施

1. 设定主控文档

打开素材文件夹中的"学生成绩单.docx"文档作为主控文档。

任务实施　邮件合并

2. 设定数据源

按效果图设计好文字的内容版式。

选择"邮件"功能选项卡,单击"开始邮件合并"按钮,在弹出的下拉列表中选择"信函"命令。

单击"选择收件人"按钮,从下拉列表中选择"使用现有列表"命令,弹出"选取数据源"对话框,选择"成绩单"Excel 表格。单击"打开"按钮,弹出"选择表格"对话框,如图 3-30 所示,选择学生成绩所在的工作表,单击"确定"按钮。

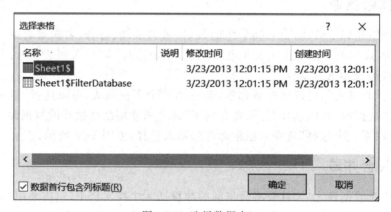

图 3-30　选择数据表

3. 插入合并域

将鼠标光标定位到主控文档中需要添加姓名的位置,单击"插入合并域"按钮,插入"姓名"域,依次将所有域添加完成,如图 3-31 所示。单击"预览结果"按钮,将看到第一个人的成绩单效果,如图 3-32 所示。

4. 合并到新文档

单击"完成并合并"按钮,弹出下拉列表,选择"编辑单个文档",弹出"合并到新文档"对话框,如图 3-33 所示,选中"全部"单选按钮,则根据所有数据生成合并文件,且文件名为"信函 1",其中包含所有学生的成绩单。每位同学的成绩单各成一页,这是因为在合并文档中生成了许多相同格式的文档,文档之间存在分节符,可以通过"布局"→"页面设置"→"布局"中节的起始位置来进行调整,从而使纸张利用率最大化。设置"节的起始位置"为"接续本页",设置"应用于"为"整篇文档",如图 3-34 所示,单击"确定"按钮。

学生成绩单

学年	2020—2021 学年	姓名	《姓名》
学号	《学号》	性别	《性别》
计算机	《计算机》	思想品德	《思想品德》
高数	《高数》	英语	《英语》
体育	《体育》		
总分	《总分》	名次	《名次》

图 3-31 添加域名

学生成绩单

学年	2020—2021 学年	姓名	董宏峰
学号	01	性别	男
计算机	84	思想品德	79
高数	59	英语	58
体育	60		
总分	340	名次	27

图 3-32 预览效果

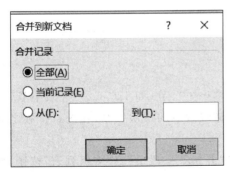

图 3-33 合并到新文档

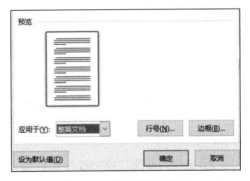

图 3-34 节起始位置设置

任务 3.3 毕业论文的排版

任务描述

作为一名在校的大学生,毕业之际都要求完成一篇毕业论文,才能顺利毕业。毕业论文对文档排版有一定的格式要求,每个学校都有细微的区别,但排版的知识点都是相同的。本任务将通过对论文排版的讲解,让同学们掌握相关样式、目录、文档的修订和批注等相关知识,并进行高级排版的设计和制作。最终设计示意图如图 3-35 所示。

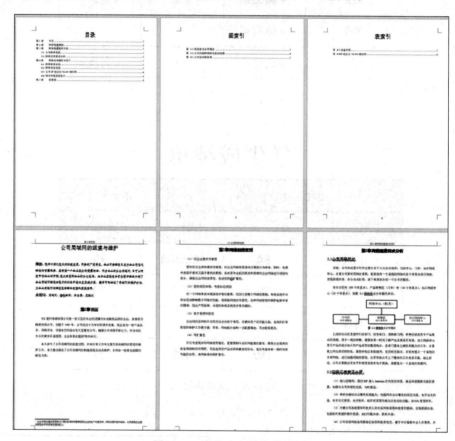

图 3-35 毕业论文排版效果图

3.3.1 多级列表

一篇文章的结构,主要分为章(如第 1 章、第 2 章……)、节(如 1.1、1.2……)、小节(如 1.1.1、1.1.2……)、正文等多级结构。文档排版时要体现章节的层次关系,在进行排版之前应设置好多级列表。

首先,定位到章所在的一级标题位置,然后单击"开始"→"段落"→"多级列表"按钮,弹出如图 3-36 所示的对话框,从中选择最符合文章结构的多级样式"1 标题 1;1.1 标题 2;1.1.1 标题 3……",得到如图 3-37 所示的效果。

图 3-36　多级列表的选择　　　　　　　　　　图 3-37　一级标题

3.3.2　使用、修改样式

　　样式的种类非常多,常用的有标题、正文、强调、引用样式等。用户可以根据需要来选择相应的样式进行编辑修改,再进行应用。

　　文章的章名一般应用于标题 1 样式,节应用标题 2 样式,其他依次类推。

　　在图 3-38 中,显示在"样式"工具栏中的"标题 1"前面多了一个数字"1","标题 2"前面出现了 1.1,符合我们选择的多级列表的样式。而正文中出现了"1 地理位置",用户需对这个标题 1 进行修改。在"标题 1"上右击,选择"修改"命令,在打开的对话框中,属性采用默认值。单击左下角的"格式"按钮,如图 3-39 所示,修改字体、段落和编号的格式,在编号内将"1"修改成"第 1 章",其中数字"1"要求是有灰色底纹的自动编号,单击"确定"按钮。

3.3.3　创建新样式

　　文档中的样式都是基于正文的样式,如果对正文样式进行了修改,则文档的样式也将发生变化,所以在对文档的正文进行修改之时,一般会重新创建一个样式应用于文档的正文。

　　下面创建一个修改正文格式的样式:将光标定位到文档的正文中,单击"样式"工具组的"扩展"按钮,打开"样式"对话框,如图 3-40 所示。单击"新建样式"按钮,弹出新建样式的对话框,如图 3-41 所示。

　　修改新样式的名称,在默认情况下,新样式的设置和正文是完全一样。根据需要修改字体和段落的格式,单击"确定"按钮,完成操作。

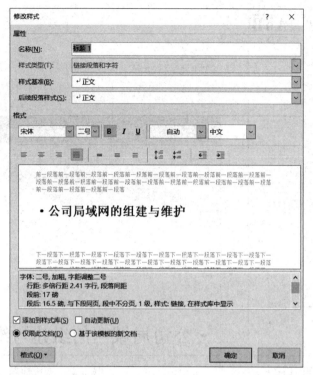

图 3-38 "修改样式"对话框

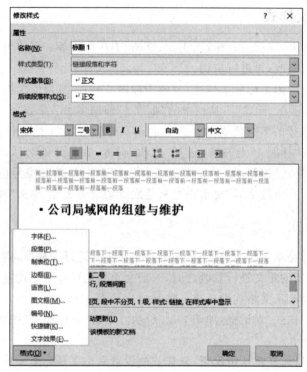

图 3-39 修改编号

图 3-40　"样式"对话框

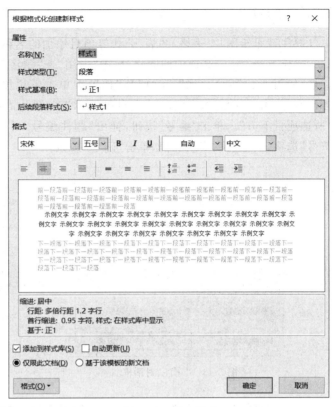

图 3-41　新建样式

3.3.4　删除样式

用户可以根据自己的需要在样式工具栏中显示经常使用的样式,对不需要的样式进行删除。

操作方法:在"样式"工具组中找到不需要的样式名称,右击,从弹出快捷菜单中选择"从快速样式库中删除"命令,如图 3-42 所示,依次操作,可以删除所有不需要的样式。

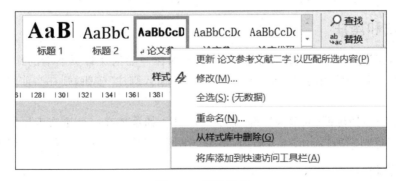

图 3-42　删除样式

3.3.5　题注

题注就是给图片、表格、图表、公式等项目添加的名称和编号。

操作方法：选中文档中的图片，单击"引用"→"题注"→"插入题注"按钮，弹出"题注"对话框，如图 3-43 所示。首先在"标签"选项中单击下拉按钮，查看是否有自己需要的标签。若没有，单击"新建标签"按钮，建立自己的标签。图片的题注在图片下方，故选择"位置"为"所选项目下方"。单击"编号"按钮，弹出"题注编号"对话框，如图 3-44 所示，选中"包含章节号"选项，其他选项用默认值，单击"确定"按钮。

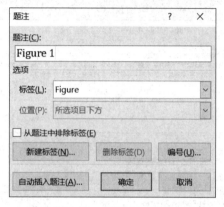

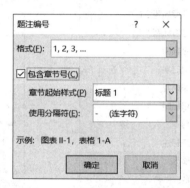

图 3-43　"题注"对话框　　　　　　　图 3-44　"题注编号"对话框

对于表格的题注设置，操作方法一样，但表格题注的位置在表格的上方，即"所选项目上方"。

3.3.6　交叉引用

交叉引用是对 Word 文档中其他位置内容的引用，例如，可为标题、脚注、书签、题注、编号段落等创建交叉引用。创建交叉引用之后，可以改变交叉引用的引用内容。在文档中，当用户需要引用文档中的图片或表格时，需要明确指定哪张图或表，这时可以采用交叉引用来实现。

选择已经设置好题注的图片，单击"题注"工具组中的"交叉引用"按钮，弹出"交叉引用"对话框，设置"引用类型""内容""哪个题注"等选项，单击"确定"按钮。

3.3.7　脚注和尾注

脚注：指在当前页面下端添加的注释。如添加在一篇论文首页下端的作者情况简介。将光标定位到添加脚注的内容后面，单击"引用"→"插入脚注"按钮，则在当前页的最下方插入脚注。

尾注：指在文档尾部（或节的尾部）添加的注释。如添加在一篇论文末尾的参考文献目录。将光标定位到添加脚注的内容后面，单击"引用"→"插入尾注"按钮，输入相关内容。

3.3.8　分节符

分节符是指为表示节的结尾而插入的标记。分节符用一条横贯屏幕的双虚线表示。分节符包含节的格式设置元素,如页边距、页面的方向、页眉和页脚,以及页码的顺序,即经过分节符分隔开来的同一个节的页面可以设置统一的页边距、页面方向以及页眉页脚等。分节符分为四种类型:下一页、连续、奇数、偶数。

(1)"下一页"表示 Word 在当前光标处插入一个分节符,新节从下一页开始;

(2)"连续"表示 Word 在当前光标处插入一个分节符,新节从当前页开始;

(3)"奇数"或"偶数"表示 Word 在当前光标处插入一个分节符,新节从下一个奇数页或偶数页开始。

3.3.9 生成目录

目录就是文档中各级标题以及对应的页码的列表。目录分为文档目录、图表目录等。想能自动生成目录,需要提前设置好各级标题的样式、图样式、表样式。

将光标定位到需要生成目录的页面,单击"引用"→"目录"→"目录"按钮,将显示下拉列表,包括"内置的目录""插入目录""删除目录"3 个选项。如果选择"插入目录",会弹出"目录"对话框,在该对话框中,可以根据文档内层次的等级,选择级别数,以及是否显示页码,页码是否对齐,并可进行前导符的选择等,单击"确定"按钮,则自动生成目录。

3.3.10 页眉与页脚

页码和页脚是文档中每个页面页边距的顶部和底部区域。用户可以在页眉和页脚中插入文本或图形,这些信息基本打印在文档中每页的顶部或底部。Word 中可以方便地对页眉和页脚进行编辑和设置。

"页眉和页脚"工具组:将光标定位需要设置页眉的文档中,单击"插入"→"页眉和页脚"→"页眉"按钮,弹出下拉列表,包括"内置页眉""编辑页眉""删除页眉"选项,此处选择"编辑页眉"选项,光标自动跳转到当前页的页眉位置,在功能选项卡右侧显示"页眉和页脚工具—设计",如图 3-45 所示。

图 3-45　页眉和页脚的设置

页眉设置:当光标定位到页眉位置后,如果需要设置奇偶页的页眉不一样,在"选项"工具组上选中"奇偶页不同"选项,就可以单独输入奇数页页眉和偶数页页眉的内容。如果输入的内容跟一级标题有关,且需要自动生成,则单击"文档部件"按钮,再选择"域",打开"域"对话框,如图 3-46 所示,选中域名为 StyleRef,样式名为"TOC1",分两次分别插入段落编号和插入段落位置。

页脚设置:当光标定位到页脚位置后,单击"页码"按钮,显示下拉列表,如图 3-47 所示,选择"设置页码格式",弹出"页码格式"对话框,如图 3-48 所示,设置"编码格式"选择"页码编号"等。

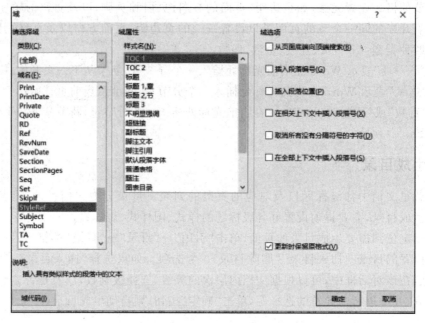

图 3-46 "域"对话框

 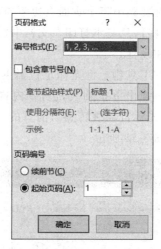

图 3-47 "页码"按钮的下拉列表　　　图 3-48 "页码格式"对话框

任务实施

毕业论文已存为名称"毕业论文"的 Word 文档,下面就针对该文档进行编排。

1. 页面设置

打开文档,选择"布局"功能选项卡,单击"页面设置"工具组右下角的扩展按钮,弹出"页面设置"对话框,设置"页边距"的左为 3 厘米,右为 2 厘米,上、下各为 2 厘米,如图 3-49 所示。纸张使用 A4(默认值,不用设置);设置页脚距边界 1 厘米,如图 3-50 所示,然后单击"确定"按钮。

任务实施　毕业论文排版

图 3-49　设置页边距

图 3-50　设置页脚距边界的距离

字体间距默认为"标准"。选中全文,单击"开始"→"段落"工具组右下角的扩展按钮,弹出"段落"对话框,设置"行间距"为"1.5 倍行距"。

2. 论文题目

选中论文标题,设置字体为"宋体",字号为"二号";在"段落"工具组中单击"居中"按钮,按 Enter 键使段落空出一行。

3. 摘要

选中"摘要",设置字体为"黑体",字号为"四号";在"段落"对话框中选择"缩进和间距"选项卡,设置"大纲级别"为"1 级",如图 3-51 所示。接着选中摘要内容,设置字体为"仿宋体",字号为"小四"。再插入一个空行。

4. 关键词

关键词的设置操作同摘要,效果如图 3-52 所示。

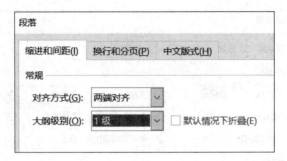

图 3-51　设置大纲级别

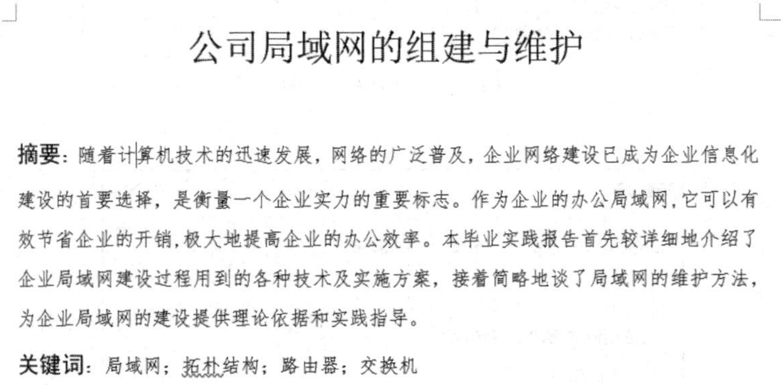

公司局域网的组建与维护

摘要：随着计算机技术的迅速发展，网络的广泛普及，企业网络建设已成为企业信息化建设的首要选择，是衡量一个企业实力的重要标志。作为企业的办公局域网，它可以有效节省企业的开销，极大地提高企业的办公效率。本毕业实践报告首先较详细地介绍了企业局域网建设过程用到的各种技术及实施方案，接着简略地谈了局域网的维护方法，为企业局域网的建设提供理论依据和实践指导。

关键词：局域网；拓扑结构；路由器；交换机

图 3-52　排版效果

5. 正文

（1）使用多级符号对章名、小节名进行自动编号，代替原始的编号。

① 实现各级标题的自动编号功能。通过自定义多级列表，并将之链接于各级标题样式。

把光标定位在第 1 章引言一行中任意位置，单击"开始"→"段落"→"多级列表"并选择"定义新的多级列表"，如图 3-53 所示，弹出"定义新多级列表"对话框。

在该对话框左侧的"修改的级别"中选择"1"；下面编号的格式项"1"的前面输入"第"，后面加上"章"；单击"更多"按钮，在打开的对话框中的"将级别链接到样式"下拉列表中选择"标题 1"，如图 3-54 所示；在左侧"修改的级别"中选择"2"，"将级别链接到样式"中选择"标题 2"；最后单击"确定"按钮。

② 章标题样式制作。章标题样式可以直接由 Word 中已有的"标题 1"样式修改而成。

单击"开始"→"样式"→"显示样式窗口"按钮，弹出"样式"对话框，在案例文档中将光标定位在"第 1 章　引言"行，在"样式"对话框中单击"标题 1"下拉箭头，选择"修改"命令，弹出"修改样式"对话框。将样式名称更改为"章"，设置文字大小为"三号"且为"黑体""居中"，并选中"自动更新"复选框，如图 3-55 所示。

将光标定位到案例文档二级标题"1.1 公司网络现状"行，用同样的方法修改"标题 2"，使其"左对齐"，并选中"自动更新"复选框，如图 3-56 所示。

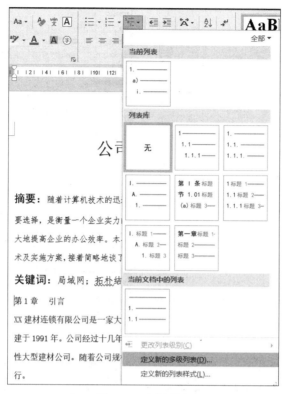

图 3-53　多级列表

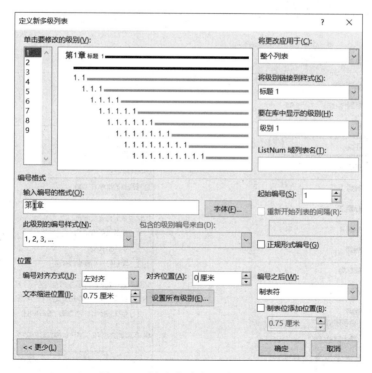

图 3-54　"定义新多级列表"对话框

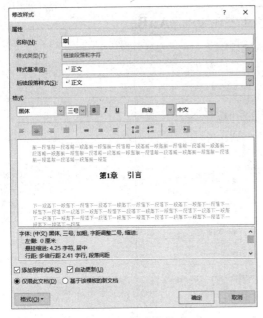

图 3-55 修改章样式

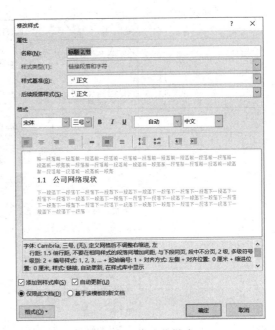

图 3-56 修改节样式

注意：如果"样式"面板(单击"样式"工具组的扩展按钮可打开)没有"标题2"样式,则需要在此面板中单击右下角的"选项"按钮,如图3-57所示。接着弹出"样式窗格选项"对话框,设置"选择要显示的样式"为"所有样式"。或者选中"在使用了上一级别时显示下一标题",如图3-58所示,单击"确定"按钮。

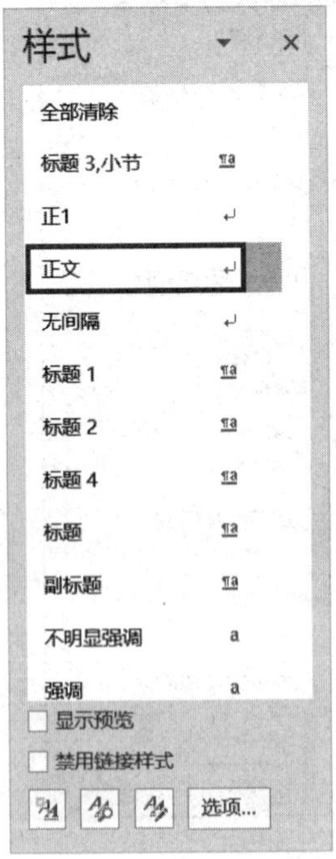

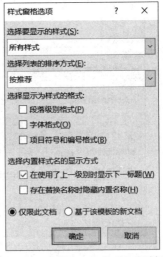

图 3-57 "样式"面板

图 3-58 "样式窗格选项"对话框

（2）新建样式，将光标定位到正文，在"样式"面板中选择左下角的"新建样式"按钮，弹出"修改样式"对话框。修改名称为"正文＋学号"；单击左下角的"格式"按钮，可选择"字体""段落"等选项，如图 3-59 所示。设置文字的中文字体为"宋体"，西文字体为 Times New Roman，字号为"小四"，如图 3-60 所示。段落设置首行缩进 2 字符，段前为 0.5 行，段后为 0.5 行，行距为 1.5 倍，其余格式用默认设置，如图 3-61 所示。

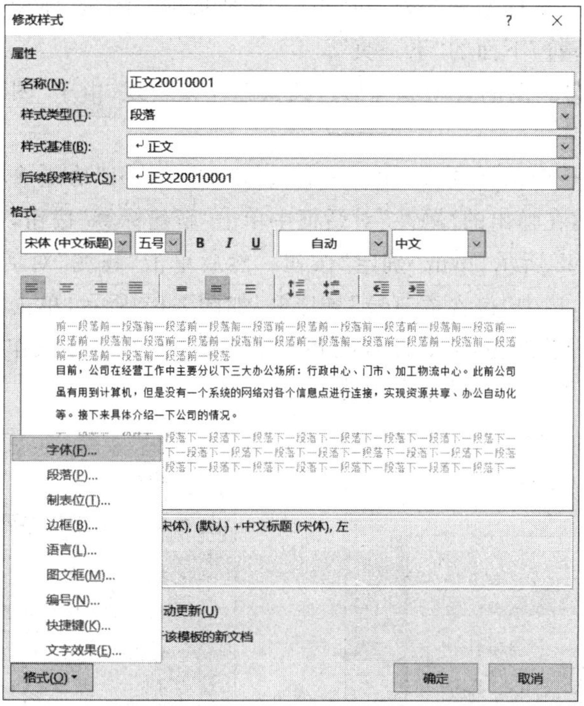

图 3-59　新建样式

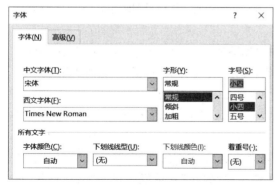

图 3-60　"字体"对话框

图 3-61　"段落"对话框

将标题 1 应用于章名,将标题 2 应用于小节名,并删除重复的编号。将新建的正文样式应用于正文中无编号的文字,但不包括章名、小节名、表文字、表和图的题注。文本的选中可以通过鼠标操作并结合 Shift 键、Ctrl 键来实现,格式的设置也可以使用格式刷工具。

由于各章需要另起一页,可通过在各章之间插入分页符来实现。具体操作如下(以在第 2 章标题前插入分页符为例)。

将光标定位到第 2 章标题开头处,在"布局"功能选项卡的"页面设置"工具组中单击"分隔符"按钮,选择"分节符"下面的"下一页"。

(3)图的自动编号。图的自动编号通过插入题注来实现,由于"图"题注不存在,需要创建。具体操作如下。

将光标定位在第一个图标题前(图下一行文字),在"引用"功能选项卡"题注"工具组中单击"插入题注"按钮,在弹出的"题注"对话框中单击"新建标签"按钮,出现"新建标签"对话框,输入"图",如图 3-62 所示,单击"确定"按钮。然后单击"题注"对话框的"编号"按钮,弹出"题注编号"对话框,选中"包含章节号"复选框,如图 3-63 所示,单击"确定"按钮。再单击"题注"对话框中的"确定"按钮,最后设置图和题注居中。执行上述操作后即可插入"图 3-1",其中"图"为标签,其后数字按章顺序自动编号。

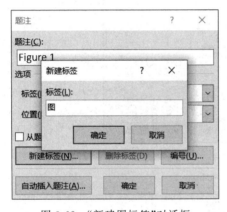

图 3-62　"新建图标签"对话框

图 3-63　"题注编号"对话框

在其他图标题的开头处插入"图"题注。若图形较多,插入较为烦琐,可以通过复制已插入的"图"题注来完成,在所有题注复制完成后,选择整个文档,按 F9 键即可按顺序自动更新编号。

(4)添加图的交叉引用。找到图上面文字的"如图所示"位置,选中"图"两字,在"引用"功能选项卡"题注"工具组中单击"交叉引用"按钮,弹出"交叉引用"对话框,选择"引用类型"为"图",在列表中选择对应的题注,如图 3-64 所示,单击"插入"按钮。

不关闭"交叉引用"对话框,找到其余"图"字,在"交叉引用"对话框中直接选择要引用的题注,单击"插入"按钮,效果如图 3-65 所示。

(5)表的自动编号。将光标定位在第一张表表标题前(表上一行文字),在"引用"功能选项卡"题注"工具组中单击"插入题注"按钮,在弹出的"题注"对话框中单击"新建标签"按钮,出现"新建标签"对话框,输入"表",单击"确定"按钮。然后单击"编号"按钮,弹出"题注编号"对话框,选中"包含章节号"复选框,单击"确定"按钮。再单击"题注"对话框中的"确

图 3-64　"交叉引用"对话框

公司内部网络的功能需求<u>可以由如</u>图 3-2 所示公司内部网络的功能结构图了解

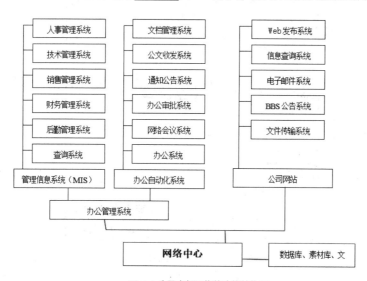

图 3-2 公司内部网络的功能结构图

图 3-65　效果图

定"按钮,最后设置表和题注居中。执行上述操作后即可插入"表 4-1",其中"表"为标签,其后数字按章顺序自动编号。其他表的题注可以通过复制已插入的"表"题注来完成。所有题注复制完成后,选择整个文档,按 F9 键即可按顺序自动更新编号。

（6）添加表的交叉引用。找到表格上面文字的"如下表所示"位置,选中"下表"两字,在"引用"功能选项卡"题注"工具组中单击"交叉引用"按钮,弹出"交叉引用"对话框,选择"引用类型"为"表",在列表中选择对应的题注,单击"插入"按钮。

不关闭"交叉引用"对话框,找到其余"下表"两字,在"交叉引用"对话框中直接选择要引用的题注,单击"插入"按钮。

（7）添加脚注。将光标定位到正文文字中首次出现"企业信息化建设"内容的后面,在"引用"功能选项卡的"脚注"工具组中单击"插入脚注"按钮,然后输入"企业信息化建设是指通过计算机技术的部署来提高企业的生产运营效率,以降低运营风险和成本,从而提高企业整体管理水平和持续经营的能力。"

可以结合"查找"功能,在"开始"功能选项卡的"编辑"工具组中单击"查找"按钮,在弹出的"导航"对话框中输入需要查找的内容,如"企业信息化建设",此时以黄色底纹显示全文的企业信息化建设。

6. 目录

在论文题目前,在"布局"功能选项卡"页面设置"工具组中单击"分隔符"按钮,选择"分节符"下面的"下一页"三次,即共插入 3 张空白页。

将光标定位在第一张空白页的第一行,输入"目录"两字,在"引用"功能选项卡的"目录"工具组中选择"目录"下的"自定义目录",弹出"目录"对话框,如图 3-66 所示,单击"确定"按钮。效果如图 3-67 所示。

图 3-66　"目录"对话框

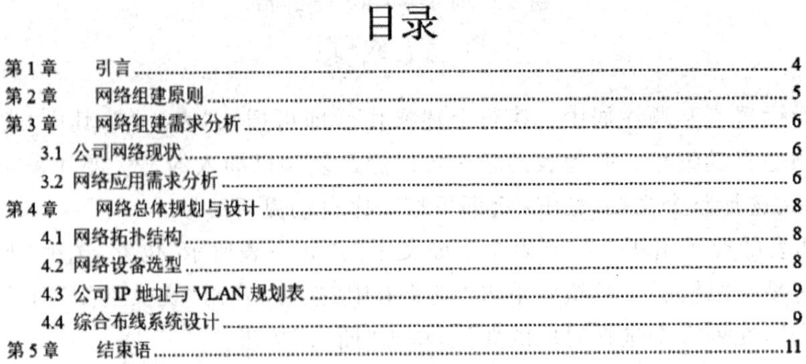

目录

图 3-67　目录效果图

将光标定位在第二张空白页,输入"图索引"三字并居中,回车换行,使光标左对齐。在"引用"功能选项卡上的"题注"工具组中单击"插入表目录"按钮,弹出"图表目录"对话框,题注标签中选择"图",如图 3-68 所示,单击"确定"按钮。

图 3-68　插入图索引

光标定位在第三张空白页,输入"表索引"三字并居中,回车换行,使光标左对齐,在"引用"选项卡上的"题注"工具组中,单击"插入表目录"按钮,弹出"图表目录"对话框,"题注标签"选择"表",如图 3-69 所示,单击"确定"按钮。

图 3-69　插入表索引

注意：目录中出现了不该出现的内容，除标题1和标题2的内容，此时应该选择正文中不该出现在目录中的内容，右击，选择"段落"命令，设置大纲级别为"正文文本"（如有多项修改，可以使用格式刷工具）。

如果整篇文章都在目录中出现，则是新建的正文样式有问题，需要修改新建的正文样式，在格式的段落里设置大纲级别为"正文文本"。

7. 插入页码

将光标定位到论文题目所在页，在"插入"功能选项卡的"页眉和页脚"工具组中单击"页码"，选择"页面底端"的"普通数字2"样式，即底端居中，如图3-70所示。在"页眉和页脚工具"功能选项卡"导航"工具组中单击"链接到前一节"取消关联，如图3-71所示，关闭"页眉和页脚"。

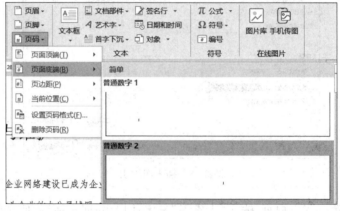

图 3-70 插入页码底端居中

将光标定位在第一张"目录"页，在"插入"功能选项卡的"页眉和页脚"工具组中单击"页码"，选择"设置页码格式"，弹出"页码格式"对话框，"编号格式"选择"i,ii,iii,…"，"页码编号"选择"起始页码"选项，如图3-72所示。第二张图索引与第三张表索引页的页码格式设置，"页码编号"选择"续前节"选项，如图3-73所示。

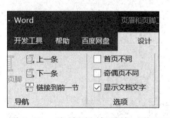

图 3-71 取消"链接到前一节"的关联

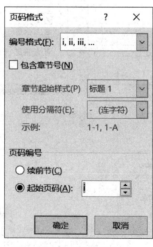

图 3-72 设置页面格式 1

图 3-73 设置页面格式 2

论文题目所在页的页码格式设置,"编号格式"选择"1,2,2,…","页码编号"选择"起始页码"选项。

单击"目录"域,右击并选择"更新域"命令,再选择"只更新页码"。同理设置图索引和表索引域。

8. 添加页眉

将光标定位到"第 1 章"文字所在页面的任意位置,然后单击"插入"功能选项卡"页眉和页脚"工具组中的"页眉"按钮,从下拉列表中选择"编辑页眉"选项,弹出"页眉和页脚工具设计"功能选项卡。再单击"选项"组中的"链接到前一节"按钮,即取消当前页链接到前一节,再在"选项"组中选中"奇偶页不同"选项。

通过单击将光标再定位到奇数页页眉处,打开"页眉和页脚工具设计"功能选项卡,在"插入"组中单击"文档部件"按钮,从下拉列表中选择"域"。然后在打开的"域"对话框中,"类别"选择"全部","域名"选择 StyleRef,"样式名"选择"标题 1,章",选中"插入段落编号"选项,如图 3-74 所示,然后单击"确定"按钮。

图 3-74　设置章序号

再次单击"文档部件"并选择"域",在弹出的"域"对话框中,"类别"选择"全部","域名"选择 StyleRef,"样式名"选择"标题 1,章",单击"确定"按钮。

将光标定位到第 2 页(偶数页)的页眉编辑区,关闭"链接到前一条页眉"按钮,然后在"页眉和页脚工具"功能选项卡中单击"文档部件"并选择"域",在"域"对话框中,"类别"选择"全部","域名"选择 StyleRef,"样式名"选择"标题 2,节",选中"插入段落编号"选项,单击"确定"按钮。

再次单击"文档部件"并选择"域",在弹出的"域"对话框中,"类别"选择"全部","域名"选择 StyleRef,"样式名"选择"标题 2,节",如图 3-75 所示,单击"确定"按钮。

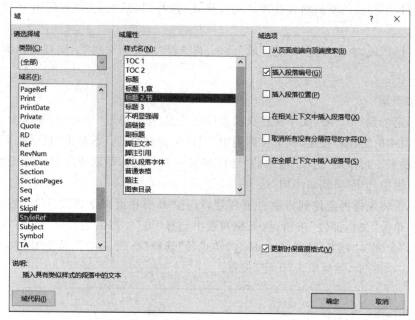

图 3-75　设置节序号

9. 参考文献

选中"参考文献"四个字,选择"开始"功能选项卡,在"字体"工具组中设置字体为"黑体",大小为"小四"。再选中参考文献内容,在"字体"工具组中设置字体为"宋体",大小为"小四"。

习　题

一、判断题

1. 在页面设置过程中,若下边距为 2 厘米,页脚区为 0.5 厘米,则版心底部距离页面底部的实际距离为 2.5 厘米。　　　　　　　　　　　　　　　　　　　　　　　（　　）

2. 可以通过插入域代码的方法在文档中插入页码。具体方法是先输入花括号"{",再输入"page"、最后输入花括号"}"即可。选中域代码后按下 Shift＋F9 组合键,即可显示为当前页的页码。　　　　　　　　　　　　　　　　　　　　　　　　　　　　　（　　）

3. 域就像一段程序代码,文档中显示的内容是域代码运行的结果。　　　　（　　）

4. 插入一个分栏符能够将页面分为两栏。　　　　　　　　　　　　　　（　　）

5. 位于每节或者文档结尾,用于对文档某些特定字符、专有名词或术语进行注解的注释就是脚注。　　　　　　　　　　　　　　　　　　　　　　　　　　　　　（　　）

二、单项选择题

1. 如果要将某个新建样式应用到文档中,以下无法完成样式应用的方法是（　　）。

　　A. 使用快速样式库或样式任务窗格直接应用

    B. 使用查找与替换功能替换样式

    C. 使用格式刷复制样式

    D. 使用 Ctrl＋W 快捷键重复应用样式

  2. 若文档被分为多个节,并在"页面设置"的"版式"功能选项卡中将页眉和页脚设置为奇偶页不同,则以下关于页眉和页脚说法正确的是(　　　)。

    A. 文档中所有奇偶页的页眉必然都不相同

    B. 文档中所有奇偶页的页眉可以都不相同

    C. 每个节中奇数页页眉和偶数页页眉必然不相同

    D. 每个节的奇数页页眉和偶数页页眉可以不相同

  3. Word 2010 插入题注时如需加入章节号,如"图 1-1",无须进行的操作是(　　　)。

    A. 将章节起始位置套用内置标题样式

    B. 将章节起始位置应用多级符号

    C. 将章节起始位置应用自动编号

    D. 自定义题注样式为"图"

  4. 关于 Word 2019 的页码设置,以下表述错误的是(　　　)。

    A. 页码可以被插入到页眉/页脚区域

    B. 页码可以被插入到左、右页边距中

    C. 如果希望首页和其他页页码不同,必须设置"首页不同"

    D. 可以自定义页码并添加到构建基块管理器的页码库中

  5. 在同一个页面中,如果希望页面上半部分为一栏,后半部分为两栏,应插入的分隔符号为(　　　)。

    A. 分页符　　　　　　　　　　　　　　B. 分栏符

    C. 分节符(连续)　　　　　　　　　　D. 分节符(奇数页)

三、操作题

  进行长文档排版。现已提供"什么是 Photoshop.docx"文档,要求结合所学的知识,完成以下要求。

  1. 对正文进行排版。

  (1) 使用多级符号对章名、小节名进行自动编号,代替原始的编号。要求如下。

  章号的自动编号格式为:第 X 章(例:第 1 章),其中 X 为自动排序。阿拉伯数字序号;对应级别 1;居中显示。

  小节名自动编号格式为:X.Y。X 为章数字序号,Y 为节数字序号(例:1.1)。X 和 Y 均为阿拉伯数字序号,对应级别 2,左对齐显示。

  (2) 新建样式,样式名为:"样式＋学号后 2 位"。

  ① 字体:中文字体为"楷体",西文字体为 Times New Roman,字号为"小四";

  ② 段落:首行缩进 2 字符,段前 0.5 行,段后 0.5 行,行距 1.5 倍;两端对齐,其余格式用默认设置。

  (3) 对正文中的图添加题注"图",位于图下方,居中。

  ① 编号格式为"章序号—图在章中的序号"(例如,第 1 章中第 2 幅图,题注编号为 1—2);

  ② 图的说明使用图下一行的文字,格式同编号;

③ 图居中。

(4) 对正文中出现"如图所示"的"图"字使用交叉引用,格式改为"图 X-Y",其中"X-Y"为图题注的编号。

(5) 对正文中的表添加题注"表",位于表上方,居中。

① 编号格式为"章序号—表在章中的序号";

② 表的说明使用表上一行的文字,格式同编号;

③ 表居中,表中文字不要求居中。

(6) 对正文中出现"如下表所示"的"下表"两字使用交叉引用,格式改为"表 X-Y"。

(7) 将新建的样式应用到正文中无编号的文字上。应注意,不包括章名、小节名、表文字、表和图的题注。

2. 在正文前按序插入三节,使用 Word 提供的功能,自动生成如下内容。

(1) 第 1 节:目录。

① "目录"使用样式"标题 1",并居中;

② "目录"下为目录项。

(2) 第 2 节:图索引。

① "图索引"使用样式"标题 1",并居中;

② "图索引"下为图索引项。

(3) 第 3 节:表索引。

① "表索引"使用样式"标题 1",并居中;

② "表索引"下为表索引项。

3. 使用合适的分节符,对正文进行分节。添加页脚,使用域插入页码,居中显示。要求:

(1) 正文前的节,页码采用"i,ii,iii,…"格式,页码连续;

(2) 正文中的节,页码采用"1,2,3,…"格式,页码连续;

(3) 正文中每章为单独一节,页码总是从奇数开始;

(4) 更新目录、图索引和表索引。

4. 添加正文的页眉。使用域,按以下要求添加内容,居中显示。

(1) 对于奇数页,页眉中的文字为:章序号 章名(例如:第 1 章 ×××)。

(2) 对于偶数页,页眉中的文字为:节序号 节名(例如:1.1 ×××)。

- 掌握条件格式的应用。
- 掌握公式与函数的应用。
- 掌握单元格引用操作。
- 掌握对数据进行排序、自动筛选和高级筛、分类汇总。
- 掌握数据透视图表的制作。

Microsoft Office Excel 2019 是微软公司最新推出的办公软件 Office 2019 中的一个重要组件,主要用于电子表格处理。它可以帮助我们高效地制作各种报表,快捷地完成各种复杂的数据运算、数据分析等工作,并以各种具有专业外观的图表来显示数据。Excel 广泛应用于财务、行政、金融、经济等众多领域,大幅提高了数据处理的效率。本章将结合多个典型的任务来详细介绍 Excel 2019 软件的使用方法,包括基本操作、格式设置、公式与函数的计算、数据的排序与筛选、图表的创建与分析等。

任务 4.1 计算"学生成绩表"数据

任务描述

经过一个学期的学习,连老师得到一份"学生成绩表",如图 4-1 所示,该表只有每个同学的各科成绩,而没有成绩总分和平均分,也没有排名。于是连老师又让小张利用 Excel 的公式与函数计算相关成绩和排名。

4.1.1 移动与复制工作表

工作表的位置可以变动,只需要进行相应"移动"操作,也可以根据用户需求对工作表进行复制。对工作表的移动与复制操作可以在同一个工作簿,也可以在不同的工作簿。

对于同一工作簿中的工作表要进行移动操作,只需要直接拖动相应工作表标签到合适的位置,松开鼠标即可完成。如果要实现复制操作,在拖动工作表的同时按 Ctrl 键。

对于不同工作簿间的工作表移动或复制操作,首先打开两个工作簿,把要移动或复制的工作表选中,右击该工作表标签,打开快捷菜单,选择"移动或复制"命令,在弹出的"移动或复制工作表"对话框中,选择要将选定工作表移动到的目标工作簿。在目标工作簿中的位置,如果选中"建立副本"选项,则实现复制操作;不选中"建立副本"选项,则实现移动操作。

	学号	姓名	高等数学	程序设计基础	思想道德修养	体育	英语
2	053201901	王兴浩	78	61	53	54	57
3	053201902	赵渊博	82	96	67	54	62
4	053201903	贾江	99	94	69	59	98
5	053201904	程亚亚	96	69	52	63	90
6	053201905	汪佳亮	98	94	76	83	67
7	053201907	邱瑞阳	76	91	50	54	71
8	053201908	郑激扬	53	91	82	57	87
9	053201909	温格	57	87	76	57	63
10	053201910	朱豪杰	81	54	85	71	51
11	053201911	杨杏子	53	65	53	54	78
12	053201912	林齐森	56	66	67	54	70
13	053201913	李博文	57	94	69	59	87
14	053201914	屠治学	46	59	52	63	51
15	053201915	骆晨	78	64	76	83	67
16	053201916	徐章	82	91	50	54	63
17	053201917	王博泽	98	85	42	57	62
18	053201918	包飞鹏	99	87	86	87	77

图 4-1 学生成绩数据原表

单击"确认"按钮完成移动或复制操作。

4.1.2 拆分工作表

拆分工作表可以将一个工作表拆分成多个窗格,在每个窗格中都可以进行操作,这样有利于对长表格的前后对照查看。要拆分工作表,首先选择作为拆分中心的单元格,然后在"视图"功能选项卡"窗口"组中单击"拆分"按钮,这时在工作表里会显示 4 个窗格,如图 4-2

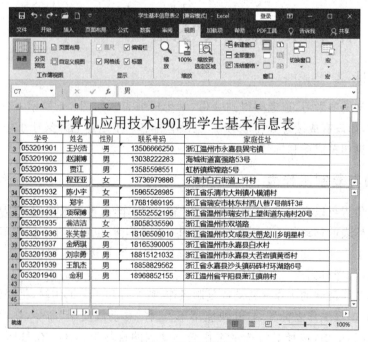

图 4-2 拆分工作表

所示。这时能够很方便地查看每个同学的基本信息。如果要取消拆分,可以直接在分割线上双击。

4.1.3　设置单元格数字格式

在 Excel 中,数据类型有常规、数字、货币、会计专用、日期、时间、百分比、分数和文本等。工作表中的单元格数据在默认情况下为常规格式。当用户在工作表中输入数字时,数字以整数、小数方式显示。在"开始"功能选项卡的"数字"工具组中,可以设置这些数字格式。若要详细设置数字格式,则需要在"设置单元格格式"对话框的"数字"选项卡中操作。

4.1.4　设置单元格边框和底纹

通常 Excel 工作表中单元格的边框线都是浅灰色的,它是 Excel 默认的网格线,打印时是不出现的(除非专门进行了设置)。而用户在日常工作中,如制作财务、统计等的报表时,经常需要把报表设计成各种各样的表格形式,使数据及其说明文字更加清晰直观,这就需要通过设置单元格的边框和底纹来实现。对于简单的边框设置和底纹设置,可在选定要设置的单元格区域后,单击"开始"→"字体"→"边框"按钮或"填充颜色"按钮 🎨 进行设置,也可以直接打开"设置单元格格式"对话框中的"边框"和"填充"选项卡来进行相应设置,如图 4-3所示。

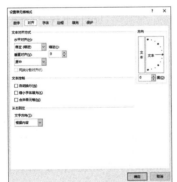

图 4-3　"对齐""边框""填充"选项卡

4.1.5　设置行高和列宽

在单元格中输入的数据过多时,单元格会以"＃＃＃＃＃＃＃＃"显示,或者输入的部分文字不可见,这时就要设置单元格的行高与列宽。操作方法如下。

设置行高:选中要设置的行,右击,在弹出的快捷菜单中选择"行高",在"行高"对话框中输入具体数值。

设置最适合行高:选中要设置的行,单击"开始"→"单元格"→"格式"按钮 📋,在下拉列表中选择"自动调整行高"命令。或选中要设置的行,将光标移动到行号处,当光标形状发生变化时双击。

设置列宽:选中要设置的列,右击,在弹出的快捷菜单中选择"列宽"命令,在"列宽"对话框中输入具体数值即可。若不知道输入什么数值适合,也可以单击"开始"→"单元格"→"格式"按钮![icon],在下拉列表中选择"自动调整列宽"命令。

4.1.6 条件格式

在编辑 Excel 工作表时,有时需要将某些满足条件的单元格以醒目的方式突出显示,便于更加直观地对该工作表中的数据进行比较和分析。通过设置条件格式,用户可以将不满足或满足某条件的数据单独以醒目的方式显示出来。用户可以对满足一定条件的单元格设置字形、颜色、边框、底纹等格式。

要设置条件格式,首先选中要设置条件格式的单元格区域,然后单击"开始"→"样式"→"条件格式"按钮![条件格式],在弹出的下拉列表中有五种条件规则,如图 4-4 所示。

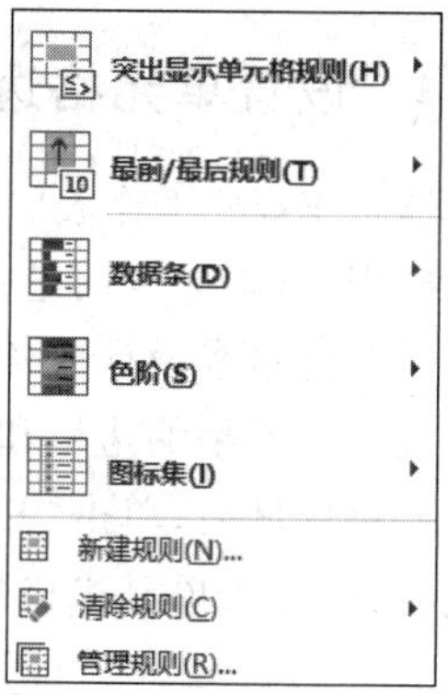

各规则的意义如下。

突出显示单元格规则:突出显示所选单元格区域中符合特定条件的单元格。

最前/最后规则:其作用与突出显示单元格规则相同,只是设置条件的方式不同。

数据条:使用数据条来标识各单元格中数据值的大小,从而方便查看和比较数据。

色阶:使用颜色的深浅或刻度来表示值的高低。其中,双色刻度使用两种颜色的渐变来帮助比较单元格区域。

图标集:使用图标集可以对数据进行注释,并可以按照阈值将数据分为 3～5 个类别,每个图标代表一个值的范围。

图 4-4 "条件格式"下拉列表

4.1.7 自动套用格式

在 Excel 2010 中,系统预置了 60 种常见的格式,如图 4-5 所示,通过设置,初学用户也可以快速制作出非常精美的工作表,这就是"自动套用格式"功能。

使用"自动套用格式"功能,只需要选定要自动套用格式的单元格区域,单击"开始"→"样式"→"套用表格样式"按钮![套用表格格式],在弹出的下拉列表中按需求进行选择即可。

4.1.8 认识公式和函数

公式与函数是 Excel 电子表格最核心的部分。Excel 提供了许多类型的函数,方便我们在公式中利用函数进行计算和数据处理。

在 Excel 中每个单元格不仅可以存储数值、文字、日期和时间等类型的数据,还可以存储计算公式,公式可以调用其他单元格或单元格区域的数据。

公式是对工作表中的数据进行计算的表达式,它以一个等号"＝"开头,由常量、各种运算符,以及 Excel 内置的函数和单元格引用等组成。例如,公式"＝AVERAGE(A2∶B5)＊A3/2"中就包含了数值型常量"2",运算符"＊"和"/",Excel 内置函数"AVERAGE()",单元格引用"A3",以及单元格区域引用"A2∶B5"。

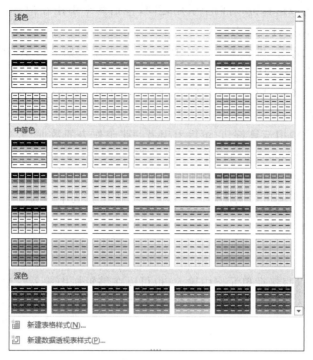

图 4-5　"套用表格样式"下拉列表

4.1.9　运算符

Excel 的运算符有四类,分别是算术运算符、文本运算符、比较运算符和引用运算符。

1. 算术运算符

算术运算符的作用是完成基本的数学运算,包括加(＋)、减(－)、乘(＊)、除(/)、百分数(％)和乘方(^)。算术运算符有相应的优先级,优先级最高的是百分数(％),其次是乘方(^),再次是乘(＊)和除(/)。优先级最低的是加(＋)和减(－)。

2. 文本运算符

文本运算符只有一个,就是文本连接符(&),它可以连接一个或多个字符串,从而产生一个长文本。例如,"Windows"&"操作系统",就会产生"Windows 操作系统"的字符串。

3. 比较运算符

比较运算符包括等于(＝)、大于(＞)、小于(＜)、大于或等于(＞＝)、小于或等于(＜＝)和不等于(＜＞)。它们的作用是可以比较两个值,结果为一个逻辑值,是 TRUE 或是 FALSE。TRUE 表示条件成立,FLASE 表示条件不成立。

数值的比较按照数值的大小进行;字符的比较按照 ASCII 码的大小进行;汉字的比较按照机内码进行。

4. 引用运算符

引用运算符的作用是产生一个引用,使用它可以将单元格区域合并进行计算。引用运算符包括冒号(：)、逗号(,)、空格(　　　)和感叹号(!)。

冒号——连续区域运算符,对两个引用之间(包括两个引用在内)的所有单元格进行引用。如 A1：B2 表示对 A1、A2、B1、B2 这 4 个单元格的引用。

逗号——合并运算符,可将多个引用合并为一个引用。如 A1：A2,C1：C2 表示对 A1、A2、C1、C2 这 4 个单元格的引用。

空格——交叉运算符,取多个引用的交集为一个引用,该操作符在取指定行和列数据时很有用。如 A1：B3 B1：C3 表示 B1、B2、B3 这 3 个单元格的引用。

感叹号——三维引用运算符,它可以引用另一张工作表的数据,表达形式为"工作表名!单元格引用区域",如"'Sheet1'! A1：B3"。

通过引用,用户可以在公式中使用工作表中不同部分的数据,或者在多个公式中使用同一单元格的数据。用户还可以引用同一工作簿中其他工作表中的数据。

4.1.10　基本公式

1. 输入公式

要创建公式,可以直接在单元格中输入,也可以在编辑栏中输入。输入方法与输入普通数据相似,只是在输入公式时,应以一个等号"="开头,表示以后输入的字符为公式中的元素。

2. 编辑公式

输入了公式之后,有时需要对已有的公式进行编辑、修改,这时可以使用下列两种方法之一进行编辑。

(1) 双击要修改的公式所在的单元格,在单元格中会出现公式的内容,移动鼠标光标,即可对公式进行修改。

(2) 单击要修改的公式所在的单元格,再单击编辑栏上相应的公式,移动鼠标光标,即可对公式进行修改。

4.1.11　函数

所谓函数,就是 Excel 中预定义的具有一定功能的内置公式,用于更加快速地完成特定的数据运算。Excel 含有几百种函数,有常用的数学函数,也有专用的统计函数、财务函数、数据库函数、信息函数、文字函数等。函数的语法为:

函数名(参数 1,参数 2,...)

函数名用于标记该函数,括号是必不可少的,括号里面是参数,参数会根据不同的函数来定,可以有 0 个或多个参数。

下面介绍几个常用的函数。

1. 求和函数 SUM

格式:

SUM(number1,number2,...)

功能：返回参数所对应数值的和。

例如：A1：A4 中都存放着数据 10,如果在 A5 中输入公式"=SUM(A1：A4,30)",则

A5 中的值为 70,编辑栏显示的是公式。

此外,条件求和函数 SUMIF(Range,Criteria,Sum_range)是对满足条件的单元格进行求和。如图 4-6 所示的工作表中,在 G2 单元格中输入"=SUMIF(D2:D9,">20",E2:E9)",即可得到单价大于 20 的货物总价。

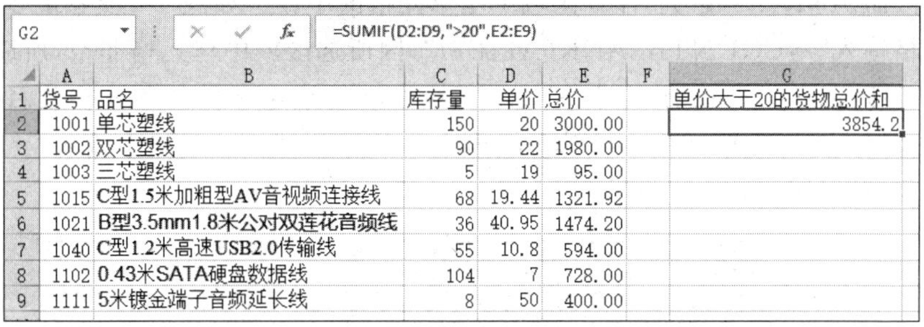
G2　=SUMIF(D2:D9,">20",E2:E9)

	A	B	C	D	E	F	G
1	货号	品名	库存量	单价	总价		单价大于20的货物总价和
2	1001	单芯塑线	150	20	3000.00		3854.2
3	1002	双芯塑线	90	22	1980.00		
4	1003	三芯塑线	5	19	95.00		
5	1015	C型1.5米加粗型AV音视频连接线	68	19.44	1321.92		
6	1021	B型3.5mm1.8米公对双莲花音频线	36	40.95	1474.20		
7	1040	C型1.2米高速USB2.0传输线	55	10.8	594.00		
8	1102	0.43米SATA硬盘数据线	104	7	728.00		
9	1111	5米镀金端子音频延长线	8	50	400.00		

图 4-6　SUMIF 函数的应用

2. 求平均值函数 AVERAGE

格式:

```
AVERAGE(number1,number2,...)
```

功能:返回参数所对应数值的算术平均数。

说明:该函数只对参数中的数值求平均数,如区域引用中包含了非数值的数据,则 AVERAGE 不把它包含在内。

例如:A1:A4 中分别存放着数据 11～14,如果在 A5 中输入=AVERAGE(A1:A4,50),则 A5 中的值为 20,即为(11+12+13+14+50)÷5。

又如,在上例中的 A2 单元格中输入文本"十二",则 A5 单元的值就变成了 22,即为(11+13+14+50)÷4。A2 虽然包含在区域引用内,但并没有参与平均值计算。

3. 计数函数 COUNT

格式:

```
COUNT(value1, value2,...)
```

功能:计算区域中包含数字的单元格个数。

例如,如图 4-7 所示,在 G1 单元格中求出该表中 A1:E1 的单元格中包含数值的单元格个数,结果就是 4 个。G1 单元格输入"=COUNT(A1:E1)"即可。

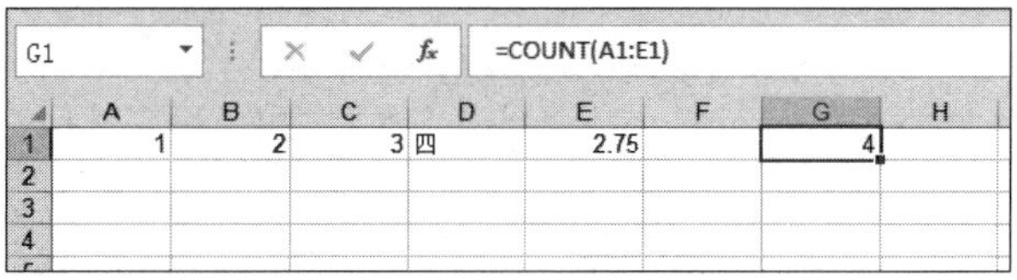
G1　=COUNT(A1:E1)

	A	B	C	D	E	F	G	H
1	1	2	3	四	2.75		4	
2								
3								
4								

图 4-7　COUNT 函数应用

此外还有几个类似的函数。

COUNTA(number1,number2,...)：计算区域中非空单元格的个数。如图 4-6 所示的工作表中，若在 G2 单元格输入“=COUNTA(A1:E1)”，因所选区域中单元格非空，所以结果为 5。

COUNTBLANK(Range)：计算区域中空单元格的个数。如图 4-6 所示的工作表中，若在 G3 单元格输入“=COUNTBLANK(A1:E1)”，因所选区域中单元格非空，所以结果为 0。

COUNTIF(Range,Criteria)：计算某个区域中满足给定条件的单元格数目。如图 4-8 所示的工作表中，在 B11 单元格中统计班级男生数。可在 B11 单元格中输入“=COUNTIF(B2:B10,"男")”，结果为 8。

B11 =COUNTIF(B2:B10,"男")

	A	B	C	D	E
1	姓名	性别	出生年月	手机号码	家庭住址
2	王兴浩	男	1999/08/20	13506666250	浙江温州市永嘉县巽宅镇
3	赵渊博	男	2000/03/22	13038222283	海城街道富强路53号
4	贾江	男	2000/10/05	13585598551	虹桥镇辉煌路5号
5	程亚亚	女	1999/10/21	13736979886	乐清市白石街道上升村
6	汪佳亮	男	2000/03/04	13555505583	乐清市虹桥镇瑶岙村迎曦路9号
7	许澳博	男	1999/01/02	13580129558	乐清市柳市镇刘宅村
8	邱瑞阳	男	2000/03/24	13958508608	乐清市翁洋街道雪湾村
9	郑激扬	男	2000/01/15	13958953805	柳市镇沙东村
10	温格	男	2000/06/15	13968985511	柳市镇象阳象中中路116号
11		8			
12					

图 4-8　COUNTIF 函数统计男生数

4. 条件函数 IF

格式：

```
IF (logical_test,value_if_true,value_if_false)
```

功能：根据条件 logical_test 的真假值，返回不同的结果。若 logical_test 的值为真，则返回 value_if_true，否则返回 value_if_false。

例如，在如图 4-9 所示的工作表中，根据“计算机基础”课程的成绩判定等级，标准为：当成绩大于或等于 90 时为“优秀”，若大于或等于 60 且小于 90 时为“及格”，若小于 60 时则为“不及格”。其操作步骤如下。

在 D2 中输入公式：=IF(C2>=90,"优秀",IF(C2>=60,"及格","不及格"))。

最后利用填充功能，将 D2 中的公式复制到 D2 以下的单元格中。

该例中使用了 IF 的嵌套功能，函数 IF 最多可以嵌套 7 层。

5. 取整函数 INT

格式：

```
INT(number)
```

功能：返回一个不大于 number 的最大整数。

例如，A1 单元格中存储着正实数，求出 A1 单元格数值的整数部分，可以使用“=INT

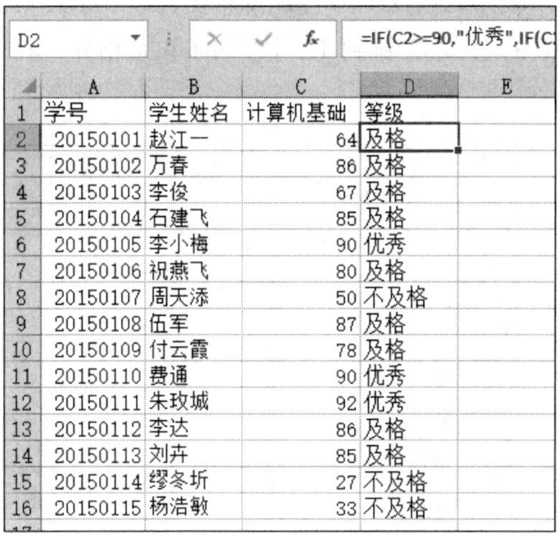

	A	B	C	D	E
1	学号	学生姓名	计算机基础	等级	
2	20150101	赵江一	64	及格	
3	20150102	万春	86	及格	
4	20150103	李俊	67	及格	
5	20150104	石建飞	85	及格	
6	20150105	李小梅	90	优秀	
7	20150106	祝燕飞	80	及格	
8	20150107	周天添	50	不及格	
9	20150108	伍军	87	及格	
10	20150109	付云霞	78	及格	
11	20150110	费通	90	优秀	
12	20150111	朱玫城	92	优秀	
13	20150112	李达	86	及格	
14	20150113	刘卉	85	及格	
15	20150114	缪冬圻	27	不及格	
16	20150115	杨浩敏	33	不及格	

图 4-9　IF 函数统计成绩等级

(A1)”,求出 A1 单元格数值的小数部分,可以使用“=A1−INT(A1)”。又如,“=INT(−2.1)”的值为−3。

6. 四舍五入函数 ROUND

格式:

```
ROUND(number,num_digits)
```

功能:返回数字 number 按指定位数 num_digits 四舍五入后的数字。

说明:如果 num_digits>0,则舍入到指定的小数位数;如果 num_digits=0,则舍入到整数;如果 num_digits<0,则在小数点左侧(整数部分)进行舍入。

例如,公式“= ROUND(6.243 684 5,2)”的值为 6.24,“= ROUND(6.543 684 5,0)”的值为 7;又如,“= ROUND(278 807,−4)”的值为 280 000。

7. 求最大值函数 MAX 和最小值函数 MIN

格式:

```
MAX(number1,number2,...)、MIN(number1,number2,...)
```

功能:用于求参数表中对应数字的最大值、最小值。

例如,A1:A3 单元格中分别存储 1、2 和 3,则 MAX(A1:A3)=3,MIN(A1:A3)=1。

8. 排名函数 RANK

格式:

```
RANK (number,Ref,Order)
```

功能:返回某数字在一列数字中相对于其他数值的大小排名。

说明:Order =0 表示降序,默认值 Order<>0 表示升序。

例如,图 4-10 所示工作表中,在 D2 单元格中输入公式"＝RANK(C2,C＄2:C＄11,0)",然后利用填充功能,将 D2 中的公式复制到 D2 以下的单元格中,就得到每位同学的"微机接口"这门课程的排名。

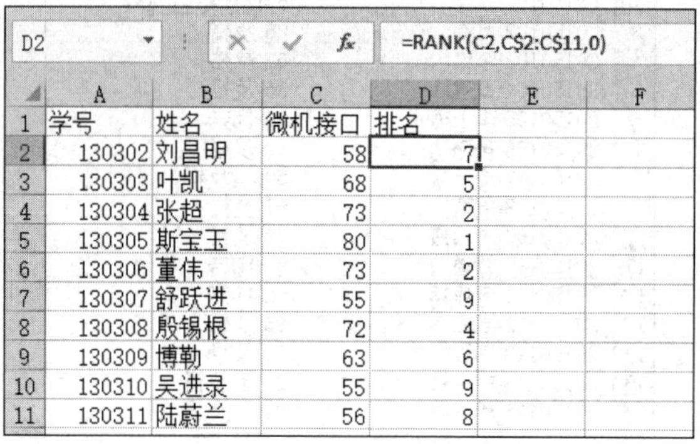

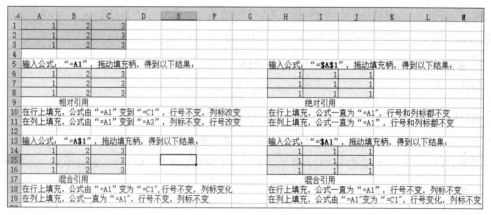

图 4-10　RANK 函数的应用

4.1.12　单元格引用

在 Excel 的公式中,经常需要引用各单元格的内容,引用的作用就是标识工作表上单元格或单元格区域,并指明公式中所使用的数据的位置。

在公式中通常不直接输入单元格中的数据,而是输入单元格的引用,让计算机自动获取引用中的数据。这样做的好处是:一旦被引用的单元格数据发生了变化,公式的计算结果会根据引用对象的最新数据进行更新。在进行填充或复制操作时,公式中的引用会根据引用方式自动进行调整,Excel 中单元格的引用有三种:相对引用、绝对引用和混合引用,如图 4-11 所示。

单元格引用

图 4-11　三种引用方式对比

1. 相对引用

相对引用是直接用列标行号表示的引用。在列上填充时,列标不变,行号会随着填充而变化;在行上填充时,行号不变,列标会随着填充而变化。

在如图 4-12 所示工作表中求每位学生的总分。先在 H2 单元格输入公式“SUM(C2:G2)”，得出总分，然后通过填充柄向下拖动，这时 H3 单元格的公式变为“=SUM(C3:G3)”，依次到 H13 单元格的公式为“=SUM(C13:G13)”。这就是相对引用，在列上填充，列标不变，行号随填充由 2 变为 3，最后变为 13。

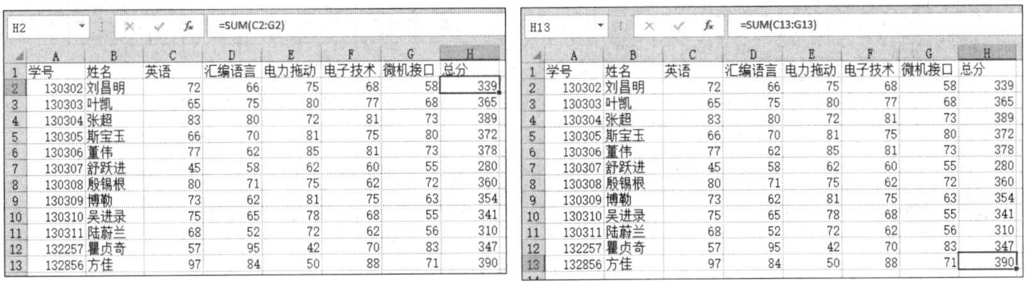

H2 =SUM(C2:G2)

	A	B	C	D	E	F	G	H
1	学号	姓名	英语	汇编语言	电力拖动	电子技术	微机接口	总分
2	130302	刘昌明	72	66	75	68	58	339
3	130303	叶凯	65	75	80	77	68	365
4	130304	张超	83	80	72	81	73	389
5	130305	斯宝玉	66	70	81	75	80	372
6	130306	董伟	77	62	85	81	73	378
7	130307	舒跃进	45	58	62	60	55	280
8	130308	殷锡根	80	71	75	62	72	360
9	130309	博勒	73	62	81	75	63	354
10	130310	吴进录	75	65	78	68	55	341
11	130311	陆蔚兰	68	52	72	62	56	310
12	132257	瞿贞奇	57	95	42	70	83	347
13	132856	方佳	97	84	50	88	71	390

H13 =SUM(C13:G13)

	A	B	C	D	E	F	G	H
1	学号	姓名	英语	汇编语言	电力拖动	电子技术	微机接口	总分
2	130302	刘昌明	72	66	75	68	58	339
3	130303	叶凯	65	75	80	77	68	365
4	130304	张超	83	80	72	81	73	389
5	130305	斯宝玉	66	70	81	75	80	372
6	130306	董伟	77	62	85	81	73	378
7	130307	舒跃进	45	58	62	60	55	280
8	130308	殷锡根	80	71	75	62	72	360
9	130309	博勒	73	62	81	75	63	354
10	130310	吴进录	75	65	78	68	55	341
11	130311	陆蔚兰	68	52	72	62	56	310
12	132257	瞿贞奇	57	95	42	70	83	347
13	132856	方佳	97	84	50	88	71	390

图 4-12 相对引用

2. 绝对引用

绝对引用是在行号和列标前都加上一个“$”符号，在填充时，引用的区域固定不变。“$”符号就是起到固定作用，行号和列标前都加上“$”就把行和列都固定了，因此不管怎么填充，引用的区域都不会发生变化。

在如图 4-13 所示工作表中求每位学生按总分排名。先在 H2 单元格输入公式“=RANK(G2,$G$2:$G$13,0)”，然后通过填充柄向下拖动到 H13 单元格，这时 H13 单元格的公式变为“=RANK(G13,$G$2:$G$13,0)”。这里的区域引用就是绝对引用，在列上填充，列标和行号始终是“G2:G13”，没有发生变化。

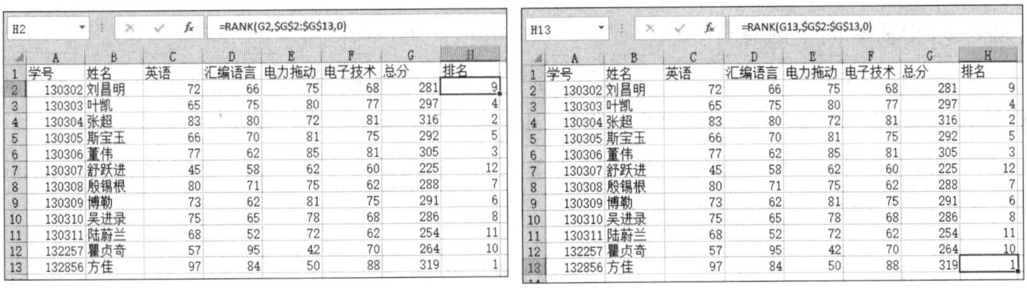

H2 =RANK(G2,$G$2:$G$13,0)

	A	B	C	D	E	F	G	H
1	学号	姓名	英语	汇编语言	电力拖动	电子技术	总分	排名
2	130302	刘昌明	72	66	75	68	281	9
3	130303	叶凯	65	75	80	77	297	4
4	130304	张超	83	80	72	81	316	2
5	130305	斯宝玉	66	70	81	75	292	5
6	130306	董伟	77	62	85	81	305	3
7	130307	舒跃进	45	58	62	60	225	12
8	130308	殷锡根	80	71	75	62	288	7
9	130309	博勒	73	62	81	75	291	6
10	130310	吴进录	75	65	78	68	286	8
11	130311	陆蔚兰	68	52	72	62	254	11
12	132257	瞿贞奇	57	95	42	70	264	10
13	132856	方佳	97	84	50	88	319	1

H13 =RANK(G13,$G$2:$G$13,0)

	A	B	C	D	E	F	G	H
1	学号	姓名	英语	汇编语言	电力拖动	电子技术	总分	排名
2	130302	刘昌明	72	66	75	68	281	9
3	130303	叶凯	65	75	80	77	297	4
4	130304	张超	83	80	72	81	316	2
5	130305	斯宝玉	66	70	81	75	292	5
6	130306	董伟	77	62	85	81	305	3
7	130307	舒跃进	45	58	62	60	225	12
8	130308	殷锡根	80	71	75	62	288	7
9	130309	博勒	73	62	81	75	291	6
10	130310	吴进录	75	65	78	68	286	8
11	130311	陆蔚兰	68	52	72	62	254	11
12	132257	瞿贞奇	57	95	42	70	264	10
13	132856	方佳	97	84	50	88	319	1

图 4-13 绝对引用

3. 混合引用

混合引用是只在行号或列标前加“$”符号，这样就只对行或列进行了固定。因此，混合引用有两种形式：一种是固定行，另一种是固定列。

在如图 4-14 所示工作表中求每班学生的实际出勤人数。先在 D3 单元格输入公式“=$B3-C3”，向下推动填充柄到 D12 单元格，再复制 D3:D12 单元格。在 F3 单元格以公式的方式选择性粘贴，F3 单元格的公式为“=$B3-E3”，可以发现列标由 D 列变到 F 列，但公式中列标 B 一直没有发生变化，这就是固定列的相对引用。

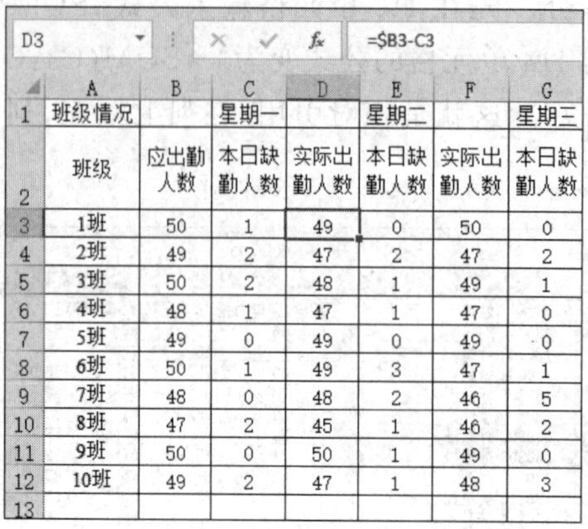

| D3 | × ✓ fx | =$B3-C3 |

| F3 | × ✓ fx | =$B3-E3 |

	A	B	C	D	E	F	G
1	班级情况		星期一		星期二		星期三
2	班级	应出勤人数	本日缺勤人数	实际出勤人数	本日缺勤人数	实际出勤人数	本日缺勤人数
3	1班	50	1	49	0	50	0
4	2班	49	2	47	2	47	2
5	3班	50	2	48	1	49	1
6	4班	48	1	47	1	47	0
7	5班	49	0	49	0	49	0
8	6班	50	1	49	3	47	1
9	7班	48	0	48	2	46	5
10	8班	47	2	45	1	46	2
11	9班	50	0	50	1	49	0
12	10班	49	2	47	1	48	3
13							

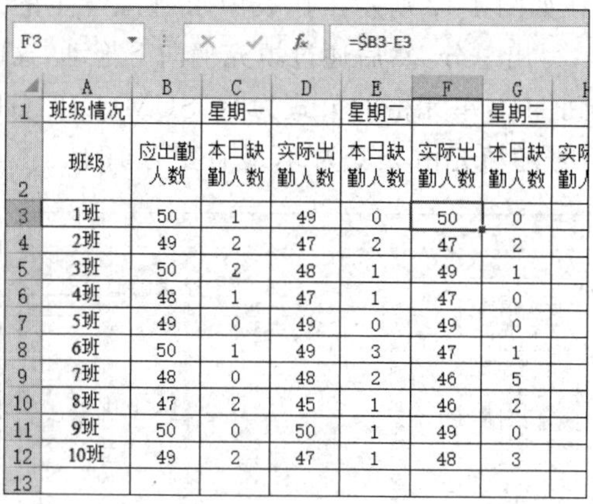

图 4-14　相对引用

> **注意**：绝对引用和混合引用中的"＄"符号不需要手动输入该符号，只需要选择区域后按下 F4 键，即会在集中引用形式之间切换。

任务实施

小张利用自己所掌握的 Excel 公式与函数知识，对班级同学成绩表进行了计算和排名。具体操作如下。

任务实施　成绩表制作

1. 求班级学生的总分和每门课程的平均分

在 H1 单元格中输入"总分"，选中"C2：H2"区域，单击"开始"→"编辑"→"求和"按钮，求得第 1 位同学的成绩；然后双击填充柄，求得所有同学的总分。

合并 A19：B19 区域，输入"平均分"。选中"C2：C19"区域，单击"开始"→"编辑"→"平均值"按钮，求得"高等数学"的平均分。选中 C19 单元格，多次单击"开始"→"数字"→"减少小数位数"按钮，取两位小数。再选中 C19 单元格，拖动填充柄至 G19 单元格，将自动计算出所有课程的平均分，如图 4-15 所示。

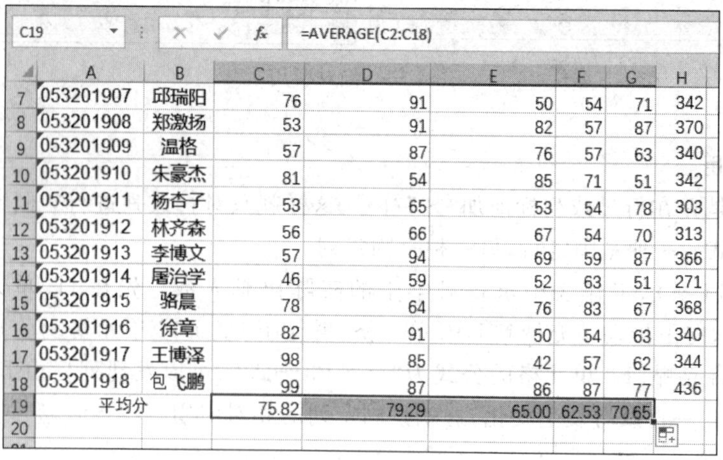

| C19 | × ✓ fx | =AVERAGE(C2:C18) |

	A	B	C	D	E	F	G	H
7	053201907	邱瑞阳	76	91	50	54	71	342
8	053201908	郑激扬	53	91	82	57	87	370
9	053201909	温格	57	87	76	57	63	340
10	053201910	朱豪杰	81	54	85	71	51	342
11	053201911	杨杏子	53	65	53	54	78	303
12	053201912	林齐森	56	66	67	54	70	313
13	053201913	李博文	57	94	69	59	87	366
14	053201914	屠治学	46	59	52	63	51	271
15	053201915	骆晨	78	64	76	83	67	368
16	053201916	徐章	82	91	50	54	63	340
17	053201917	王博泽	98	85	42	57	62	344
18	053201918	包飞鹏	99	87	86	87	77	436
19	平均分		75.82	79.29	65.00	62.53	70.65	
20								

图 4-15　求平均分

2. 求出每门课程的最高分和最低分

合并 A20:B20 区域,输入"最高分"。单击 C20 单元格,单击"开始"→"编辑"→"最大值"按钮,选取"C2:C19"区域,求得"高等数学"的最高分。接着拖动填充柄至 G20 单元格,将自动计算出所有课程的最高分。同理,求得所有课程的最低分,如图 4-16 所示。

	A	B	C	D	E	F	G	H
	C20		fx =MAX(C2:C18)					
1	学号	姓名	高等数学	程序设计基础	思想道德修养	体育	英语	总分
5	053201904	程亚亚	96	69	52	63	90	370
6	053201905	汪佳亮	98	94	76	83	67	418
7	053201907	邱瑞阳	76	91	50	54	71	342
8	053201908	郑激扬	53	91	82	57	87	370
9	053201909	温格	57	87	76	57	63	340
10	053201910	朱豪杰	81	54	85	71	51	342
11	053201911	杨杏子	53	65	53	54	78	303
12	053201912	林齐森	56	66	67	54	70	313
13	053201913	李博文	57	94	69	59	87	366
14	053201914	屠治学	46	59	52	63	51	271
15	053201915	骆晨	78	64	76	83	67	368
16	053201916	徐章	82	91	50	54	63	340
17	053201917	王博泽	98	85	42	57	62	344
18	053201918	包飞鹏	99	87	86	87	77	436
19	平均分		75.82	79.29	65.00	62.53	70.65	
20	最高分		99	96	86	87	98	
21	最低分		46	54	42	54	51	

图 4-16　求最高分和最低分

3. 求出每门课程的及格率

合并 A22:B22 区域,输入"及格率",单击 C22 单元格,单击编辑栏上的"插入函数"按钮 fx,选择 COUNTIF 函数,在弹出的对话框中进行设置,如图 4-17 所示。在编辑栏里函数后输入"/",接着再次单击 fx 按钮,选择 COUNTA 函数,在弹出的对话框中进行设置,如图 4-17 所示。单击编辑栏上的"✔",求得"高等数学"课程的及格率,然后单击"开始"→"数字"→"百分比"按钮 %,最后拖动填充柄求得所有课程的及格率,如图 4-18 所示。

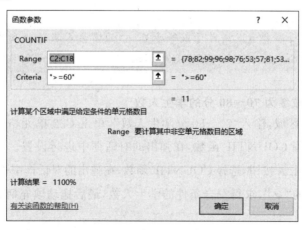

图 4-17　COUNTIF 和 COUNTA 函数参数的设置

图 4-17（续）

图 4-18 求每门课程的及格率

说明：课程的及格率为成绩大于或等于 60 分的学生人数除以所有学生人数，可以在编辑栏里直接输入公式"＝COUNTIF(C2:C18,"＞＝60")/COUNTA(C2:C18)"即可。

4. 求每门课程成绩为 70～80 分的学生人数

合并 A23:B23 区域，输入"70～80 分学生人数"，单击 C22 单元格，单击编辑栏上的"插入函数"按钮 f_x，选择 COUNTIF 函数，在弹出的对话框中进行设置。在编辑栏里函数后输入"－"，接着再次单击 f_x 按钮，选择 COUNTIF 函数，在弹出的对话框中进行设置，如图 4-19 所示。单击编辑栏上的"✔"，求得符合条件的学生人数，最后拖动填充柄求得所有课程的及格率，如图 4-20 所示。

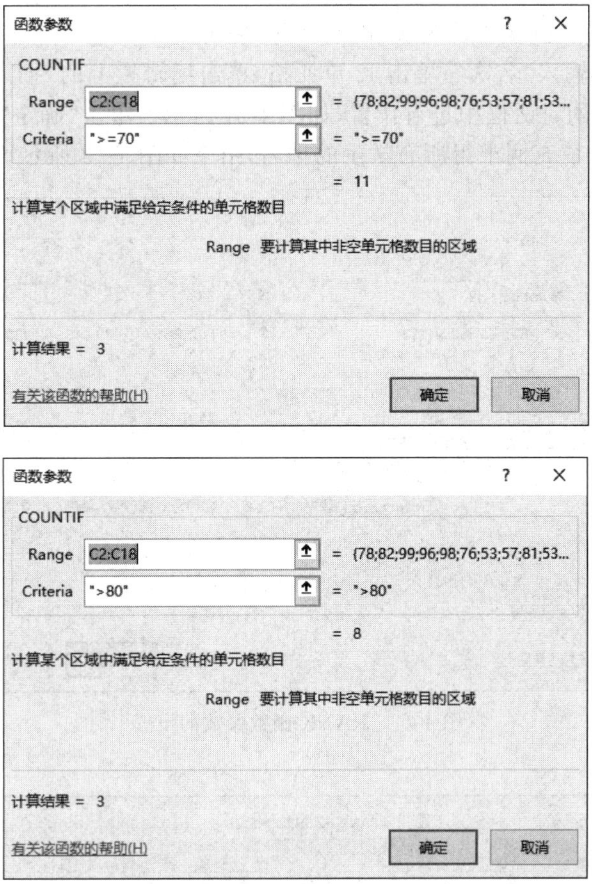

图 4-19　COUNTIF 函数参数的设置

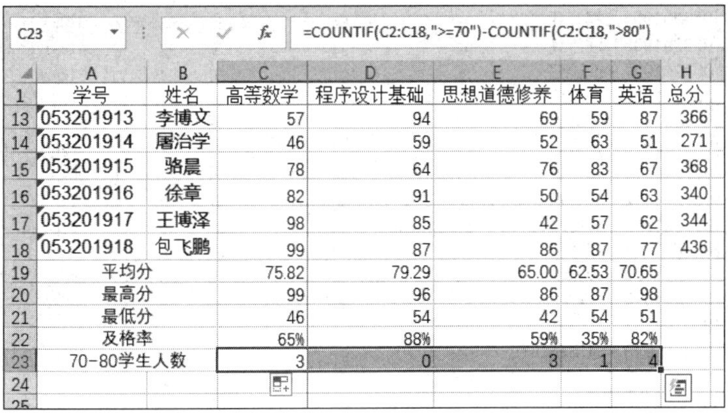

图 4-20　求 70~80 分的学生人数

说明：成绩为 70~80 分的学生人数等于成绩大于或等于 70 分的学生人数减去成绩大于 80 分的学生人数，输入公式"＝COUNTIF(C2:C18,"＞＝70")－COUNTIF(C2:C18,"＞80")"。

5. 根据总分求每一位学生的名次（成绩相同，名次并列）

单击 I1 单元格，输入"名次"；单击 I2 单元格，单击编辑栏上的"插入函数"按钮 f_x，选择 RANK 函数，在弹出的对话框中进行设置，如图 4-21 所示。单击"确定"按钮，求得第 1 位同学的名次。最后拖动填充柄求得所有学生的排名，结果如图 4-22 所示。

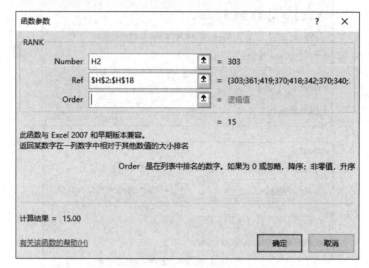

图 4-21　RANK 函数参数的设置

	A	B	C	D	E	F	G	H	I
1	学号	姓名	高等数学	程序设计基础	思想道德修养	体育	英语	总分	名次
2	053201901	王兴浩	78	61	53	54	57	303	15
3	053201902	赵渊博	82	96	67	54	62	361	8
4	053201903	贾江	99	94	69	59	98	419	2
5	053201904	程亚亚	96	69	52	63	90	370	4
6	053201905	汪佳亮	98	94	76	83	67	418	3
7	053201907	邱瑞阳	76	91	50	54	71	342	10
8	053201908	郑激扬	53	91	82	57	87	370	4
9	053201909	温格	57	87	76	57	63	340	12
10	053201910	朱豪杰	81	54	85	71	51	342	10
11	053201911	杨杏子	53	65	53	54	78	303	15
12	053201912	林齐森	56	66	67	54	70	313	14
13	053201913	李博文	57	94	69	59	87	366	7
14	053201914	屠治学	46	59	68	51	51	271	17
15	053201915	骆晨	78	64	76	83	67	368	6
16	053201916	徐章	82	91	50	54	63	340	12
17	053201917	王博泽	98	85	42	57	62	344	9
18	053201918	包飞鹏	99	87	86	87	77	436	1
19		平均分	75.82	79.29	65.00	62.53	70.65		
20		最高分	99	96	86	87	98		
21		最低分				54	51		

I2 ｜ × ✓ f_x =RANK(H2,$H$2:$H$18)

图 4-22　班级学生排名

> **说明**：求班级学生排名，可以输入公式"＝RANK（H2，＄H＄2：＄H＄18）"，这时公式里采用了绝对引用。

6. 根据总分求每一位学生的等级

> **提示：**总分≥400,等级为"优";总分≥350,等级为"良";总分≥300,等级为"及格";总分<300,等级为"不及格"。

单击 J1 单元格,输入"等级"。单击 J2 单元格,输入公式"=IF(H2>=400,"优",IF(H2>=350,"良",IF(H2>=300,"及格","不及格")))",求得第 1 位同学的等级。最后拖动填充柄,求得所有学生的排名,结果如图 4-23 所示。

	A	B	C	D	E	F	G	H	I	J
					fx	=IF(H2>=400,"优",IF(H2>=350,"良",IF(H2>=300,"及格","不及格")))				
1	学号	姓名	高等数学	程序设计基础	思想道德修养	体育	英语	总分	名次	等级
2	053201901	王兴浩	78	61	53	54	57	303	15	及格
3	053201902	赵渊博	82	96	67	54	62	361	8	良
4	053201903	贾江	99	94	69	59	98	419	2	优
5	053201904	程亚亚	96	69	52	63	90	370	4	良
6	053201905	汪佳亮	98	94	76	83	67	418	3	优
7	053201907	邱瑞阳	76	91	54	54	71	342	10	及格
8	053201908	郑激扬	53	91	82	57	87	370	4	良
9	053201909	温格	57	87	76	57	63	340	12	及格
10	053201910	朱豪杰	81	54	85	71	51	342	10	及格
11	053201911	杨杏子	53	65	53	54	78	303	15	及格
12	053201912	林齐森	56	66	67	54	70	313	14	及格
13	053201913	李博文	57	94	69	59	87	366	7	良
14	053201914	屠治学	46	59	52	63	51	271	17	不及格
15	053201915	骆晨	78	64	76	83	67	368	6	良
16	053201916	徐章	82	91	50	54	63	340	12	及格
17	053201917	王博泽	98	85	42	57	62	344	9	及格
18	053201918	包飞鹏	99	87	86	87	77	436	1	优
19		平均分	75.82	79.29	65.00	62.53	70.65			
20		最高分	99	96	86	87	98			
21		最低分	46	54	42	54	51			

图 4-23　求学生成绩等级

7. 运用条件格式,把每门功课不及格的成绩标红、加粗

选择各门课程的学生成绩,在"开始"功能选项卡的"样式"工具组中选择"条件格式"下拉列表中的"突出显示单元格规则"下的"小于"。弹出"为小于以下值的单元格设置格式"对话框,设置小于值为60。用"自定义格式"设置字体为红色、加粗,单击"确定"按钮,如图 4-24 所示,效果如图 4-25 所示。

图 4-24　设置条件格式

8. 美化表格

设置表格所有行高为 20,列宽为 15,文字居中显示,套用表格样式为"绿色,表样式中等深浅 14"。

选中表格中所有数据,使文字居中。在"开始"功能选项卡"单元格"工具组中选择"格

姓名	高等数学	程序设计基础	思想道德修养	体育	英语	总分	名次	等级
王兴浩	78	61	53	54	57	303	15	及格
赵渊博	82	96	67	54	62	361	8	良
贾江	99	94	69	59	98	419	2	优
程亚亚	96	69	52	63	90	370	4	良
汪佳亮	98	94	76	83	67	418	3	优
邱瑞阳	76	91	50	54	71	342	10	及格
郑激扬	53	91	82	57	87	370	4	良
温格	57	87	76	57	63	340	12	及格
朱豪杰	81	54	85	71	51	342	10	及格
杨杏子	53	65	53	54	78	303	15	及格
林齐森	56	66	67	54	70	313	14	及格
李博文	57	94	69	59	87	366	7	良
屠治学	46	59	52	63	51	271	17	不及格
骆晨	78	64	76	83	67	368	6	良
徐章	82	91	50	54	63	340	12	及格
王博泽	98	85	42	57	62	344	9	及格
包飞鹏	99	87	86	87	77	436	1	优
	75.82	79.29	65.00	62.53	70.65			
	99	96	86	87	98			
	46	54	42	54	51			
	65%	88%	59%	35%	82%			
数	3	0	3	1	4			

图 4-25　应用条件格式的结果

式"下的"行高"跟"列宽"并分别进行设置。拖动鼠标选择各行,再右击,在弹出的快捷菜单中选择"行高"命令,进行设置。拖动鼠标选择各列,再右击,在弹出的快捷菜单中选择"列宽"命令,再进行设置。

在表格中所有数据被选中的状态下,选择"开始"功能选项卡"样式"工具组中的"套用表格格式"下拉列表,并从中选择"绿色,表样式中等深浅14",最终完成效果如图4-26所示。

	学号	姓名	高等数学	程序设计基础	思想道德修养	体育	英语	总分	名次	等级
1										
2	053201901	王兴浩	78	61	53	54	57	303	15	及格
3	053201902	赵渊博	82	96	67	54	62	361	8	良
4	053201903	贾江	99	94	69	59	98	419	2	优
5	053201904	程亚亚	96	69	52	63	90	370	4	良
6	053201905	汪佳亮	98	94	76	83	67	418	3	优
7	053201907	邱瑞阳	76	91	50	54	71	342	10	及格
8	053201908	郑激扬	53	91	82	57	87	370	4	良
9	053201909	温格	57	87	76	57	63	340	12	及格
10	053201910	朱豪杰	81	54	85	71	51	342	10	及格
11	053201911	杨杏子	53	65	53	54	78	303	15	及格
12	053201912	林齐森	56	66	67	54	70	313	14	及格
13	053201913	李博文	57	94	69	59	87	366	7	良
14	053201914	屠治学	46	59	52	63	51	271	17	不及格
15	053201915	骆晨	78	64	76	83	67	368	6	良
16	053201916	徐章	82	91	50	54	63	340	12	及格
17	053201917	王博泽	98	85	42	57	62	344	9	及格
18	053201918	包飞鹏	99	87	86	87	77	436	1	优
19	平均分		75.82	79.29	65.00	62.53	70.65			
20	最高分		99	96	86	87	98			
21	最低分		46	54	42	54	51			
22	及格率		65%	88%	59%	35%	82%			
23	70-80学生人数		3	0	3	1	4			
24										
25										

图 4-26　自动套用表样式效果图

任务 4.2 "停车情况记录表"数据分析

任务描述

在一些学校、企业、公司中,经常要制作各种各样的表格,如学生成绩表、员工基本信息表、停车情况记录表、采购信息统计表等。连师傅是某停车场管理员,他每天需对停车情况进行统计,以便及时统计每日的收费情况。

4.2.1 数据排序

排序是指对工作表中的数据按照指定的顺序规律重新安排顺序,它有助于快速、直观地显示数据,更好地组织并查找所需数据以及最终做出更有效的决策。Excel 允许对一列或多列的数据按文本、数字以及日期和时间进行排序,还可以按自定义序列(如一月、二月、三月……)进行排序。

1. 简单排序

简单排序就是直接将序列中的数据按照 Excel 默认的升序或降序的方式排列,这种排序方法比较简单。单击要进行排序的列中的任一单元格,再单击"数据"功能选项卡的"排序和筛选"工具组中的"升序"按钮 $\frac{A}{Z}\downarrow$ 或"降序"按钮 $\frac{Z}{A}\downarrow$,所选列即按照升序或降序方式进行排序。也可以选中要排序的这列数据,同样在工具组中单击"降序"按钮,在弹出的对话框中选择"扩展选定区域",单击"排序"按钮,即可完成排序。例如,对所有同学的总分成绩进行降序排列,如图 4-27 所示。

	A	B	C	D	E	F	G	H	I
1	学号	姓名	高等数学	程序设计基础	思想道德修养	体育	英语	总分	平均分
2	053201903	贾江	99	94	69	59	98	419	83.80
3	053201905	汪佳亮	98	94	76	83	67	418	83.60
4	053201906	许澳博	75	92	73	51	90	381	76.20
5	053201904	程亚亚	96	69	52	63	90	370	74.00
6	053201908	郑激扬	53	91	82	57	87	370	74.00
7	053201902	赵渊博	82	96	67	54	62	361	72.20
8	053201907	邱瑞阳	76	91	50	54	71	342	68.40
9	053201910	朱豪杰	81	54	85	71	51	342	68.40
10	053201909	温格	57	87	76	57	63	340	68.00
11	053201901	王兴浩	78	61	53	54	57	303	60.60
12									

图 4-27 对数据进行降序排序

2. 复杂排序

复杂排序允许同时对多个序列进行排序,其排序规则为:先按照第一关键字排序。如果序列中存在重复项,那么继续按照第二关键字排序,以此类推。需要注意的是,在此排序方式下,为了获得最佳结果,要排序的单元格区域应包含列标题。具体操作如下。

单击要进行排序操作工作表中的任意非空单元格,然后再单击"数据"→"排序和筛选"→"排序"按钮。在打开的"排序"对话框中设置"主要关键字"条件,然后单击"添加条件"按钮,添加一个次要条件;再设置"次要关键字"条件,如图 4-28 所示。用户可以添加多个次要关键字,设置完毕,单击"确定"按钮即可,效果如图 4-29 所示。

图 4-28 "排序"对话框

	A	B	C	D	E	F	G	H	I
1	学号	姓名	高等数学	程序设计基础	思想道德修养	体育	英语	总分	平均分
2	053201903	贾江	99	94	69	59	98	419	83.80
3	053201905	汪佳亮	98	94	76	83	67	418	83.60
4	053201906	许澳博	75	92	73	51	90	381	76.20
5	053201908	郑激扬	53	91	82	57	87	370	74.00
6	053201904	程亚亚	96	69	52	63	90	370	74.00
7	053201902	赵渊博	82	96	67	54	62	361	72.20
8	053201907	邱瑞阳	76	91	50	54	71	342	68.40
9	053201910	朱豪杰	81	54	85	71	51	342	68.40
10	053201909	温格	57	87	76	57	63	340	68.00
11	053201901	王兴浩	78	61	53	54	57	303	60.60
12									

图 4-29 多关键字排序示例

4.2.2 数据筛选

当用户需要查找或分析工作表中的信息,要查看满足某种条件的所有信息行时,就可以使用 Excel 的筛选功能。Excel 提供了两种筛选方法,即自动筛选和高级筛选。通过筛选,可以隐藏不满足条件的数据行,只显示满足条件的数据行。

1. 自动筛选

自动筛选是一种简单、方便的筛选方法,在包含大量数据的工作表中快速筛选出满足给定条件的信息行,而将其他数据行隐藏。

操作时,首先选中含有数据的任一单元格,单击"数据"→"排序和筛选"→"筛选"按钮,此时在工作数据表的所有字段名上都会出现一组下拉箭头,单击与条件有关的某个下拉箭头,按照条件进行设置即可,如图 4-30 所示。

2. 高级筛选

自动筛选可以完成大部分简单的筛选操作,对于条件较为复杂的情况,可以使用"高级筛选"功能。高级筛选的结果可以显示在原数据表格中,不符合条件的记录被隐藏;也可以在新的位置显示筛选结果。

图 4-30　设置自动筛选条件

高级筛选前需要首先定义筛选条件,条件区域通常包括两行或多行,在第一行的单元格中输入指定字段名称,在第二行的单元格中输入对于字段的筛选条件。接着单击"数据"→"排序和筛选"→"高级"按钮 ▼高级,就可以进入 Excel 的"高级筛选"对话框,在对话框中按要求选取"列表区域"和"条件区域"以及筛选结果显示的方式,确认后即可完成筛选。例如,筛选出所有课程都及格的学生,如图 4-31 所示。

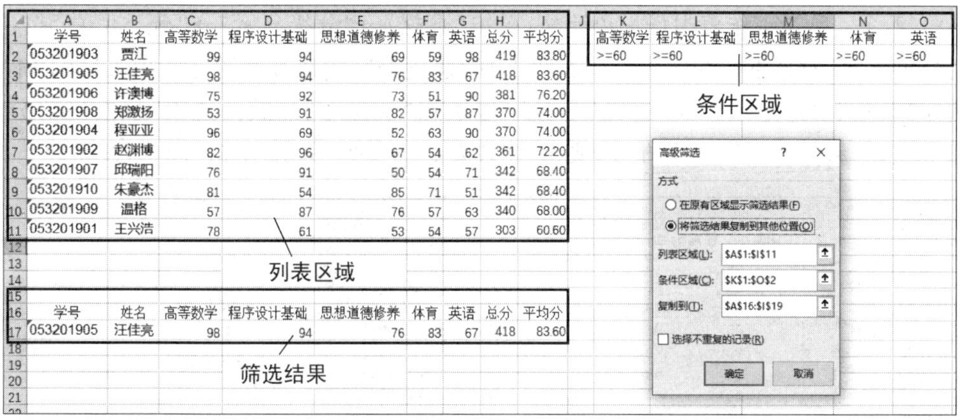

图 4-31　高级筛选条件设置(1)

在设置高级筛选的条件时,在同一行设置的多个条件必须同时满足,即多个条件之间是"与"的关系,筛选结果必是所有课程都大于或等于 60 分的学生记录。如果多个条件设置在不同行,则它们之间为"或"的关系,即只需满足其中一个条件即可。例如,要筛选出有课程不及格的学生,效果如图 4-32 所示。

4.2.3　分类汇总

分类汇总是按某一字段的内容进行分类(排序)后,不需要建立公式,Excel 会自动对排序后的各类数据进行求和、求平均、统计个数、求最大最小值等各种计算,并且分级显示汇总

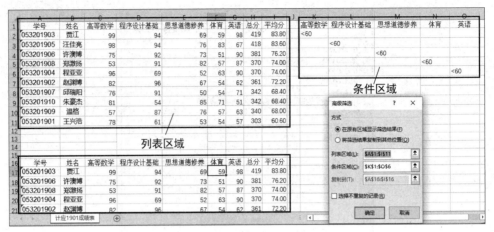

图 4-32　高级筛选条件设置（2）

结果。例如，某表中有学号、姓名、各科成绩、平均分、通过否等字段及对应的数据，现要求按"通过否"统计学生人数（显示在"学号"列），要求先显示通过的学生人数，再显示未通过的学生人数，显示到第 2 级（即不显示具体的学生信息），如图 4-33 所示。

1. 建立分类汇总

（1）分类：对要分类的字段进行排序。根据题意，先按照"通过否"进行排序，使"通过"的同学集中排在前面，"未通过"的同学集中排在后面。

（2）汇总：单击工作表中任一单元格，单击"数据"→"分级显示"→"分类汇总"按钮，弹出"分类汇总"对话框。在"分类字段"里选择"通过否"（按通过否统计学生人数），"汇总方式"选择"计数"，"选定汇总项"选择"学号"（显示在"学号"列），默认选中"替换当前分类汇总"和"汇总结果显示在数据下方"选项，具体设置如图 4-34 所示，单击"确定"按钮。

	学号	学生姓名	应用基础	高等数学	C++	英语	平均成绩	通过否
1	学号	学生姓名	应用基础	高等数学	C++	英语	平均成绩	通过否
2	201401001	赵江一	64	75	80	77	74	未通过
3	201401002	万春	86	92	88	90	89	通过
4	201401003	李俊	67	79	78	68	73	未通过
5	201401004	石建飞	85	83	93	82	85.75	通过
6	201401005	李小梅	90	76	87	78	82.75	通过
7	201401006	祝燕飞	80	68	70	88	76.5	未通过
8	201401007	周天添	50	64	80	78	68	未通过
9	201401008	伍军	87	76	84	60	76.75	通过
10	201401009	付云霞	78	53	67	77	68.75	未通过
11	201401010	费通	90	88	68	82	82	通过
12	201401011	朱玫城	92	38	78	43	62.75	未通过
13	201401012	李达	86	94	67	85	73	通过
14	201401013	刘卉	85	65	74	99	80.75	通过
15	201401014	缪冬圻	27	50	53	85	53.75	未通过
16	201401015	杨浩敏	33	30	72	85	55	未通过
17	201401016	南策斌	66	69	75	62	68	未通过
18	201401017	赵筱茂	33	97	69	74	68.25	未通过
19	201401018	梁辰浩	81	95	74	33	70.75	未通过
20	201401019	郑云	66	46	45	85	60.5	未通过
21	201401020	邹巍龙	16	71	68	64	54.75	未通过
22	201401021	杨秀	67	99	31	81	69.5	未通过

图 4-33　进行分类汇总原表　　　　　　图 4-34　"分类汇总"对话框

（3）设置级别：还可以通过行号左边的分级显示符号,显示和隐藏细节数据。如图 4-35 所示,│1│2│3│分别表示 3 个级别,其中后一级别为前一级别提供细节数据。总的汇总行属于级别 1,"通过"与"未通过"的汇总数据属于级别 2,学生的细节数据记录属于级别 3。如果要显示或隐藏某一级别下的细节行,可以单击级别按钮下的 ➕ 或分级显示符号。比如,要求显示到第 2 级(不显示具体的学生信息),则单击第 2 级显示符号 2,隐藏第 3 级别学生具体的信息,如图 4-35 所示。

1 2 3		A	B	C	D	E	F	G	H	I
	1	学号	学生姓名	应用基础	高等数学	C++	英语	平均成绩	通过否	
➕	14	12							通过 计数	
➕	103	88							未通过 计数	
➖	104	100							总计数	
	105									

图 4-35　分类汇总的最终效果

2. 删除分类汇总

删除分类汇总的方法是：在"分类汇总"对话框中单击"全部删除"按钮即可。

4.2.4　数据有效性

数据有效性是对单元格或单元格区域输入的数据从内容到数量上的限制。对于符合条件的数据,允许输入;对于不符合条件的数据,则禁止输入。这样就可以依靠系统检查数据的有效性,避免错误数据的录入。

（1）数据有效性功能可以在尚未输入数据时预先设置,以保证输入数据的正确性;

（2）一般情况下不能检查已输入的数据。

"数据有效性"位于"数据"功能选项卡下,包含"设置""输入信息""出错警告""输入法模式"4 个选项。

4.2.5　数组公式

数组公式是相对于普通公式而言的。普通公式只占用一个单元格,返回一个结果。而数组公式可以占用一个单元格,也可以占用多个单元格。它对一组数或多组数进行多重计算,并返回一个或多个结果。

1. 数组公式的标志

在 Excel 中数组公式的显示是用大括号"{}"来括住,以区分普通 Excel 公式,如图 4-36 所示。

输入数组公式：用 Ctrl＋Shift＋Enter 组合键结束公式的输入。

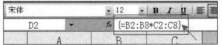

图 4-36　数组公司的标志

> **提示**：按 Ctrl＋Shift＋Enter 组合键,Excel 会自动给公式加上"{}"以和普通公式区别开,不用用户输入"{}"。但如果想在公式里直接表示一个数组,就需要手工输入"{}"来把数组的元素括起来。

2. 数组的维数

"维数"是数组里的又一个重要概念。数组有一维数组、二维数组、三维数组、四维数组……在公式里,我们更多接触到的是一维数组和二维数组。一维数组可以简单地看成是一行的单元格数据集合,比如 A1:F1。一维数组的各个元素间用英文的逗号","隔开(如果是单独的一列时,用英文分号";"隔开)。二维数组里同行的元素间用逗号","分隔,不同的行用分号";"分隔。

4.2.6 VLOOKUP 函数

LOOKUP 函数使用

VLOOKUP 函数是 Excel 中的一个纵向查找函数,它与 LOOKUP 函数和 HLOOKUP 函数属于一类函数,在工作中都有广泛应用,例如可以用于核对数据,多个表格之间快速导入数据等函数功能。功能是按列查找,最终返回该列所需查询序列所对应的值;与之对应的 HLOOKUP 是按行查找的。

该函数的语法如下:

`VLOOKUP(lookup_value,table_array,col_index_num,range_lookup)`

VLOOKUP 函数的参数说明如下。

lookup_value 为需要在数据表第一列中进行查找的数值。lookup_value 可以是数值、引用或文本字符串。当 VLOOKUP 函数第一参数省略查找值时,表示用 0 查找。

table_array 为需要在其中查找数据的数据表。使用对区域或区域名称的引用。

col_index_num 为 table_array 中查找数据的数据列序号。col_index_num 为 1 时,返回 table_array 第一列的数值;col_index_num 为 2 时,返回 table_array 第二列的数值;其他以此类推。如果 col_index_num 小于 1,VLOOKUP 函数返回错误值"♯VALUE!";如果 col_index_num 大于 table_array 的列数,VLOOKUP 函数返回错误值"♯REF!"。

range_lookup 为一逻辑值,指明 VLOOKUP 函数查找时是精确匹配,还是近似匹配。如果为 FALSE 或 0,则返回精确匹配,如果找不到,则返回错误值♯N/A。如果为 TRUE 或 1,将查找近似匹配值,也就是说,如果找不到精确匹配值,则返回小于 lookup_value 的最大数值。应注意 VLOOKUP 函数在进行近似匹配时的查找规则是从第一个数据开始匹配,没有匹配到一样的值就继续与下一个值进行匹配,直到遇到大于查找值的值,此时返回上一个数据(近似匹配时应对查找值所在列进行升序排列)。如果 range_lookup 省略,则该参数默认为 1。

4.2.7 图表的创建

Excel 可以创建两种数据图表,一种是嵌入式图表,即图表作为源数据的对象插入源数据所在的工作表中,用于对源数据的补充;另一种是工作表图表,即在 Excel 工作簿中为数据图表另建一个独立的工作表。

数据图表是依据工作表的数据建立起来的,当改变工作表中的数据时,图表也会随之改变。下面以图 4-37 所示工作表为例,要求使用学生高等数学、英语成绩来创建一张簇状柱形图。

(1)选择数据区域中的"学生姓名""高等数学"和"英语"三列作为数据源。

(2)单击"插入"功能选项卡上"图表"工具组中的扩展按钮,选择图表类型中"簇状柱形图",如图 4-38 所示,完成图表的创建。

	A	B	C	D	E	F	G	H
1	学号	学生姓名	应用基础	高等数学	C++	英语	平均成绩	通过否
2	201401002	万春	86	92	88	90	89	通过
3	201401004	石建飞	85	83	93	82	85.75	通过
4	201401005	李小梅	90	76	87	78	82.75	通过
5	201401010	费通	90	88	68	82	82	通过
6	201401012	李达	86	94	67	85	83	通过
7	201401013	刘卉	85	65	74	99	80.75	通过
8	201401034	金怡	89	94	89	83	88.75	通过
9	201401037	心晓萌	88	67	74	95	81	通过
10	201401055	李渊颖	73	94	76	89	83	通过
11	201401057	陶嘉扬	54	89	88	90	80.25	通过
12	201401063	沈金帅	76	77	94	87	83.5	通过
13	201401100	许希雪	90	88	97	84	89.75	通过
14	201401001	赵江一	64	75	80	77	74	未通过
15	201401003	李俊	67	79	78	68	73	未通过
16	201401006	祝燕飞	80	68	70	88	76.5	未通过
17	201401007	周天添	50	64	80	78	68	未通过
18	201401008	伍军	87	76	84	60	76.75	未通过
19	201401009	付云霞	78	53	67	77	68.75	未通过
20	201401011	朱玫城	92	38	78	43	62.75	未通过
21	201401014	缪冬圻	27	50	53	85	53.75	未通过
22	201401015	杨浩敏	33	30	72	85	55	未通过

图 4-37　学生成绩表

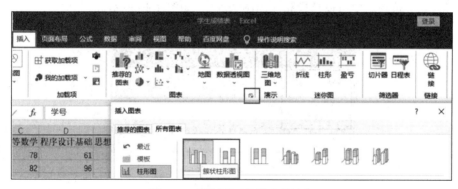

图 4-38　"图表"工具组中的按钮

"图表"工具组中的图表类型有柱形图、折线图、饼图、条形图、面积图、散点图和其他图表。

用户可以将图表创建在工作表的任何地方,可以生成嵌入图表,也可以生成只包含图表的工作表。图表与工作表中的数据项对应链接,如果当用户修改数据时,图表会自动更新。

图表建立好之后,显示的效果有可能不理想,此时就需要对图表进行适当的编辑。而在编辑图表之前必须先熟悉图表的组成并了解选择图表元素的方法。

4.2.8　图表的编辑和美化

图表创建好后,选中图表区,Excel"插入"功能区中会出现"图表"工具栏,此时可以根据需要并利用相关工具对图表进行适当的编辑。在编辑图表前,首先熟悉一下图表的各个组成元素,如图 4-39 所示。

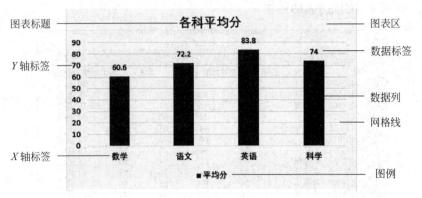

图 4-39　图表的各个组成元素

1. 改变图表的类型

首先选中图表,单击"图表工具—设计"功能选项卡"类型"工具组中的"更改图表类型"按钮,在弹出的"更改图表类型"对话框中进行相应的选择。

2. 添加图表元素

首先选中图表,单击"图表工具—设计"功能选项卡上"图表布局"工具组中的"添加图表元素"按钮,在下拉列表中可以选择相应的图表元素,如图 4-40 所示。

图 4-40　添加图表元素

如果要进一步设置图表标题的格式,则只需选中图表标题,右击并从弹出的快捷菜单中选择"设置图表标题格式"命令,出现"图表标题格式"对话框,有"填充与线条""效果""大小与属性"3 个选项卡,运用该对话框能对图表的背景、边框、字体、字号、字形、下划线、对齐方式等进行处理,使得图表重点更加突出、美观。

要在已经建好的图表中再增加数据,只需在工作表中将需要增加的数据选中并进行复制,再到图表区中进行粘贴即可。也可以选中图表并右击,从快捷菜单中选择"选择数据"命令,打开相应对话框进行添加数据的操作,如图 4-41 所示。

如果希望删除图表中的某个数据系列,而不删除工作表中对应的数据,只需要选中这个要删除的数据系列,按 Del 键。但如果要删除的数据不是一个系列而是 X 轴的某个数据,这时就要单击"图表工具—设计"功能选项卡上"数据"工具组中的"切换行/列"按钮 进行行与列的切换,这时行数据会变成一个系列,删除系列后再单击"切换行/列"键即可。

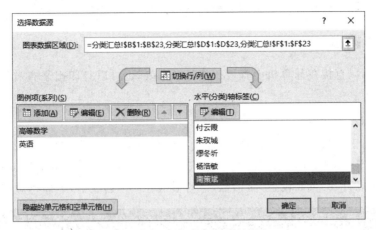

图 4-41　"选择数据源"对话框

4.2.9　创建数据透视表

数据透视表是一种交互式工作表,可以对大量数据快速汇总和建立交叉列表。用户可以选择其行或列以查看对源数据的不同汇总,还可以通过显示不同的行标签来筛选数据,或者显示所关注区域的明细数据,它是 Excel 强大数据处理能力的体现。

1. 创建数据透视表

选择工作表数据区域的任一单元格,单击"插入"→"表格"→"数据透视表"按钮 的下

拉箭头,在下拉列表中选择"数据透视表"选项,弹出"创建数据透视表"对话框,如图 4-42 所示。在对话框中选择要分析的数据所在的区域和放置数据透视表的位置,单击"确定"按钮。这时在指定的位置会出现一个空的数据透视表,并显示数据透视表字段列表和"数据透视表工具"选项组(包括"选项"和"设计"选项卡),以便用户可以开始添加字段,创建布局和自定义数据透视表。

图 4-42　"创建数据透视表"对话框

2. 编辑数据透视表

在创建好数据透视表后,要经常根据具体的分析要求,对数据透视表进行编辑修改,如转换行和列以查看不同的汇总结果,修改汇总计算方式等。如在"数据透视表字段列表"栏上部的字段部分窗格中,要向数据透视表中添加字段,就选中所需的字段名左边的复选框,或在所需添加的字段上右击并利用快捷菜单中的命令进行设置。

3. 清除数据透视表中的数据

创建了数据透视表后,要清除数据透视表中的数据,单击数据透视表,在"数据透视表工具"→"分析"→"操作"工具组中单击"选择"按钮,在下拉列表中选择"整个数据透视表"选项,选中整个数据透视表。然后在"操作"工具组单击"清除"按钮,在下拉列表中选择"全部

清除"选项,这时整个数据透视表中的数据即被清除。

4.2.10 打印输出

用户不仅可以直接在计算机中查看工作表及图表,也可以打印出来查看。在打印前,应先进行页面设置。

1. 页面设置

页面设置用于为当前工作表设置页边距、纸张方向、纸张大小、打印区域等。通过"页面布局"功能选项卡下的"页面设置"工具组来实现,如图 4-43 所示。单击该工具组右下角的"扩展"按钮,可以打开"页面设置"对话框,该对话框有 4 个选项卡,下面将做详细介绍。

图 4-43 "页面设置"工具组

(1) 页面。用户可以在该选项卡中选择自己的打印机支持的纸张尺寸,更改打印纸张方向,设置打印的起始页码等。

(2) 页边距。在该选项卡里可以修改上、下、左、右的边距设置,还可进行居中方式的选择。

(3) 页眉/页脚。该选项卡用于设置页眉和页脚,可以在下拉列表框中选择 Excel 提供的页眉/页脚方式,也可以单击"自定义页眉"或"自定义页脚"按钮自行定义页眉或页脚。

(4) 工作表。在该选项卡中,用户可以设置打印区域、打印标题、打印顺序等。"顶端标题行"和"左侧标题列"表示将工作表中某一特定行或列在数据打印输出时作为每一页的水平标题或垂直标题,设置方法只需要在对应的文本框中使用单元格引用即可。

2. 打印区域设置

用户可以将需要打印的内容设置为"打印区域",一个工作表只能设置一个打印区域,如果用户再次设置打印区域,原先的打印区域会被替代。此时要打印,则只打印"打印区域"内的内容。

3. 打印预览

"打印预览"是来显示工作表数据的打印效果的。

启动"打印预览"窗口后,其中有打印份数、打印机属性、一系列打印设置等选项。完成相关设置后,只需单击"打印"按钮,即可开始打印,如图 4-44 所示。

4. 将相关数据和图表打印出来

具体方法如下。

(1) 对表格进行页面设置。

(2) 对打印区域进行设置。

(3) 打印。

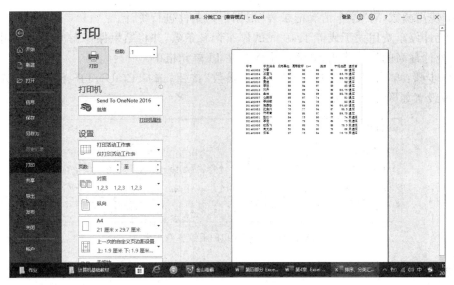

图 4-44　"打印预览"窗口

任务实施

（1）根据"停车价目表"价格，使用 HLOOKUP 函数，对"停车情况记录表"中的"单价"列根据不同的车型进行填充。

操作步骤：单击 C9 单元格，单击"插入函数"按钮，选择 HLOOKUP 函数，其参数设置如图 4-45 所示，然后确定。最后对 C9 单元格所在列下方的值实行自动填充。

任务实施　数据分析

（2）利用数组公式计算汽车在停车库中的停放时间，将结果保存在"停车情况登记表"中的"停放时间"列中。计算方法为：停放时间＝出库时间－入库时间。格式为："小时：分：秒"。

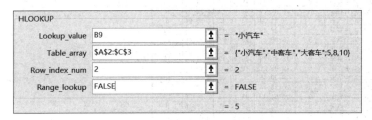

图 4-45　HLOOPUP 函数参数的设置

操作方法：选择 F9 单元格，输入"＝E9－D9"后，按 Ctrl＋Shift＋Enter 组合键，输入数组公式。再对该列下方的值实行自动填充。

（3）使用函数公式，对"停车情况记录表"中的停车费用进行计算。根据停放时间的长短计算停车费用，计算结果填入"停车情况记录表"的"应付金额"列中。

停车按小时收费，对于不满一小时的按照一小时计费。对于超过整点小时数 15 分钟（包含 15 分钟）的多累积 1 小时，例如，1 小时 20 分，将以 2 小时计费。

操作步骤：选择 G9 单元格，输入公式"＝IF(HOUR(F9)>0,IF(MINUTE(F9)>15,HOUR(F9)＊C9＋C9,HOUR(F9)＊C9),C9)"，按 Enter 键。再对该列下方的值实行自动填充。

（4）使用函数，对"停车情况记录表"根据下列条件进行统计。

① 统计停车费用大于或等于 40 元的停车记录条数，并将结果保存在 J8 单元格中。

② 统计最高的停车费用，并将结果保存在 J9 单元格中。

操作步骤：单击 J8 单元格，单击"插入函数"按钮，选择 COUNTIF 函数。COUNTIF 函数参数设置如图 4-46 所示。

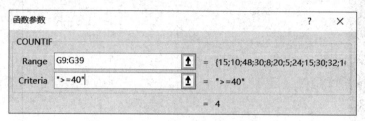

图 4-46　COUNTIF 函数参数设置

单击 J9 单元格，单击"插入函数"按钮，选择 MAX 函数，输入 G9:G39，然后确定。

最终 Sheet1 表操作结果如图 4-47 所示。

	停车情况记录表							统计情况	统计结果
	车牌号	车型	单价	入库时间	出库时间	停放时间	应付金额	停车费用大于等于40元的停车记录条数：	4
9	浙A12345	小汽车	5	8:12:25	11:15:35	3:03:10	15	最高的停车费用：	50
10	浙A32581	大客车	10	8:34:12	9:32:45	0:58:33	10		
11	浙A21584	中客车	8	9:00:36	15:06:14	6:05:38	48		
12	浙A66871	小汽车	5	9:30:49	15:13:48	5:42:59	30		
13	浙A51271	中客车	8	9:49:23	10:16:25	0:27:02	8		
14	浙A54844	大客车	10	10:32:58	12:45:23	2:12:25	20		
15	浙A56894	小汽车	5	10:56:23	11:15:11	0:18:48	5		
16	浙A33221	中客车	8	11:03:00	13:25:45	2:22:45	24		
17	浙A68721	小汽车	5	11:37:26	14:19:20	2:41:54	15		
18	浙A33547	大客车	10	12:25:39	14:54:33	2:28:54	30		
19	浙A87412	中客车	8	13:15:06	17:03:00	3:47:54	32		
20	浙A52485	小汽车	5	13:48:35	15:29:37	1:41:02	10		
21	浙A45742	大客车	10	14:54:33	17:58:48	3:04:15	30		
22	浙A55711	中客车	8	14:59:25	16:25:25	1:26:00	16		
23	浙A78546	小汽车	5	15:05:03	16:24:41	1:19:38	10		
24	浙A33551	中客车	8	15:13:48	20:54:28	5:40:40	48		
25	浙A56587	小汽车	5	15:35:42	21:36:14	6:00:32	30		
26	浙A93355	中客车	8	16:30:58	19:05:45	2:34:47	24		
27	浙A05258	大客车	10	16:42:17	21:05:14	4:22:57	50		
28	浙A03552	小汽车	5	17:21:34	18:16:42	0:55:08	5		
29	浙A57484	中客车	8	17:29:49	20:38:48	3:08:59	24		
30	浙A66565	小汽车	5	18:00:21	19:34:06	1:33:45	10		
31	浙A54912	大客车	10	18:33:16	21:56:18	3:23:02	40		
32	浙A56786	中客车	8	18:46:48	20:48:12	2:01:24	16		
33	浙A94658	小汽车	5	19:05:21	19:45:23	0:40:02	5		
34	浙A25423	大客车	10	19:30:45	20:17:06	0:46:21	10		
35	浙A24422	大客车	10	20:25:14	21:35:17	1:10:03	10		
36	浙A54412	中客车	8	20:54:43	22:13:12	1:18:29	16		
37	浙A68824	小汽车	5	21:02:32	21:14:47	1:12:15	5		
38	浙A25444	小汽车	5	21:06:35	23:28:45	2:22:10	15		
39	浙A68986	中客车	8	22:30:44	23:15:13	0:44:29	8		

图 4-47　Sheet1 表操作结果

（5）将"停车情况记录表"复制到 Sheet2 中，并对 Sheet2 进行高级筛选，将结果保存在 Sheet2 中。筛选条件："车型"为小汽车，"应付金额"$\geqslant 30$。

① 复制过程中，将标题项"停车情况记录表"连同数据一同复制。

② 复制数据并粘贴时，数据表必须顶格放置。

操作步骤：单击 Sheet1 表，选择 A7:G39 区域，按组合键 Ctrl+C 复制；单击 Sheet2 表的 A1 单元格，右击并选择"粘贴"→"粘贴值"命令。

空白处设置筛选条件区域：在 Sheet2 表的 I2:J3 区域设置筛选条件，如图 4-48 所示。

（6）根据 Sheet1 中的"停车情况记录表"创建一张数据透视图，保存在 Sheet3 中。

① 显示各种车型所收费用的汇总。

② X 坐标设置为"车型"。

③ 求和项为"应付金额"。

车型	应付金额
小汽车	≥30

图 4-48 高级筛选设置

操作步骤：单击 Sheet1 表的 A8 单元格，在"插入"功能选项区"图表"工具组中选择"数据透视图"下的"数据透视图"，弹出"创建数据透视表"对话框，在对话框中，将"选择放置数据透视图的位置"设为"现有工作表"，位置选择 Sheet3 中的 A1 单元格，设置效果如图 4-49 所示。

图 4-49 创建数据透视表

在窗口右侧"数据透视表安段列表"中选择"车型"，将其放置于"轴字段"中；选择"应付金额"，将其放置于"数值"区域中。完成后的数据透视表和数据透视图如图 4-50 所示。

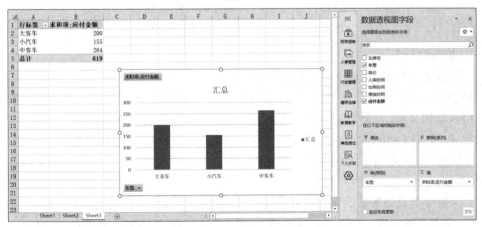

图 4-50 数据透视图效果

习 题

一、判断题

1. 如需编辑公式,可单击"插入"功能选项卡中的 fx 按钮来启动公式编辑。　　　(　　)
2. 在 Excel 中,符号"&"是文本运算符。　　　(　　)
3. 数据透视表中的字段是不能进行修改的。　　　(　　)
4. HLOOKUP 函数是在表格或区域的第一行搜寻特定值。　　　(　　)
5. 自动筛选的条件只能是一个,高级筛选的条件可以是多个。　　　(　　)

二、单项选择题

1. 下列函数中,(　　)函数不需要参数。
   A. DATE　　　　B. DAY　　　　　　C. TODAY　　　　D. TIME
2. 某单位要统计各科室人员工资情况,按工资从高到低排序,若工资相同,则以工龄降序排列。以下正确的做法是(　　)。
   A. 主要关键字为"科室",次要关键字为"工资",第二个次要关键字为"工龄"
   B. 主要关键字为"工资",次要关键字为"工龄",第二个次要关键字为"科室"
   C. 主要关键字为"工龄",次要关键字为"工资",第二个次要关键字为"科室"
   D. 主要关键字为"科室",次要关键字为"工龄",第二个次要关键字为"工资"
3. 在一个表格中,为了查看满足部分条件的数据内容,最有效的方法是(　　)。
   A. 选中相应的单元格　　　　　　　　B. 采用数据透视表工具
   C. 采用数据筛选工具　　　　　　　　D. 通过宏来实现
4. 使用 Excel 的数据筛选功能,是将(　　)。
   A. 满足条件的记录显示出来,而删除掉不满足条件的数据
   B. 不满足条件的记录暂时隐藏起来,只显示满足条件的数据
   C. 不满足条件的数据用另外一个工作表来保存起来
   D. 将满足条件的数据突出显示
5. 在 Excel 中使用填充柄对包含数字的区域复制时应按住(　　)键。
   A. Alt　　　　　B. Ctrl　　　　　　C. Shift　　　　　D. Tab

三、操作题

打开"服装采购表.xlsx"文件,完成以下操作。

(1) 在 Sheet1 中,使用条件格式奖"采购数量"列中数量小于 50 的单元格中字体颜色设置为红色,加粗显示;大于 100 的单元格中字体颜色设置为绿色,加粗显示。

(2) 使用 VLOOKUP 函数,对 Sheet1 中"采购表"的"单价"列进行填充。

① 根据"价格表"中的商品单价,使用 VLOOKUP 函数,将其单价填充到采购表中的"单价"列中。

② 函数中参数如果需要用到绝对地址的,请使用绝对地址进行答题,其他方式无效。

(3) 使用逻辑函数,对 Sheet1"采购表"中的"折扣"列进行填充。要求:

根据"折扣表"中的商品折扣率,使用相应的函数,将其折扣率填充到采购表中的"折扣"

列中。

（4）使用公式，对 Sheet1 中"采购表"的"合计"列进行计算。

根据"采购数量""单价"和"折扣"，计算采购的合计金额，将结果保存在"合计"列中。计算公式为"单价＊采购数量＊（1－折扣率）"。

（5）使用 SUMIF 函数，计算各种商品的采购总量和采购总金额，将结果保存在 Sheet1 中"统计表"中相应的位置。

（6）使用 Countif 函数，计算各种商品的采购次数，将结果保存在 Sheet1 中的"次数统计表"当中相应的位置。

（7）将 Sheet1 中的"采购表"复制到 Sheet2 中，并对 Sheet2 进行高级筛选。

① 要求如下。筛选条件为："采购数量">150，"折扣率">0；将筛选结果保存在 Sheet2 中。

② 注意以下几点。

无须考虑是否删除或移动筛选条件；

复制过程中，将标题项"采购表"连同数据一同复制；

复制数据表后，粘贴时，数据表必须顶格放置；

复制过程中保持数据一致。

（8）根据 Sheet1 中的"采购表"，新建一个数据透视图，保存在 Sheet3 中。

① 该图形显示每个采购时间点所采购的所有项目数量汇总情况；

② X 坐标设置为"采购时间"；

③ 求和项为采购数量；

④ 将对应的数据透视表也保存在 Sheet3 中。

第 5 章
演示文稿 PowerPoint 2019

学习目标

- 熟练掌握演示文稿内容的设计,以及文档主题、配色方案、模板等的编辑操作。
- 熟练掌握演示文稿内容的设置,动画设置,切换设置,声音设置,超链接设置等。
- 熟练掌握演示文稿的管理、打印、放映的方法。

Microsoft Office PowerPoint 2019 是微软公司的演示文稿软件。它将文字、图片、图表、动画、声音、影片等素材有序地组合在一起,把复杂的问题以简单、形象、直观的形式展示出来,从而提高汇报、宣传、教学等效果,它被商业人员、教师、学生和培训人员广泛使用。本章安排两个任务,分别制作"电子音乐相册""走进浙江"两个演示文稿,读者通过对内容制作、动画设置、切换应用等的学习,可以掌握 PowerPoint 2019 的基本应用。

任务 5.1 "电子音乐相册"的制作

任务描述

用 PowerPoint 2019 可以制作漂亮的电子相册,可以轻松地将自己拍摄的相片或喜爱的图片制作成演示文稿,成为一个精美的电子音乐相册。通过本任务的完成,使学生能精通幻灯片主题知识的应用,并能合理、有技巧地使用幻灯片动画和切换技术,使学生深切体会到学习制作电子相册的实际意义。"电子音乐相册"演示文稿效果如图 5-1 所示。

图 5-1 "电子音乐相册"效果

5.1.1 应用幻灯片主题

PowerPoint 2019 演示文稿可以通过使用主题功能来快速地美化和统一每一张幻灯片的风格。在"设计"功能选项卡"主题"工具组中单击"其他"按钮,打开主题库,从中可以非常轻松选择某一个主题。将光标移动到某一个主题上,就可以实时预览到相应的效果。单击某一个主题,就可以将该主题快速应用到整个演示文稿中。

如果对主题效果的某一部分元素不满意,可以通过颜色、字体或者效果进行修改。如果对自己选择的主题效果满意,还可以将其保存下来,以供以后使用。在"主题"功能区中单击"其他"按钮,执行"保存当前主题"命令,如图 5-2 所示。

图 5-2　主题列表框

5.1.2　插入对象

1. 插入艺术字

在"插入"功能选项卡的"文本"工具组中单击"艺术字"按钮,在弹出的下拉列表中选择一种艺术字样式,再在幻灯片编辑区单击,出现文本框后输入文字。

下面编辑艺术字。在"开始"功能选项卡的"字体"工具组中根据需要设置字体、字号、颜色等。选中艺术字,功能选项卡中会出现"绘图工具—格式"功能选项卡,在"形状样式"工具组中与"艺术字样式"工具组中,可对艺术字进行设置,如图 5-3 所示。也可选中艺术字,右击并用命令设置形状格式。

图 5-3　"形状样式"与"艺术字样式"工具组

2. 插入图片

单击"插入"→"图像"→"图片"按钮,弹出"插入图片"对话框,选择要插入的图片,再单击"插入"按钮。

单击选中插入的图片,在功能选项卡中会出现"图片工具—格式"功能选项卡,可用相关工具对图片进行设置。或单击选中插入的图片,右击,在弹出的菜单中可以选择"大小和位置""设置图片格式"等命令对图片进行设置。

3. 插入联机图片

在设计幻灯片中,少不了使用从网络上搜索图片即联机图片,单击"插入"功能选项卡"图像"工具组中的"联机图片"按钮,弹出"联机图片"对话框。联机图片选项中提供两种方式:第一种是必应图片搜索,第二种是 onedrive 个人(onedrive 个人指的是个人的网络存储),如图 5-4 所示。

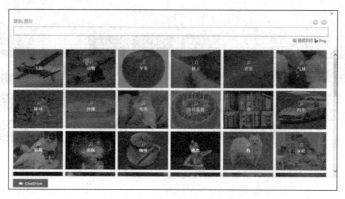

图 5-4　联机图片选项

选择必应图片搜索,直接必应图片搜索(不输入检索关键词)进入必应图片高级检索界面,可以根据分类检索,也可以输入检索的关键字。如书本,回车开始检索。很快就会显示出检索结果,如图 5-5 所示。在搜索结果中还可以通过 ▽ 来设置筛选条件、选择搜索范围。单击选择自己需要的图片,此时插入按钮变为可选状态,单击插入,选择的图片就顺利插入到文档中了。

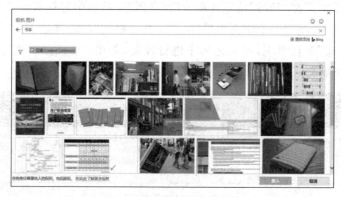

图 5-5　联机图片搜索结果

插入的联机图片(或图片)被选中时,会出现"图片工具—格式"功能选项卡,如图 5-6 所示,可对插入的对象进一步调整与设置。

4. 插入屏幕截图

PowerPoint 2019 中新增了插入屏幕截图功能。打开需要插入屏幕截图的 PPT 文档,选择"插入"功能选项卡,在"图像"工具组中单击"屏幕截图",在其下拉列表中选择"可用的视窗"选项。单击之后即插入当前活动图口的截图。也可以选择"屏幕剪辑"选项,再拖动鼠

图 5-6　"图片工具—格式"选项卡

标截图,就会在 PPT 中插入当前的屏幕截图。

5. 插入幻灯片日期、时间和编号

在制作幻灯片的时候,为了标识制作的时间,可以加上时间显示;另外为了便于编辑和辨认,可给幻灯片加上编号。

打开 PowerPoint 2019,新建一个空白幻灯片文档,单击"插入"功能选项卡"文本"工具组中的"日期和时间"按钮,再进行选项设置。要插入日期和时间可在"页眉和页脚"对话框中选中"日期与时间"选项,再单击选择"自动更新"选项,从下拉列表中可选择不同的日期、时间格式,如图 5-7 所示。

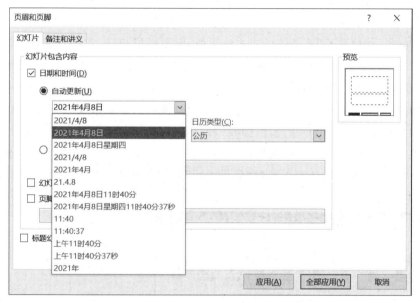

图 5-7　幻灯片中插入日期、时间

再选中"幻灯片编号"选项,单击"全部应用"按钮(注意,如果单击"应用"按钮,只对当前这张幻灯片有效),则每一张幻灯片,包括新增的幻灯片都会显示日期、时间和编号。显示的位置如图 5-8 所示。

如果要取消日期和编号,则在图 5-7 中取消选中"时间和日期"以及"幻灯片编号"等选项,然后单击"全部应用"按钮即可。

5.1.3　添加幻灯片动画效果

Microsoft PowerPoint 2019 演示文稿中的文本、图片、形状、表格、SmartArt 图形和其

图 5-8　插入日期、时间和编号的位置

他对象可以制作成动画,赋予它们进入、退出、大小或颜色的变化甚至移动等视觉效果。具体有以下四种动画效果,如图 5-9 所示。

"进入"效果:在"动画"功能选项卡"动画"工具组中选择"进入"或"更多进入效果"。

"强调"效果:在"动画"功能选项卡"动画"工具组中选择"强调"或"更多强调效果",有"基本型""细微型""温和型"及"华丽型"四种特色动画效果。

"退出"效果:与"进入"效果的设置方法类似,但是效果相反,它是对象退出时所表现的动画形式。在"动画"功能选项卡"动画"工具组中选择"退出"或"更多退出效果"即可。

"动作路径"效果:这种动画效果是根据形状或者直线、曲线的路径来展示对象游走的路径。使用这些效果可以使对象上下移动、左右移动或者沿着星形或圆形图案移动。

上面四种动画效果可以单独使用任何一种,也可以将多种效果组合在一起。

为对象添加一种动画效果的方法是:选择对象后,单击"动画"工具组中的任意一种动画即可。添加一个动画后,还可以通过"效果选项"对其效果进行设置,如图 5-10 所示。

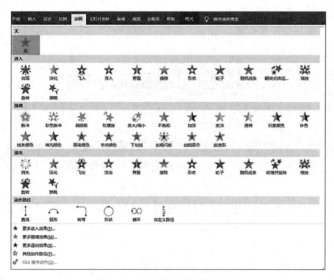

图 5-9　"动画"效果下拉菜单

图 5-10　效果选项

5.1.4　添加幻灯片高级动画效果

在"动画"功能选项卡中有"高级动画"工具组,包含了"添加动画""动画窗格""触发器""动画刷"四个高级动画按钮。

1."添加动画"按钮

该按钮可为对象添加多种动画效果。方法是:选中对象后,首先单击"动画"→"高级动画"→"添加动画"按钮,选择一动画效果。添加第二个动画效果的方法类似。

2."动画窗格"按钮

"动画窗格"能够对幻灯片中对象的动画效果进行设置,包括播放动画,设置动画播放顺序和调整动画播放的时长等。单击"动画窗格"按钮,打开的窗格中按照动画的播放顺序列出了当前幻灯片中的所有动画效果,单击"全部播放"按钮,将能够播放幻灯片中的动画。

在"动画窗格"窗格中按住鼠标左键拖动"动画选项",可以改变其在列表中的位置,进而改变动画在幻灯片中播放的顺序。

使用鼠标按住左键拖动时间条,左右两侧的边框可以改变时间条的长度,长度的改变意味着动画播放时长的改变。将鼠标指针放置到时间条上,将会提示动画开始和结束的时间。拖动时间条改变其位置,将能够改变动画开始的延迟时间。

单击"动画窗格"底部的"秒"按钮,在下拉列表中选择相应的选项,可以使窗格中时间条放大或缩小,以方便对动画播放时间进行设置。

3."触发器"按钮

"触发器"是 PowerPoint 中的一项功能,它可以是一个图片、文字、段落、文本框等,相当于是一个按钮。在 PPT 中设置好触发器功能后,单击触发器会触发一个操作,该操作可以是播放音乐、影片、动画等。

添加幻灯片高级
选项效果

4."动画刷"按钮

"动画刷"可以复制一个对象的动画,并应用到其他对象。它复制的只是动画格式。单击"动画"→"高级动画"→"动画刷"按钮(单击动画刷,动画刷工具只能使用一次;双击动画刷就可以多次使用,直到再次单击使"动画刷"退出),当鼠标光标变成刷子形状时,单击需要设置自定义动画的对象即可。

5.1.5　设置幻灯片切换效果

演示文稿放映过程中,由一张幻灯片进入另一张幻灯片就是幻灯片之间的切换。为了使幻灯片放映更具有趣味性,在幻灯片切换时可以使用不同的技巧和效果。PowerPoint 2019 为用户提供了细微型、华丽型、动态内容三大类切换效果。设置切换效果方法是:打开需要设置切换效果的演示文稿,选择"切换"功能选项卡,在"切换到此幻灯片"工具组中选择一种切换效果,如图 5-11 所示。如果想选更多的其他效果,可以单击"其他",然后从打开的效果列表中选择一种。设置了切换效果以后,还可以对其"效果选项"进行效果设置,或者用"计时"工具组中的"声音""持续时间""是否全部应用""切换方式"等进行相应设置。

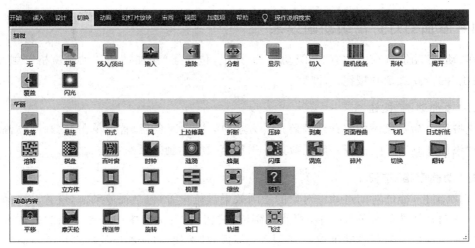

图 5-11　"切换"功能选项卡

5.1.6　PPT 文字效果

PPT 中的文字是不可缺少的,文字的效果对美化演示文稿也是重要的一环。选中文字后,通过"绘图工具"功能选项卡下面的"形状样式"工具组和"艺术字样式"工具组中的工具进行设置,从而对文字进行美化。

5.1.7　绘制和美化图形

为了使制作的演示文稿更具个性化、更美观,往往需要插入图形。演示文稿中插入图形的方法是:单击"插入"功能选项卡"插图"工具组中的形状,从下拉列表选择喜欢的形状,如图 5-12 所示,再到幻灯片编辑区拖动鼠标创建所选择的形状图形。如果要绘制正方形或圆形,在鼠标拖动时要同时按住 Shift 键。

选中绘制的图形,会出现"绘图工具—格式"功能选项卡,用"形状样式"工具组的选项可对插入的形状进一步进行设置,如图 5-13 所示。

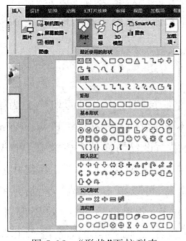

图 5-12　"形状"下拉列表

图 5-13　"形状样式"工具组

5.1.8 设置幻灯片链接

1. 缩放定位

缩放定位有三种类型,分别是摘要缩放定位、节缩放定位、幻灯片缩放定位。

所谓摘要缩放定位,就是将每页 PPT 建立一个节,然后将每一节的缩略图作为摘要。

节缩放定位和摘要缩放定位基本上类似。摘要缩放定位,是在 PPT 没有建立节的时候,可以插入里面生成节和摘要;节缩放定位,PPT 中必须要有"节"才可以插入。

所谓幻灯片缩放定位,也是选择一些幻灯片,然后在第一页建立缩略图。

2. 超链接设置

超链接是指从一个幻灯片到另一个幻灯片,自定义放映,设置网页或文件的链接。超链接本身可以是文本或对象(如文本框、图片、图形、形状或艺术字)。超链接的设置方法是:选中要设置超链接的文字,选择"插入"功能选项卡"链接"工具组中的"链接",弹出"插入超链接"对话框,如图 5-14 所示,选择"在本文档中的位置",在右边的列表框中选择所选文字需要链接到的幻灯片。添加超链接后,文字下面多了一条下划线,而且字体颜色也发生了变化。链接需要在放映的状态下才有效,在放映状态下,单击设置了超链接的文字,即跳转到所设置链接到的幻灯片。

图 5-14 "插入超链接"对话框

其他选项作用如下。

"现有文件或网页":可链接到另一演示文稿(选择一文稿)或网页(地址栏输入完整的网页地址)。

"新建文档":链接到一个直接建立的新文档。

"电子邮件地址":在电子邮件地址栏里输入正确的 E-mail 地址,即可链接到电子邮件。

要取消已建立的超链接,可选中已添加超链接的文字,右击,在弹出的快捷菜单中选择"取消超链接"命令即可。

5.1.9 动作设置

动作设置是为某个对象(如文字、文本框、图片、形状或艺术字等)添加相关动作而使其变成一个按钮,通过单击按钮,可以跳转到其他幻灯片或文档。设置方法如下:选择"插入"功能选项卡"链接"工具组中的"动作",弹出"动作设置"对话框,在"单击鼠标"与"鼠标悬停"选项卡中都一个"超链接到"选项,从下拉列表中需链接的位置,单击"确定"按钮。

5.1.10 修改超链接颜色

插入超链接后,系统直接默认给一种颜色。如果想更换超链接颜色,可单击"设计"功能选项卡"变体"工具组中的"颜色"按钮,打开"颜色"下拉列表并找到"自定义颜色"。在弹出的对话框内设置"超链接"和"已访问的超链接",可根据个人喜好进行颜色设置。

任务实施

任务实施　电子音乐
相册制作

1. 新建演示文稿

打开 PowerPoint 2019 软件自动新建一个演示文稿,保存为"电子音乐相册.pptx"。单击"设计"功能选项卡,选择"徽章"主题。

选择"变体"工具组中的"蓝色徽章",最后在"自定义"工具组中的"幻灯片大小"选项中选择"宽屏(16∶9)"。

2. 相册封面设计

(1) 插入图片。选择"插入"功能选项卡"插图"工具组中的"形状",再选择"椭圆"工具,按住 Shift 键绘制一个圆形,比背景中的圆稍小一点,放置好位置,如图 5-15 所示。

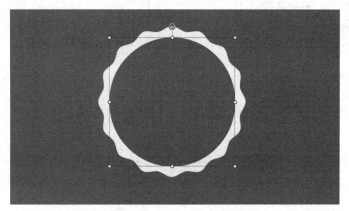

图 5-15　插入圆形

选中该圆形,出现"绘图工具"功能选项卡,在"形状样式"工具中的"形状填充"中选择"图片",选取本地素材文件夹中的图片进行填充,如图 5-16 所示,设置形状轮廓为白色,大小为 3 磅。

(2) 插入艺术字。选择"插入"功能选项卡"文本"工具组中的"艺术字",选择"图案填充:金色,主题色 5,浅色下对角线;边框:金色,主题色 5",输入文字"美好童年",设置字体为"字魂 27 号-布丁体",字号为 100。

(3) 插入日期时间。选择"插入"功能选项卡,在"文本"中单击"页眉和页脚"或"日期和时间",在打开的"页眉和页脚"对话框中进行设置。选中"日期和时间"复选框,选择"自动更

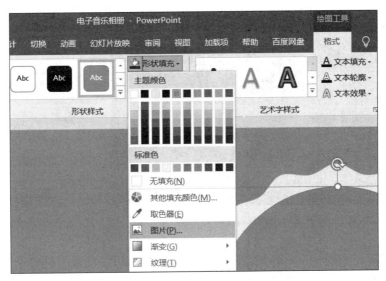

图 5-16　图片填充形状

新"选项,在"可用的格式"中选择"2021 年 4 月 8 日"格式,再单击"应用"按钮,设置日期字体为"字魂 27 号-布丁体",字号为 24。

　　(4)插入背景音乐。选择"插入"功能选项卡,在"媒体"工具组中单击"音频"下的"PC上的音频",选择素材文件夹中的"三只小熊.mp3",插入文档中,会有一个喇叭图标及播放控制条。选中喇叭图标,在"音频工具—播放"功能选项卡的"单频选项"工具组中选中"跨幻灯片播放""循环播放,直到停止""放映时隐藏"等复选框,如图 5-17 所示。

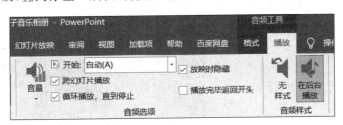

图 5-17　音频播放的设置

　　电子音频相册封面设计完毕,最终效果如图 5-18 所示。

3. 相册内页 1 设计

　　新建幻灯片,删除所有占位符,在空白处右击,在弹出的快捷菜单中选择"设置背景格式"命令,然后将"填充"设置为"渐变填充",如图 5-19 所示。

　　(1)导航栏设计。包括以下个几个方面。

　　导航背景设计:在"插入"功能选项卡"插图"工具组中选择"形状:矩形",设置形状填充为主题蓝色,边框为黑色、1 磅。

　　上下翻页键设计:在"插入"功能选项卡"插图"工具组中选择"形状:V 形箭头",设置样式为"细微笑效果-水绿色,强调颜色 1",边框线为无,旋转调整好方向,放置好位置。

图 5-18 电子音频相册封面最终效果图

图 5-19 设置渐变填充

缩略图设置：在"插入"功能选项卡"图像"工具组中选择"图片"，选择素材文件夹中相对应的图片并同时插入四张图片，同时选中四张图片，设置图片高为 2 厘米，宽为 3 厘米；设置图片边框为白色、虚线、0.75 磅；设置图片样式为"映像圆角矩形"。用对齐工具将图片左对齐，纵向分布并排列好位置。

（2）展示栏设计。在"插入"功能选项卡"图像"工具组中选择"图片"，从素材中选取四张图片并进行插入。取消选中"锁定纵横比"及"相对于图片原始尺寸"选项，设置图片高为16.5 厘米，宽为 25 厘米，如图 5-20 所示。设置图片样式为"映像棱台，白色"，设置左对齐、顶端对齐。把四张图片放置好，最终效果图如图 5-21 所示。

图 5-20 设置图片大小

图 5-21 内页 1 效果图

4. 动画设计

（1）封面动画设计。包括以下动画效果设计。

设置"三只小熊"音乐开始动画为"与上一动画同时"。

设置封面图片的"进入"动画为"轮子"，"效果选项"为"8 轮辐图案"，"开始时间"为"与上一动画同时"。

设置标题"美好童年"的"进入"动画为"更多进入效果…"中的"掉落"，"开始时间"为"上一动画之后"。

图 5-22　设置封面动画

设置日期的"进入"动画为"展开","开始时间"为"上一动画之后"。

封面动画窗格的效果如图 5-22 所示。

（2）展示图 1 动画设计。设置"展示图 1"的"进入"动画为"切入","效果选项"为"自左侧","触发"功能通过单击内页 1 缩略图实现。内页 1 缩略图与展示图 1 照片是一一对应的，如图 5-23 所示。

用同样的方法实现后面三张展示图的动画及触发效果。

图 5-23　内页 1 缩略图与展示图 1

5. 内页 2 设计

在幻灯片大纲中选中"内页 1"，右击，选择"复制幻灯片"命令，如图 5-24 所示，复制出内页 2。选中"内页 2"中的"缩略图 1"，右击并选择"更改图片"命令，如图 5-25 所示，从本地硬盘上选择内页 2 相对应的照片。使用同样的方法更改内页 2 上所有的图片。

图 5-24　复制幻灯片

图 5-25　更改图片内容

6. 封面切换效果

在幻灯片大纲中选择"封面",在"切换"功能选项卡"切换到此幻灯片"工具组中选择"溶解",设置"切换方式"为"单击鼠标时",如图 5-26 所示。

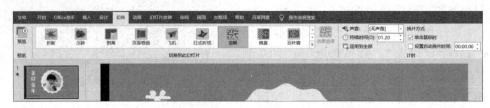

图 5-26　封面切换效果

7. 超链接设置

设置内页 1 的"上翻页键"链接至"封面","下翻页键"链接至"内页 2"。

设置内页 2 的"上翻页键"链接至"内页 1","下翻页键"链接至"封面"。

任务 5.2　"走近浙江"PPT 演示文稿制作

任务描述

晓娟报名参加学校开展的以"我的家乡"为主题的演讲比赛,如何能够制作出一个吸引人眼球又方便修改的 PPT 呢?晓娟决定使用母板设计统一的版式,快速制作出一个美观大方的演示文稿,为此次的演讲锦上添花。

通过这一任务的完成,使学生能精通母版知识的应用,并能合理、有技巧地使用幻灯片动画和切换技术。

"走进浙江"演示文稿效果如图 5-27 所示。

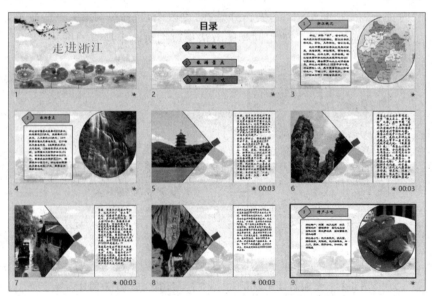

图 5-27　"走进浙江"演示文稿最终效果图

5.2.1　幻灯片母版

PowerPoint 2019 包含三个母版,即幻灯片母版、讲义母版和备注母版。当需要设置幻灯片风格时,可以在幻灯片母版视图中进行设置;当需要将演示文稿以讲义形式打印输出时,可以在讲义母版中进行设置;当需要在演示文稿中插入备注内容时,则可以在备注母版中进行设置。

幻灯片母版

1. 幻灯片母版

幻灯片母版是存储模板信息的设计模板的一个元素。幻灯片母版中的信息包括字形、占位符大小和位置、背景设计和配色方案。用户通过更改这些信息,就可以更改整个演示文稿中幻灯片的外观。

新建一个演示文稿,在"视图"功能选项卡"母版视图"工具组中单击"幻灯片母版"按钮,打开幻灯片母版视图,如图 5-28 所示,默认情况下包含一个主母版和 11 个版式母版。

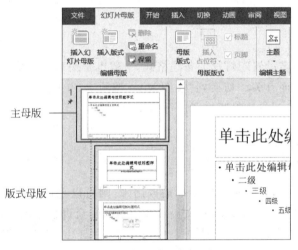

图 5-28　幻灯片母版视图

主母版上的操作影响所有版式母版。例如,从左侧列表中选中主母版,右击,在弹出快捷菜单中选择"设置背景格式"→"填充"→"图片或纹理填充"→"文件",插入一幅图片,即在主母板上插入一背景图片。这时可以发现除了主母板,各版式母板的背景也随之改变,如图 5-29 所示。

在版式母版上的操作,只对该版式的幻灯起作用。例如,选择"标题版式"母版,在编辑区插入文字"版式母版",如图 5-30 所示,则只有该版式母版的内容改变。

2. 讲义母版

讲义母版是为制作讲义而准备的,通常需要打印输出,因此讲义母版的设置大多和打印页面有关,它允许设置一页讲义中包含几张幻灯片,并设置页眉、页脚、页码等基本信息。在讲义母版中插入新的对象或者更改版式时,新的页面效果不会反映在其他母版视图中。

图 5-29   主母板的编辑

图 5-30   版式母版的编辑

3. 备注母版

备注母版主要用来设置幻灯片的备注格式,一般也是用来打印输出的,所以备注母版的设置大多也和打印页面有关。切换到"视图"功能选项卡,在"演示文稿视图"工具组中单击"备注母版"按钮,可打开备注母版视图进行相关操作。

5.2.2   演示文稿的放映

1. 自定义放映

演示文稿做好以后,有时不需要全部播放出来,则可以采用自定义放映,只播放选中的幻灯片页面。自定义放映是缩短演示文稿或面向不同受众进行定制的好方法。自定义放映操作如下:单击"幻灯片放映"功能选项卡中"开始放映幻灯片"工具组的"自定义幻灯片放映"按钮,弹出"自定义放映"对话框;单击"新建"按钮,弹出"定义自定义放映"对话框,如图 5-31 所示。输入"幻灯片放映名称",默认为"自定义放映 1";把需要播放的幻灯片从"在演示文稿中的幻灯片"添加到"在自定义放映中的幻灯片"一栏,单击"确定"按钮。设置完成

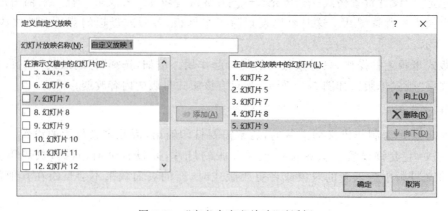

图 5-31   "定义自定义放映"对话框

后,再次单击"幻灯片放映"功能选项卡"开始放映幻灯片"工具组中的"自定义幻灯片放映"按钮,从下拉列表中可以看到"自定义放映 1",如图 5-32 所示,单击"自定义放映 1"即可播放选定的幻灯片。

图 5-32　自定义放映

2. 排练计时

通过排练计时功能可为每张幻灯确定适当的放映时间,并把这个时间记录下来,从而更好地实现自动放映幻灯片的功能。使用排练计时功能记录幻灯片放映时间的操作方法如下:打开演示文稿,在"幻灯片放映"功能选项卡"设置"工具组里单击"排练计时"按钮,这时会放映幻灯片,左上角出现一个录制的方框,方框里可以设置暂停、继续等功能。这时可由操作者手动控制每一张幻灯片的放映时长,单击则切换一张幻灯片。等结束放映,会出现提示"幻灯片放映共需时长,是否保存新的换灯片排练时间",单击"是"按钮,会记录下每一张幻灯片所播放的时长。在"视图"功能选项卡中,将幻灯片视图选为"幻灯片浏览",即可查看每一张幻灯片播放需要的时间。

3. 设置幻灯片放映

演示文稿制作完成后,有的由演讲者播放,有的让观众自行播放,这需要通过设置幻灯片放映方式进行控制。设置放映方式的操作方法如下:打开需要放映的演示文稿,单击"幻灯片放映"功能选项卡"设置"工具组中的"设置换灯片放映"按钮,弹出"设置放映方式"对话框,如图 5-33 所示,选择一种"放映类型"(如"观众自行浏览"),确定"放映幻灯片"范围(如第 2~5 张),设置好"放映选项"(如"循环放映,按 Esc 键终止"),单击"确定"按钮。

图 5-33　"设置放映方式"对话框

5.2.3　打印演示文稿

打印演示文稿具体操作方法如下：选择"文件"→"打印"命令，右侧展开"打印"页面，如图 5-34 所示，可以进行打印设置。比如：设置幻灯打印的份数，选择打印机设备、打印范围、打印格式，设置每页打印几张幻灯、幻灯片打印的纸张方向、打印颜色等，设置完毕就可以打印了。其中打印范围自定义时，如"2，4，6-10"的意思是打印第 2、4、6、7、8、9、10 张幻灯片，其中"，"为打印不连续页面的分隔，"-"为打印连续页面的表示。

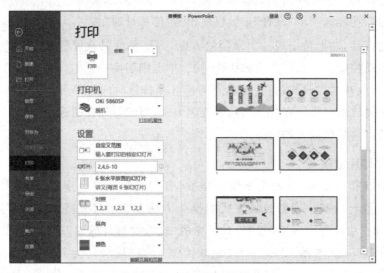

图 5-34　打印参数设置

5.2.4　打包演示文稿

在没有安装 PowerPoint 2019 软件和 Flash 软件的计算机上，利用打包功能也能播放幻灯片。

1. 将演示文稿打包成 CD

运行 PowerPoint 2019，打开一演示文稿，选择"文件"→"导出"→"将演示文稿打包成CD"命令，再单击"打包成 CD"按钮，如图 5-35 所示，这个时候会弹出"打包成 CD"窗口，然后可进行添加和删除幻灯片的操作。再单击"复制到文件夹"按钮，在弹出的"复制到文件夹"窗口中设定文件夹的名称以及文件存放的路径。再单击"确定"按钮进行打包。等待系统打包完成，会在刚才指定的路径下生成一个文件夹，打开它，可以在文件窗口中看到AUTORUN.INF 自动运行文件。如果是将演示文稿打包到 CD 光盘上，则它具备自动播放功能。

在以前的 Office 2003 中，选择打包成 CD 功能后会自动将所有的视频、声音等文件复制到同一个目录下，并且会将 pptview.exe 这个播放器一并复制，这样在其他计算机上都能正常播放 PPT。而现在的 Office 2019 版，打包 CD 后，里面没有播放器了，如果其他计算机上没有安装 Office 2019，那么就无法播放幻灯片了。PowerPoint 2019 打包成 CD 后，有一文件夹PresentationPackage 下有 PresentationPackage.html 文件，打开该文件后，如图 5-36 所示。

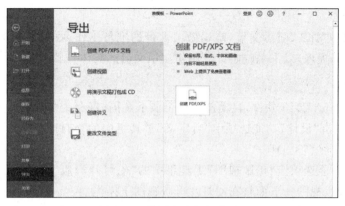

图 5-35　演示文稿打包成 CD

图 5-36　打开 PresentationPackage.html 文件

2. 创建视频演示文稿

PowerPoint 2019 提供了直接将演示文稿转换为视频文件的功能，其中可以包含所有未隐藏的幻灯片、动画甚至媒体等。

创建视频演示文稿的方法是：选择"文件"→"导出"命令，再展开"创建视频"选项，如图 5-37 所示。对各项进行设置后，单击"创建视频"按钮，选择保存地址，输入保存的文件名，单击"保存"按钮即可。这里创建的视频格式为".wmv"。

图 5-37　"创建视频"选项

任务实施

为了设计"走进浙江"演示文稿,晓娟做了大量的准备工作,收集了相关的图片素材,对文字素材也进行了提炼,以下是晓娟设计制作演示文稿的具体步骤。

1. 母版设计

打开 PowerPoint 2019 软件,自动新建一个演示文稿,保存为"走进浙江.pptx"。单击"设计"功能选项卡"自定义"工具组中的"幻灯片大小",并选择"宽屏(16:9)"。

任务实施　走进浙江

单击"视图"功能选项卡"母版视图"工具组中的"幻灯片母版"按钮,打开幻灯片母版视图。下面将在幻灯片母版视图下操作。

(1)主母版设计。选中主母版,右击,在弹出的快捷菜单中选择"设置背景格式"命令。在右侧展开的"设置背景格式"面板中选中"填充"图标,选择"图案或纹理填充"选项,"图片源"选项下单击"插入"按钮,从素材中选择背景图片,再修改透明度为 75%,如图 5-38 所示,单击"应用全部"按钮。

(2)"标题幻灯片版式"母版设计。选择"标题幻灯片版式"母版,在右侧"设置背景格式"面板中,把背景图片透明度从 75% 改为 15%,如图 5-39 所示。

图 5-38　主母版背景图设置

图 5-39　"标题幻灯片版式"母版背景图设置

单击"标题和内容幻灯片版式"母版编辑区,用 Ctrl+A 组合键选中"标题和内容幻灯片版式"母版编辑区中的所有占位符,按 Delete 键将其删除。"标题和内容幻灯片版式"母版效果如图 5-40 所示。

(3)"标题和内容版式"母版设计。用 Ctrl+A 组合键选中"标题幻灯片版式"母版编辑区中的所有占位符,按 Delete 键将其删除。在"幻灯片母版"功能选项卡"母版版式"工具组中单击"插入占位符"按钮,选择图片,如图 5-41 所示。在编辑区就会出现一个矩形图片占位符,当前该图片占位符是处于选中状态,选择"绘图工具—格式"功能选项卡"插入形状"工具组中的"编辑形状",选择"更改形状"→"箭头总汇"→"箭头:五边形",如图 5-42 所示。设置轮廓粗细为 2.25 磅,颜色为黑色;高为 19.05 厘米,宽为 17 厘米。"标题文字"字体为华文

图 5-40　在"标题版式母版"效果图

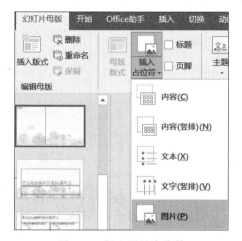

图 5-41　插入图片占位符

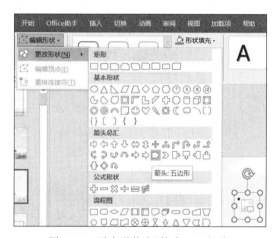

图 5-42　更改形状为"箭头：五边形"

新魏,字号为 44 磅。将其与编辑区左侧对齐。插入一矩形形状,设置外框为 2.25 磅、黑色;高为 19.05 厘米,宽为 11.5 厘米,内容填充为"无",将其与编辑区右侧对齐。最后插入一"文本"占位符,高为 18 厘米,宽为 10 厘米;设置文本字体为华文新魏、28 磅、黑色,放置在矩形形状上。插入两个矩形,分别用黄色和蓝色填充,用于装饰,效果如图 5-43 所示。

用同样的方法制作"节标题版式"母版,效果如图 5-44 所示。

标题序号：宋体,32 磅;标题：华文新魏,32 磅;内容文字：宋体,28 磅。

单击"幻灯片母版"功能选项卡下的"关闭母版视图"按钮,回到演示文稿的普通视图状态。

2. 幻灯片设计

以下操作都是在普通视图下进行。

(1) 首页幻灯片设计。"幻灯片"窗格中删除现有的所有幻灯片,然后单击"开始"功能选项卡"幻灯片"工具组中的"新建幻灯片"按钮,在弹出的下拉列表中选择"标题幻灯片"版式并插入一张。

插入艺术字"走进浙江",艺术字样式为"填充：水绿色,主题 5;边框白色,背景色 1;清晰阴影：水绿色,主题 5",如图 5-45 所示。文字高度为 3.5 厘米,宽度为 14 厘米,如图 5-46 所

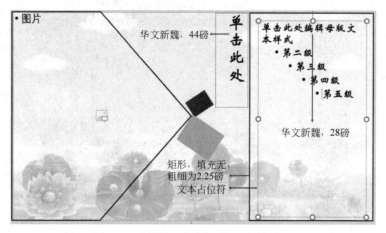

图 5-43 "标题和内容版式"母版效果图

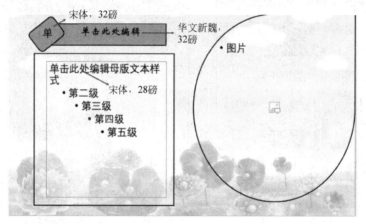

图 5-44 "节标题版式"母版效果图

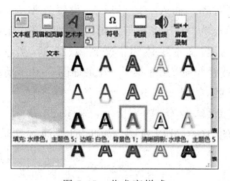

图 5-45 艺术字样式

图 5-46 设置文字大小

示。再放置好位置。插入树枝与花朵图片,也摆放好位置,如图 5-47 所示。

(2)目录页幻灯片设计。单击"开始"功能选项卡"幻灯片"工具组中的"新建幻灯片"按钮,在弹出的下拉列表中选择"空白"版式换灯片。插入"形状"与"文本"来完成目录页的制作。"目录"的字体为黑体,字号为 72 磅;"浙江概况"的字体为华文新魏,字号为 36 磅。线条粗细为 2.25 磅,边框粗细为 3 磅,如图 5-48 所示。

图 5-47 首页幻灯片设计效果

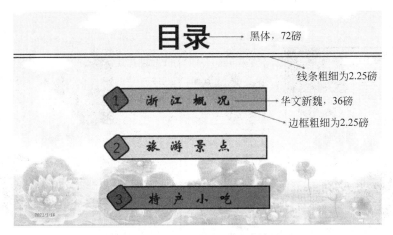

图 5-48 目录页幻灯片设计效果

（3）基于"节标题"版式的幻灯片设计。单击"开始"功能选项卡"幻灯片"工具组中的"新建幻灯片"按钮，在弹出的下拉列表中选择"节标题"版式，在相应的文字占位符内插入素材文字，图片占位符内插入素材图片，完成"节标题"版式幻灯片的设计，如图 5-49 所示。

（4）基于"标题与内容"版式的幻灯片设计。选中第 4 张幻灯片，即"2 旅游景点"这一张，再单击"开始"功能选项卡"幻灯片"工具组中的"新建幻灯片"按钮，在弹出的下拉列表中选择"标题幻和内容幻灯片"版式，在相应的文字占位符内插入素材文字，图片占位符内插入素材图片，完成"标题和内容"版式幻灯片的设计，如图 5-50 所示。

3. 添加动画效果

单击"视图"功能选项卡"母版视图"工具组的"幻灯片母版"按钮，打开幻灯片母版视图。

下面是在幻灯片母版视图下进行操作。

（1）"标题幻灯片 版式"母版动画设计（幻灯片 5～8 使用）。

① 图片占位："进入"动画为"自左侧擦除"，"开始"项为"与上一动画同时"。

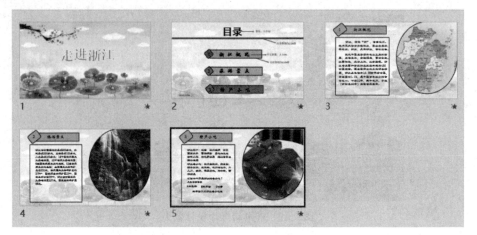

图 5-49 "节标题"版式的幻灯片设计效果

图 5-50 "标题与内容版式"幻灯片的制作

  ② 矩形蓝色:"进入"动画为"随机线条","开始"项为"与上一动画之后"。

  ③ 矩形黄色:"进入"动画为"随机线条","开始"项为"与上一动画之后"。

  ④ 标题文字:"动作路径"动画中的"直线"为从下往上,即从编辑区底部外面向上移动;"开始"项为"与上一动画之后"。单击"添加动画"按钮,为标题文字添加第二个动画为"强调动画"中的"放大/缩小"。在动画窗格中单击"放大/缩小"动画后面的下三角,从下拉列表中选择"效果选项",如图 5-51 所示。弹出"放大/缩小"动画设置对话框,在"效果"选项卡设置"尺寸"为"自定义"150%,如图 5-52 所示;选择"计时"选项卡,设置重复次数为 3,"开始"项为"与上一动画之后"。

  ⑤ 矩形:"进入"动画为"自右侧擦除","开始"项为"与上一动画之后"。

  ⑥ 文本占位符:"进入"动画为"自右侧擦除","开始"项为"与上一动画之后"。

  (2)"节标题"母版动画设计(幻灯片 3~4、9 使用)。

  ① 蓝色圆解矩形:"进入"动画为"自左侧擦除","开始"项为"与上一动画之后"。

  ② 序号:"进入"动画为"自左侧擦除","开始"项为"与上一动画同时"。

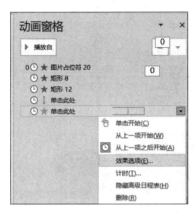

图 5-51　动画的效果选项

图 5-52　设置尺寸

③ 蓝色矩形："进入"动画为"自左侧擦除"，"开始"项为"与上一动画之后"。

④ 标题文字占位符："进入"动画为"自左侧擦除"，"开始"项为"与上一动画同时"。

⑤ 图片占位符："进入"动画为"轮子"，"效果选项"为"1 轮辐图案"，"开始"项为"与上一动画之后"。

⑥ 矩形框："进入"动画为"自顶部擦除"，"开始"项为"与上一动画同时"。

⑦ 文本占位符"进入"动画为"自顶部擦除"，"开始"项为"与上一动画同时"。

单击"幻灯片母版"功能选项卡下的"关闭母版视图"按钮，回到演示文稿的普通视图状态。

（3）首页幻灯片动画设计。以下为普通视图下进行操作。

① "走进浙江"文字："进入"动画为"自左侧擦除"，"开始"项为"与上一动画同时"。

② 树干："进入"动画为"自左侧擦除"，"开始"项为"与上一动画同时"。

③ 花簇："进入"动画为"轮子"，"效果选项"为"1 轮辐图案"，"开始"项为"与上一动画之后"。

④ 花朵飘落："进入"动画为"淡化"；再添加第二个动画，单击"添加动画"，选择动画中的"动作路径"→"自定义路径"，用鼠标画出花朵从上向下飘落的路径，路径花长一点，让花朵最后飘出底部界限。可以制作一个花朵的飘落动画，后面的可以复制、粘贴出来，放置于不同位置，让花朵从不同的地方掉下来，还需要在"计时"工具组里设置好花朵出来的延时时间，让花朵不定时地出现掉落，而不是同时出现掉落，如图 5-53 所示。

（4）目录页动画设置。目录页动画设置可以自行制作，不再赘述。

（5）触发器动画设置。在第 9 页，即最后一页"特产小吃"最后有一个答题，可以查看结果，这里用触发器来实现。用文本框 1 放置"点我查看答案"文本，用文本框 2 放置答案，如图 5-54 所示。一开始，答案是隐藏的，单击文本框 1 时才显示出来。

选中文本框 1 及下面的 A、B、C 选项，设置"进入"动画为"随机线条"，"开始"项为"与上一动画之后"。

选中文本框 2，设置"进入"动画为"随机线条"。再在"高级动画"工具组里选择"触发"→"通过单击"→"文本框 1"，如图 5-55 所示。

图 5-53　花朵飘落路径

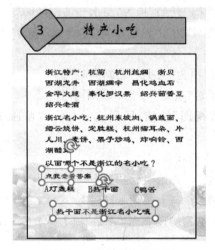

图 5-54　两个文本框设置

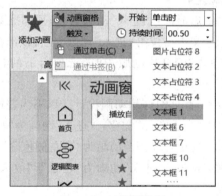

图 5-55　触发器设置

至此,幻灯片的动画效果设置完毕。

4. 添加超链接

对"目录"页的三个导航项,通过"插入"功能选项卡"链接"工具组中的"链接"按钮来实现"链接到本文档中的内容",再选取具体对应的那张链接的幻灯片。

5. 添加幻灯片切换效果

单击"视图"功能选项卡"母版视图"工具组中的"幻灯片母版"按钮,进入幻灯片母版视图状态。单击"标题幻灯片 版式"母版,选择"切换"功能选项卡"切换到此幻灯片"工具组"华丽"中的"页面卷曲"选项,设置"效果选项"为"双右"。设置换片方式为"单击鼠标时"。

单击选中"标题和内容版式"母版,选择"切换"功能选项卡"切换到此幻灯片"工具组中的"随机线条"选项,设置"效果选项"为"垂直"。设置换片方式为"单击鼠标时",也可以同时设置选中自动换片时间为3秒。

单击选中"节标题版式"母版,选择"切换"功能选项卡"切换到此幻灯片"工具组中的"覆盖"选项,设置"效果选项"为"自右侧"。设置换片方式为"单击鼠标时"。

单击"幻灯片母版"功能选项卡下的"关闭母版视图"按钮,返回到普通视图状态。

设置目录页切换效果为"随机线条"选项,设置效果选项为"垂直"。

6. 保存和打包演示文稿

单击"文件"菜单下的"保存"按钮,将该演示文稿保存为"走进浙江.pptx"。若有特殊字体,可以先在"文件"的"选项"里对"保存"选项进行设置,选择"嵌入字体",再保存文件。

将该演示文稿打包成 CD,其操作方法是:选择"文件"→"保存并发送"→"将演示文稿打包成 CD"→"打包成 CD"命令,此时在计算机上插入刻录光盘,单击"复制到 CD"按钮,即可直接刻录成一张光盘文件。

习　题

一、判断题

1. 可以改变单个幻灯片背景的图案和字体。　　　　　　　　　　　　　　(　　)

2. 在幻灯片中,剪贴图有静态和动态两种。　　　　　　　　　　　　　　(　　)

3. 在 PowerPoint 中,旋转工具能旋转文本和图形对象。　　　　　　　　(　　)

4. 在幻灯片中,超链接的颜色设置是不能改变的。　　　　　　　　　　　(　　)

5. 当在一张幻灯片中将某文本行降级时,可使该行缩进一个幻灯片层。　(　　)

二、单项选择题

1. 可以用拖动方法改变幻灯片的顺序是(　　)。

　　A. 幻灯片视图　　　　　　　　　　　　B. 备注页视图

　　C. 幻灯片浏览视图　　　　　　　　　　D. 幻灯片放映

2. 幻灯片中占位符的作用是(　　)。

　　A. 表示文本长度　　　　　　　　　　　B. 限制插入对象的数量

　　C. 表示图形大小　　　　　　　　　　　D. 为文本、图形预留位置

3. 如果希望在演示过程中终止幻灯片的演示,则随时可按的终止键是(　　)。

　　A. Delete　　　　　　B. Ctrl+E　　　　　　C. Shift+C　　　　　　D. Esc

4. 下面不可以编辑、修改幻灯片的视图是(　　)。

　　A. 浏览　　　　　　　B. 普通　　　　　　　C. 大纲　　　　　　　D. 备注页

5. 改变演示文稿外观可以通过(　　)。

　　A. 修改主题　　　　　　　　　　　　　B. 修改母版

　　C. 修改背景样式　　　　　　　　　　　D. 以上三个都对

三、操作题

现已提供"数据挖掘能做什么.pptx"文档,要求结合所学的知识,完成以下要求。

1. 幻灯片的设计模板设置为"暗香扑面"。

2. 给幻灯片插入日期(自动更新,格式为××××年××月××日)。

3. 设置幻灯片的动画效果,要求针对第二页幻灯片,按顺序设置以下的自定义动画

效果。

（1）将文本内容"关联规则"的进入效果设置成"自顶部飞入"。

（2）将文本内容"分类与预测"的强调效果设置成"彩色脉冲"。

（3）将文本内容"聚类"的退出效果设置成"淡出"。

（4）在页面中添加"前进"（后退或前一项）与"后退"（前进或下一项）的动作按钮

4. 按下面要求设置幻灯片的切换效果。

（1）设置所有幻灯片的切换效果为"自左侧推进"

（2）实现每隔 3 秒自动切换，也可以单击进行手动切换。

5. 在幻灯片最后一页后新增加一页，设计出如下效果。选择"我国的首都"，若选择正确，则在选项边显示文字"正确"；否则显示文字"错误"。效果分别为图 5-56(a)～(d)。注意字体、大小等自定义。

(a) 选择界面

(b) 用鼠标选择A，旁边显示"错误"

(c) 用鼠标选择B，旁边显示"正确"

(d) 用鼠标选择C，旁边显示"错误"

图 5-56　显示文字

第6章
信息检索技术

信息是一种重要的资源、机遇和资本,也是智慧的源泉。信息素养是信息时代每个人的必备素养。面对日益纷繁复杂的网络信息,你是否感觉信息检索和获取有些力不从心呢?为了能从容面对信息爆炸的挑战,无论是生活、学习、工作还是科研,都必须掌握信息检索的基本方法、常用搜索引擎与自动翻译等工具的使用技巧。本章介绍了如何精准、快捷地获取你想要的资源,培养信息素养,用信息检索解决实际问题。

任务 6.1 了解文献信息检索

任务描述

小郑同学是一名大三的毕业生,在这学期他有一门重要的任务就是完成毕业论文的撰写。要想完成这项任务,他首先需要收集足够多的参考文献,那他就需要了解什么是信息检索。

6.1.1 信息检索概述

信息检索(information retrieval)是用户进行信息查询和获取的主要方式,是查找信息的方法和手段。狭义的信息检索仅指信息查询(information search),即用户根据需要,采用一定的方法,借助检索工具,从信息集合中找出所需要信息的查找过程。广义的信息检索是信息按一定的方式进行加工、整理、组织并存储起来,再根据信息用户特定的需要将相关信息准确地查找出来的过程。一般情况下,信息检索指的就是广义的信息检索。

自从 1946 年世界上第一台计算机诞生以来,人们要求快速而准确地获取信息成为可能,20 世纪 50 年代,国外开始了计算机在信息管理中应用的研究,1954 年,美国建立了世界上第一个试验性的计算机信息检索系统。它的成功,初步证明了计算机技术在信息管理方面应用的可行性,标志着人类开始步入计算机进行信息检索的新的历史时期。60 多年来,随着现代计算机技术、现代通信技术以及存储介质的发展,计算机信息检索大体经历了脱机检索阶段,联机检索阶段,光盘检索阶段,网络检索阶段。

国外的联机检索服务从 20 世纪 60 年代开始得到迅速发展,已成为人们广泛应用的信息查询工具,其中最著名、规模最大的有美国的 DIALOG 系统和 ORBIT 系统,意大利的 ESA-IRS 系统,德国、美国、日本合建的 STN 系统等。其中美国的 DIALOG 系统是世界上最大的联机服务系统,目前拥有 600 多个联机数据库,数据库种类齐全,包括书目、全文、数值、图像、事实等类型。内容涉及自然科学、工程技术、商业、经济、新闻、社会科学、人文科学等数十个学科领域。检索功能丰富多彩,除联机检索外,还有光盘检索、原文订购、电子邮件、通信软件、商界链接、全文搜索、多文档搜索、电子商务解决方案、用户培训等形式。

在现实生活中,用户的信息需求千差万别,获取信息的方式和途径也各式各样,但是仔细分析他们的检索处理过程,其基本原理却是相同的。我们可以将信息检索的基本原理抽象的概括为:对信息集合与需求集合的匹配与选择(信息集合、需求集合、进行有效的匹配与选择),包括分析研究信息检索课题,选择信息检索工具,确定信息检索方法,掌握获取原文的线索,获取原文,用户相关反馈等程序。

6.1.2 信息检索分类

1. 按照存储的载体和查找的技术手段进行划分(按检索的手段)

(1)手工检索:用人工方式查找所需信息的检索方式。检索对象是书本型的检索工具,检索过程由人脑和手工操作配合完成,匹配是人脑的思考、比较和选择。

(2)机械检索:利用某种机械装置来处理和查找文献的检索方式,如穿孔卡片检索、缩微品检索等。

(3)计算机检索:是指把信息及其检索标识转换成电子计算机可以阅读的二进制编码,存储在磁性载体上,由计算机根据程序进行查找和输出。

检索的对象是计算机检索系统,针对数据库进行。检索过程由人与计算机协同完成,匹配由机器完成。检索本质没变,变化的是信息的媒体形式、存储方式和匹配方法。

① 脱机检索:一种成批处理检索提问的计算机检索方式。

自 1946 年 2 月世界上第一台电子计算机问世以来,人们一直设想利用计算机查找文献。进入 20 世纪 50 年代后,在计算机应用领域,"穿孔卡片"和"穿孔纸带"数据录入技术及设备相继出现,以它们作为存储文摘、检索词和查询提问式的媒介,使得计算机开始在文献检索领域中得到了应用。

1954 年,美国海军兵器中心首先采用 IBM-701 型计算机建立了世界上第一个科技文献检索系统,实现了单元词组配检索,检索逻辑只采用"逻辑与",检索结果只是文献号。1958 年,美国通用电气公司将其加以改进,输出结果增加了题名、作者和文献摘要等项目。

1964 年,美国化学文摘服务社建立了文献处理自动化系统,使编制文摘的大部分工作实现了计算机化,之后又实现了计算机检索。

同年,美国国立医学图书馆建立了计算机数据库,即医学文献分析与检索系统,不仅可以进行逻辑"或""与""非"等运算,还可以从多种途径检索文献。

这一阶段主要以脱机检索的方式开展检索服务,其特点是不对一个检索提问立即做出回答,而是集中大批提问后进行处理,且进行处理的时间较长,人机不能对话,因此,检索效率往往不够理想。但是脱机检索中的定题服务对于科技人员却非常有用,定题服务能根据用户的要求,先把用户的提问登记入档,存入计算机中形成一个提问档,每当新的数据进入数据库时,就对这批数据进行处理,将符合用户提问的最新文献提交给用户,可使用户随时了解课题的进展情况。

② 联机检索:检索者通过检索终端和通信线路,直接查询检索系统数据库的机检方式。

由于计算机分时技术的发展,通信技术的改进,以及计算机网络的初步形成和检索软件包的建立,用户可以通过检索终端设备与检索系统中心计算机进行人机对话,从而实现对远距离之外的数据库进行检索的目的,即实现了联机信息检索。

这个时期,由于计算机处理功能的加强,数据存储容量的扩大和磁盘机的应用,为建立大型的文献数据库创造了条件。

例如,美国的 DIALOG 系统、ORBIT 系统(书目情报分析联机检索系统)、BRS 系统(存储和信息检索系统),欧洲的 ESA-IRS 系统(欧洲航天局信息检索系统)等,都是在此时期开始研制并逐步发展起来的,并且均在国内或组织范围内得到实际应用。

可以说,联机检索是科技信息工作、计算机、通信技术三结合的产物,它标志着 20 世纪 70 年代计算机检索的水平。

③ 光盘检索:以光盘数据库为基础的一种独立的计算机检索,包括单机光盘检索和光盘网络检索两种类型。1983 年,首张高密度只读光盘存储器诞生;1984 年,美国、日本和欧洲开始利用 CD-ROM 存储科技文献。

④ 网络检索:利用 E-mail、FTP 等检索工具,在互联网上进行信息存取。

电话网、电传网、公共数据通信网都可为情报检索传输数据。特别是卫星通信技术的应用,使通信网络更加现代化,也使信息检索系统更加国际化,信息用户可借助国际通信网络直接与检索系统联机,从而实现不受地域限制的国际联机信息检索。

尤其是世界各大检索系统纷纷进入各种通信网络,每个系统的计算机成为网络上的节点,每个节点连接多个检索终端,各节点之间以通信线路彼此相连,网络上的任何一个终端都可联机检索所有数据库的数据。

这种联机信息系统网络的实现,使人们可以在很短的时间内查遍世界各国的信息资料,使信息资源共享成为可能。

可以说,联机网络和检索终端几乎遍及世界所有国家和地区,使得国际联机信息检索的发展达到了相当高的水平,开展商业性国际联机检索服务的大机构已达 200 余家,像美国的 DIALOG 信息公司已成为全世界最为著名的联机检索服务机构。

手工检索查准率较高,查全率较低;计算机检索查全率较高,查准率较低。

2. 按照存储与检索的对象进行划分(按检索的结果)

(1) 文献检索:以包含用户所需特定信息的文献为检索对象。这是指将文献按一定的方式存储起来,然后根据需要从中查出有关课题或主题文献的过程。

文献检索是指以文献为检索的一种相关性检索。相关性检索的含义是指系统不直接解答用户提出的问题本身,而是提供与问题相关文献供用户参考。

(2) 书目检索:以文献线索为检索对象。换言之,检索系统存储的是书目、专题书目、索引和文摘等二次文献。此类数据库(检索工具)如 EI、《中文期刊数据库》(文摘版)、《中国科技成果数据库》《中国专利公报》等。

(3) 全文检索:以文献所含的全部信息作为检索内容,即检索系统存储的是整篇文章或整部图书。

(4) 数据检索:以事实和数据等浓缩信息作为检索对象,检索结果是用户直接可以利用的东西。所谓科学数据,不仅包括数值形式的实验数据与工业技术数据,而且包括非数值形式的数据,如概念名词、人名地名、化学结构式、工业产品设备名称、规格等。此类数据库(检索工具)如《中国企业、公司及产品数据库》《中国科技名人数据库》《中国宏观经济统计分析数据库》等。

也有人将数据检索细分为数据检索和事实检索两种形式,认为数据检索的结果是各种数值性和非数值性数据;而事实检索的结果是基于文献检索和数据检索基础上的对有关问题的结论和判断,是在数据检索和文献检索的基础上,经过比较、判断、分析、研究的结果。

数据检索以具有数量性质并以数值形式表示的数据为检索内容的信息检索,或称为"数值检索";事实检索以文献抽取的事项为检索内容的信息检索,或称为"事项检索"。

事实检索和数据检索则是以从文献中提取出来的各种事实、数据为检索对象的一种确定性检索。确定性检索的含义则是指系统直接提供用户所需要的确切的数据或事实,检索的结果要么是有,要么是无;要么是对,要么是错。

文献检索所回答的是"关于铁路大桥有哪些文献"之类的问题。

事实(事项)检索是回答"世界上最长的铁路大桥是哪一条"之类的问题。

数据(数值)检索是回答"世界上最长的铁路大桥有多长"之类的问题。

6.1.3 信息检索四要素

1. 信息检索的前提——信息意识

信息是指音讯、消息、通信系统传输和处理的对象,泛指人类社会传播的一切内容。人通过获得、识别自然界和社会的不同信息来区别不同事物,得以认识和改造世界。在一切通信和控制系统中,信息是一种普遍联系的形式。

所谓信息意识,是人们利用信息系统获取所需信息的内在动因,具体表现为对信息的敏感性、选择能力和消化吸收能力,从而判断该信息是否能为自己或某一团体所利用,是否能解决现实生活实践中某一特定问题等一系列的思维过程。信息意识含有信息认知、信息情感和信息行为倾向三个层面。

信息素养(素质)(information literacy)一词最早是由美国信息产业协会主席保罗·泽考斯基(Paul Zurkowski)在1974年给美国政府的报告中提出来的。他认为:"信息素质是人们在工作中运用信息、学习信息技术、利用信息解决问题的能力。"

2. 信息检索的基础——信息源

在联合国教科文组织出版的《文献术语》中,将信息源定义为个人为满足其信息需要而获得信息的来源,称为信息源。

信息源按不同划分方式分类如下。

(1) 按照表现方式划分:口语信息源、体语信息源、实物信息源和文献信息源。

(2) 按照数字化记录形式划分:书目信息源、普通图书信息源、工具书信息源、报纸、期刊信息源、特种文献信息源、数字图书馆信息源、搜索引擎信息源。

(3) 按文献载体分:印刷型、缩微型、机读型、声像型。

(4) 按文献内容和加工程度分:一次信息、二次信息、三次信息。

一次信息是人们直接以自己的生产、科研、社会活动等实践经验为依据生产出来的文献,也常被称为原始信息(或称为一级信息),其所记载的知识和信息比较新颖、具体、详尽。一次信息在整个文献中是数量最大,种类最多,所包括的新鲜内容最多,使用最广,影响最大的文献,如期刊论文、专利文献、科技报告、会议录、学位论文等。

二次信息是对一次信息进行加工整理后的产物,即对无序的一次信息的外部特征如题名、作者、出处等进行著录,或将其内容压缩成简介、提要或文摘,并按照一定的学科或专业加以有序化而形成的信息形式。

三次信息是按给定的课题,利用二次信息选择有关的一次信息加以分析、综合而编写出来的专题报告或专著,如综述报告、述评报告、研究报告、技术预测、数据手册等。它具有系统性、综合性和知识性的特点,概括了某一阶段人类已掌握的某一领域的科学技术知识,有继承、累积前人知识及总结经验教训的作用,便于系统地掌握当前科学技术发展水平与动态,预测科学技术的发展远景,从而为制订科学研究计划或经济发展规划,确定研究课题,提出技术方案或施工方案,引进先进技术,开发新产品等提供决策依据。

(5)按出版形式分:图书、报刊、研究报告、会议信息、专利信息、统计数据、政府出版物、档案、学位论文、标准信息(它们被认为是十大信息源,其中后 8 种被称为特种文献。教育信息资源主要分布在教育类图书、专业期刊、学位论文等不同类型的出版物中)。

3. 信息检索的核心——信息获取能力

(1)了解各种信息来源。

(2)掌握检索语言。

(3)熟练使用检索工具。

(4)能对检索效果进行判断和评价。

判断检索效果的两个指标为:

$$查全率 = \frac{被检出相关信息量}{相关信息总量} \times 100\%$$

$$查准率 = \frac{被检出相关信息量}{被检出信息总量} \times 100\%$$

4. 信息检索的关键——信息利用

社会进步的过程就是一个知识不断的生产—流通—再生产的过程。为了全面、有效地利用现有知识和信息,在学习、科学研究和生活过程中,信息检索的时间比例逐渐增高。

获取学术信息的最终目的是通过对所得信息的整理、分析、归纳和总结,根据自己学习、研究过程中的思考和思路,将各种信息进行重组,创造出新的知识和信息,从而达到信息激活和增值的目的。

6.1.4　检索方法

信息检索方法包括普通法、追溯法和分段法。

普通法是利用书目、文摘、索引等检索工具进行文献资料查找的方法。运用这种方法的关键在于熟悉各种检索工具的性质、特点和查找过程,从不同角度查找。普通法又可分为顺检法和倒检法。顺检法是从过去到现在按时间顺序检索,费用多、效率低;倒检法是逆时间顺序从近期向远期检索,它强调近期资料,重视当前的信息,主动性强,效果较好。

追溯法是利用已有文献所附的参考文献不断追踪查找的方法,在没有检索工具或检索工具不全时,此方法可获得针对性很强的资料,查准率较高,查全率较差。

分段法是追溯法和普通法的综合,它将两种方法分期、分段交替使用,直至查到所需资料为止。

6.1.5　信息检索工具

检索工具是用于报道、存储和查找文献线索的工具和设备的总称。图书馆目录、期刊索引、电子计算机检索用的文献数据库等都是检索工具。它具有报道文献、存储文献、检索文献三大基本功能。其类型有手工检索工具和机械检索工具两种。手工检索工具是指目录、索引、文摘等印刷型的二次文献。机械检索工具是指电子计算机情报检索系统的技术设备而言。

手工检索工具是指印刷型检索工具,主要有以下几方面类型。

1. 目录、索引、文摘

目录,也称书目,它是著录一批相关图书或其他类型的出版物,并按一定次序编排而成的一种检索工具。

索引是记录一批或一种图书、报刊等所载的文章篇名、著者、主题、人名、地名、名词术语等,并标明出处,按一定排检方法组织起来的一种检索工具。索引不同于目录,它是对出版物(书、报、刊等)内的文献单元、知识单元、内容事项等的揭示,并注明出处,方便人们进行细致深入的检索。

文摘是以提供文献内容梗概为目的的短文,不加评论和补充解释,简明、确切地记述文献的重要内容。汇集大量文献的文摘,配上相应的文献题录,按一定的方法编排而成的检索工具,称为文摘型检索工具。

2. 百科全书

百科全书是概述人类一切门类或某一门类知识的完备工具书,是知识的总汇。它是对人类已有知识进行汇集、浓缩并使其条理化的产物。百科全书一般按条目(词条)字顺编排,另附有相应的索引,可供人们迅速查检。

3. 年鉴

年鉴是按年度系统汇集一定范围内的重大事件、新进展、新知识和新资料,供读者查阅的工具书。它按年度连续出版,所收内容一般以当年为限。它可用来查阅特定领域在当年发生的事件、进展、成果、活动、会议、人物、机构、统计资料、重要文件或文献等方面的信息。

4. 手册

手册是汇集经常需要查考的文献、资料、信息及有关专业知识的工具书。

5. 名录

名录是提供有关专名(人名、地名、机构名等)的简明信息的工具书。

6. 词典(字典)

词典(字典)是最常用的一类工具书,分为语言性词典(字典)和知识性词典。

7. 表谱

表谱是采用图表、谱系形式编写的工具书,大多按时间顺序编排,主要用于查检时间、历史事件、人物信息等。

任务实施

文献检索程序也就是文献检索的过程和步骤。工具书尽管是为了能够让人们迅速找到所需要的知识或资料而编写的,但如果对工具书的知识了解不多,又不熟悉有效的检索步骤和方法,面对成千上万的各类工具书,只是胡乱翻翻,则达不到满意效果。熟悉或掌握检索程序,也是文献或知识检索的一项基本功。文献检索大体上分为以下五步。

1. 根据需要确定检索范围

应当熟悉自己所要检索的资料的性质,看看属于哪个学科或哪一类,应尽量缩小检索范围,便于快速检索。如果一时确定不了比较正确的检索范围,就只能利用综合性工具书,如《辞海》、百科全书了。

2. 熟悉和利用现有的对口工具书

工具书种类繁多,必须对各种工具书比较熟悉,才能够按图索骥。各类工具书都有一定的收录范围和编纂目的。多熟悉各种不同的工具书,检索资料就会起到事半功倍的效果。

3. 查阅范例和熟悉排检法,检索出所需资料

工具书的范例说明了该工具书的编撰原则,编撰时间,出版时间,所收词目数量和范围,怎么注音,如何解释,如何使用检索等内容。目录里则排列出了本辞书的全部内容标题,列出了各种不同的排检方法,供熟悉不同排检法的人选择使用,如一部《辞海》就有6种排检法可供选择,所以,查阅范例很重要。

4. 摘录和复制资料

途径有五种:一是卡片摘录,这是针对所需要的资料很少的情况;二是复印,这是针对所需要的资料很多,长篇大论都可以用;三是下载打印,主要针对电子数据或资料;四是剪贴,主要针对自己订阅的报刊和书籍,但图书馆和其他公共场所的报刊绝对不能剪贴;五是在计算机中保存,这是针对有自用计算机的人而言的,但必须做好多个备份或保存到多个移动硬盘里,以免因计算机中病毒,或重新安装系统,或不小心格式化硬盘,而造成数据或资料丢失。

5. 整理资料

一般是分类整理,有笔记式、卡片箱式、袋装式等各种形式。

任务 6.2 了解计算机文献检索技术

任务描述

小郑同学在大致了解了什么是信息检索后,他接下来就想检索一下文献试试。但他不知道该怎么检索,所以在接下来就需要学习计算机文献检索技术等相关知识,这样才能在检索文献的时候知道如何检索。

6.2.1 布尔逻辑检索技术

计算机信息检索,实质上由计算机将输入的检索策略与系统中存储的文献特征标识及其逻辑组配关系进行类比、匹配的过程。由于信息需求本身具有不确定性,加之对数据库中的文献特征标识不能充分了解,以及系统功能的某些限制,都会不同程度地影响检索效果。

布尔逻辑检索也称作布尔逻辑搜索,严格意义上的布尔检索法是指利用布尔逻辑运算符连接各个检索词,然后由计算机进行相应逻辑运算(见表 6-1),以找出所需信息的方法。它使用面最广,使用频率最高。布尔逻辑运算符的作用是把检索词连接起来,构成一个逻辑检索式。

表 6-1 布尔逻辑运算表

名称	符号	表达式	功　　能
逻辑与	and 或 *	A * B	同时含有提问词 A 和 B 的文献,为命中文献
逻辑或	or 或 +	A+B	凡是含有提问词 A 或 B 的文献,为命中文献
逻辑非	not 或 -	A * (-B)	凡是含有提问词 A 但不含有 B 的文献,为命中文献

1. 逻辑与

逻辑与(and 或 *)可用来表示其所连接的两个检索项的交叉部分,即交集部分。如果用 and 连接检索词 A 和检索词 B,则检索式为:A and B(或 A * B),表示让系统检索同时包含检索词 A 和检索词 B 的信息集合 C,示意图如图 6-1 所示。

例如,查找"胰岛素治疗糖尿病"的检索式为:insulin(胰岛素)and diabetes(糖尿病)。

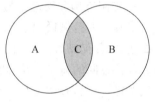

A and B

图 6-1 逻辑与

2. 逻辑或

逻辑或(or 或 +)用于连接并列关系的检索词。用 or 连接检索词 A 和检索词 B,则检索式为:A or B(或 A+B)。表示让系统查找含有检索词 A、检索词 B 之一,或同时包括检索词 A 和检索词 B 的信息,示意图如图 6-2 所示。

例如,查找"肿瘤"的检索式为:cancer(毒瘤)or tumor(瘤)or carcinoma(癌)or neoplasm(新生物)。

3. 逻辑非

逻辑非(not 或 -)用于连接排除关系的检索词,即排除不需要的和影响检索结果的概念。用 not 连接检索词 A 和检索词 B,检索式为:A not B(或 A-B)。表示检索含有检索词 A 而不含检索词 B 的信息,即将包含检索词 B 的信息集合排除掉,示意图如图 6-3 所示。

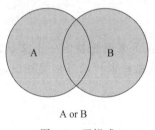

A or B

图 6-2 逻辑或

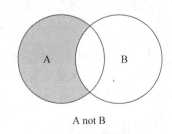

A not B

图 6-3 逻辑非

例如,查找"动物的乙肝病毒(不要人的)"的文献的检索式为:hepatitis B virus(乙肝病毒)not human(人类)。

4. with 运算符

with 运算符用于表示同时出现在同一文献的一个字段的两个词,用 with 连接检索词 A 和检索词 B,检索式为:A with B。表示检索词 A 和检索词 B 不仅要同时出现在一条记录中,还要同时出现在一个字段里的文献才是命中文献。

5. near 运算符

near 运算符用于表示不仅要同时出现在一条记录的同一字段里,还必须要同时出现在同一个子字段(一句话)里的两个词,用 near 连接检索词 A 和检索词 B,检索式为:A Near B。表示检索词 A 和检索词 B 不仅要同时出现在一条记录中的同一个字段里,还要同时出现在同一个子字段(一句话)里的文献才是命中文献。例如:drug(药物) near abuse(滥用),检索出的是同一句话中同时出现这两个词的记录。(也可说成是两个词之间没有句号的文献)。

6. near♯ 运算符

near♯ 运算符,其中"♯"代表一个常数,用 near♯ 连接检索词 A 和检索词 B,检索式为:A near♯ B。表示检索词 A 和检索词 B 之间有 0～♯ 个单词的文献(A 和 B 在同一记录、同一字段里)。在 near 后加一个数字,指定两个词的邻近程度,且不论语序。例如:information(信息检索)near 2 retrieval(数据),表示检索词 information 和 retrieval 同时出现在一个句子中,且这两个检索词之间的单词数不超过两个的那些文献为命中文献。

7. 运算次序

在一个检索式中,可以同时使用多个逻辑运算符,构成一个复合逻辑检索式。复合逻辑检索式中,运算优先级别从高至低依次是 not、and、near、with、or,可以使用括号改变运算次序。检索中逻辑算符使用是最频繁的,逻辑算符使用的技巧决定检索结果的满意程度。用布尔逻辑表达检索要求,除要掌握检索课题的相关因素外,还应在布尔算符对检索结果的影响方面引起注意。另外,对同一个布尔逻辑提问式来说,不同的运算次序会有不同的检索结果。

例如,(A or B) and C,就是先运算(A or B),再运算 and C。

6.2.2　截词检索技术

截词检索是预防漏检提高查全率的一种常用检索技术,大多数系统都提供截词检索的功能。截词是指在检索词的合适位置进行截断,然后使用截词符进行处理,这样既可节省输入的字符数目,又可达到较高的查全率。尤其是在西文检索系统中,使用截词符处理自由词,对提高查全率的效果非常显著。截词检索一般是指右截词,部分支持中间截词。截词检索能够帮助提高检索的查全率。截词检索就是用截断的词的一个局部进行的检索,并认为凡满足这个词局部中的所有字符(串)的文献,都为命中的文献。

常见的截词符号及含义见表 6-2。

在截词检索技术中,较常用的是后截词和中截词两种方法。如果按所截断的字符数目来分,有无限截词和有限截词两种。截词算符在不同的系统中有不同的表达形式,需要说明的是,并不是所有的搜索引擎都支持这种技术。

表 6-2　常见的截词符号

符　号	含　　义
*	代表多个字符
#	代表单个的字符
? 或者 n?	代表 0～9 个字符

1. 任意截词

任意截词是指检索词串与被检索词实现部分一致的匹配。常用"*"来表示一串字符。截断形式有前截词(后方一致)、后截词(前方一致)和中间截词。

(1)前截词:如以 * ology 作为检索提问,可以检索出含有 physiology、pathology、biology 等的文献。

(2)后截词:如以 child * 作为检索提问,可以检索出含有 child、children、childhood 等词的文献。

(3)中间截词:主要用于英式英语和美式英语的拼写差异,如用 colo * r 作为检索提问,可以将含有 color 或 colour 的文献全部检出。也可用于中文检索,如"急性 * 肝炎",可检出"急性中毒性肝炎""急性黄疸型肝炎"等。

2. 有限截词

有限截词是指检索词串与被检索词只能在指定的位置可以不一致的检索。常用"?"来代替一个字符或空字符。如检索词"ACID??"可以匹配"ACID""ACIDIC",但不能检索出有"ACIDICTY"的文献。

6.2.3　位置检索技术

位置检索也叫作邻近检索。文献记录中词语的相对次序或位置不同,所表达的意思可能不同,而同样一个检索表达式中词语的相对次序不同,其表达的检索意图也不一样。布尔逻辑运算符有时难以表达某些检索课题确切的提问要求。字段限制检索虽能使检索结果在一定程度上进一步满足提问要求,但无法对检索词之间的相对位置进行限制。位置算符检索是用一些特定的算符(位置算符)来表达检索词与检索词之间的临近关系,并且可以不依赖主题词表而直接使用自由词进行检索的技术方法。

按照两个检索出现的顺序相距离,可以有多种位置算符。而且对同一位置算符,检索系统不同,规定的位置算符也不同。以美国 DIALOG 检索系统使用的位置算符为例,介绍如下。

1. "(W)"算符

"W"含义为 with。这个算符表示其两侧的检索词必须紧密相连,除空格和标点符号外,不得插入其他词或字母,两词的词序不可以颠倒。"(W)"算符还可以使用其简略形式"()"。例如,检索式为"communication (W) satellite"时,系统只检索含有"communication satellite"词组的记录。

2. "(nw)"算符

"(nw)"中 w 的含义为 word,表示此算符两侧的检索词必须按此前后邻接的顺序排列,顺序不可颠倒,而且检索词之间最多有 n 个其他词。例如：laser（1W）printer 课检索出包含"laser printer"" laser color printer"和" laser and printer"的记录。

3. "（N）"算符

"（N）"中 N 的含义为 near。这个算符表示其两侧的检索词必须紧密相连,除空格和标点符号外,不得插入其他词或字母,两词的词序可以颠倒。

4. "（nN）"算符

"（nN）"表示允许两词间插入最多为 n 个其他词,包括实词和系统禁用词。

5. "（F）"算符

"（F）"中 F 的含义为 field。这个算符表示其两侧的检索词必须在同一字段（如同在题目字段或文摘字段）中出现,词序不限,中间可插任意检索词项。

6. "（S）"算符

"（S）"中 S 是 sub-field/sentence 的缩写,表示在此运算符两侧的检索词只要出现在记录的同一个子字段内（如在文摘中的一个句子就是一个子字段）,此信息即被命中。要求被连接的检索词必须同时出现在记录的同一句子（同一子字段）中,不限制它们在此子字段中的相对次序,中间插入词的数量也不限。例如,high（W）strength（S）steel 表示只要在同一句子中检索出含有 high strength 和 steel 形式的均为命中记录。

6.2.4　检索效果评价指标

检索效果是指检索系统满足检索者检索要求的全面准确程度;衡量检索效果通常以查全率、查准率、漏检率、误检率等指标来衡量。查全率和查准率是检索系统及检索效果评价的重要指标,漏检率和误检率是测量检索误差的指标。

1. 查全率

查全率是指被检出的相关文献量与系统文档中实有的相关文献量之间的比率,它是衡量信息检索系统收录内容及其用户检索结果的完整程度的指标。

$$查全率(R)=\frac{被检出相关文献量}{系统中相关文献总量}\times100\%$$

2. 查准率

查准率是指检出的相关文献量与检出文献总量之间的比率。它是衡量信息检索系统收录内容及用户检索结果精确度的尺度。

$$检准率(P)=\frac{检出相关文献量}{检出文献总量}\times100\%$$

3. 漏检率

漏检率是指未被检测出的相关文献量与系统文档中实有的相关文献量之间的比率,它是衡量信息检索系统检索误差的指标。

$$漏检率(O)=\frac{被检出相关文献量}{系统中相关文献总量}\times100\%$$

4. 误检率

误检率是指检测出的不相关文献量与系统检出的文献总量之间的比率。

$$误检率(F)=\frac{检出的不相关文献量}{检出文献总量}\times100\%$$

影响用户查全率与查准率的主要不良因素有以下几个方面。

（1）对检索目标把握不准确。

（2）对检索系统选择不恰当。

（3）检索词和逻辑组配不当。

（4）检索途径和方法选择不当。

（5）系统功能不熟悉、检索技能不熟练。

提高查全率的主要方法有以下几个方面。

（1）准确把握检索对象及目的，选择合适的数据库。

（2）降低检索词或分类号的专指度。

（3）更多地采用学科分类途径来扩大检索范围。

（4）减少逻辑"与"及逻辑"非"的使用。

（5）增加逻辑"或"及截词检索技术的使用。

（6）采用"全文检索"。

（7）不限定检索对象的文献类型、时间段、文种等。

提高查准率的主要方法有以下几个方面。

（1）准确把握检索对象及目的，选择合适的数据库。

（2）提高检索词或分类号的专指度。

（3）更多地采用专用名词及特性检索的途径。

（4）选择逻辑"与"及逻辑"非"的使用。

（5）减少或不采用逻辑"或"及截词检索技术的使用。

（6）限定检索词出现的字段及在段落、文句中的位置。

（7）不选"全文检索"。

（8）限定检索对象的文献类型、时间段、文种及其他特征。

任务实施

小郑同学在学习了计算机文献检索技术后，了解了几种常见的技术以及文献检索效果的几个评价指标，知道了如何检索相关文献。

任务 6.3　了解常用的数据库资料系统

任务描述

小郑同学在学习了计算机文献检索技术后，接下来想具体的查找相关文献，但不知道在哪里查找资料，需要学习我们日常生活生产中常用的数据库资料系统，并学会如何查找相关文献资料。

6.3.1　中国知网

中国知网知识发现网络平台,向海内外读者提供中国学术文献、外文文献、学位论文、报纸、会议、年鉴、工具书等各类资源统一检索、统一导航、在线阅读和下载服务,涵盖基础科学、文史哲、工程科技、社会科学、农业、经济与管理科学、医药卫生、信息科技等多个领域。知网的标志如图 6-4 所示。

图 6-4　知网标志

国家知识基础设施(national knowledge infrastructure,NKI)的概念由世界银行《1998 年度世界发展报告》提出。1999 年 3 月,以全面打通知识生产、传播、扩散与利用各环节信息通道,打造支持全国各行业知识创新、学习和应用的交流合作平台为总目标,专家王明亮提出建设中国知识基础设施工程(China national knowledge infrastructure,CNKI),并被列为清华大学重点项目。

CNKI 1.0 是在建成《中国知识资源总库》基础工程后,从文献信息服务转向知识服务的一个重要转型。CNKI 1.0 的目标是面向特定行业领域知识需求进行系统化和定制化知识组织,构建基于内容内在关联的"知网节",并进行基于知识发现的知识元及其关联关系挖掘,代表了中国知网服务知识创新与知识学习,支持科学决策的产业战略发展方向。

在 CNKI 1.0 基本建成以后,中国知网充分总结近些年行业知识服务的经验教训,以全面应用大数据与人工智能技术打造知识创新服务业为新起点,CNKI 工程跨入了 2.0 时代。CNKI 2.0 的目标是将 CNKI 1.0 基于公共知识整合提供的知识服务,深化到与各行业机构知识创新的过程与结果相结合,通过更为精准、系统、完备的显性管理,以及嵌入工作与学习具体过程的隐性知识管理,提供面向问题的知识服务和激发群体智慧的协同研究平台。其重要标志是建成"世界知识大数据(WKBD)",建成各单位充分利用"世界知识大数据"进行内外脑协同创新、协同学习的知识基础设施(NKI),启动"百行知识创新服务工程",全方位服务中国世界一流科技期刊建设及共建"双一流数字图书馆"。中国知网的网址为 https://www.cnki.net/,其网站首页如图 6-5 所示。

图 6-5　知网首页

通过在搜索框中输入所要搜索的内容即可进行搜索,可以单击左侧的下拉列表中选择以什么进行搜索,如图 6-6 所示。

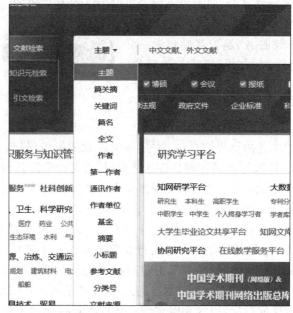

图 6-6 切换搜索关键字

当单一的搜索不能满足搜索要求时,可以单击右侧的高级检索,就会跳转到高级检索页面,可以输入多个检索条件,如图 6-7 所示。

图 6-7 高级检索

6.3.2 万方数据知识服务平台

万方数据知识服务平台(wanfang data knowledge service platform)是在原万方数据资

源系统的基础上,经过不断改进、创新而成,集高品质信息资源、先进检索算法技术、多元化增值服务、人性化设计等特色于一身,是国内一流的品质信息资源出版、增值服务平台。万方数据知识服务平台整合数亿条全球优质知识资源,集成期刊、学位、会议、科技报告、专利、标准、科技成果、法规、地方志、视频十余种知识资源类型,覆盖自然科学、工程技术、医药卫生、农业科学、哲学政法、社会科学、科教文艺等全学科领域,实现海量学术文献统一发现及分析,支持多维度组合检索,适合不同用户群研究。万方智搜致力于"感知用户学术背景,智慧你的搜索",帮助用户精准发现、获取与沉淀知识精华。万方数据愿与合作伙伴共同打造知识服务的基石、共建学术生态。

万方数据成立于 1993 年。2000 年,在原万方数据(集团)公司的基础上,由中国科学技术信息研究所联合中国文化产业投资基金、中国科技出版传媒有限公司、北京知金科技投资有限公司、四川省科技信息研究所和科技文献出版社五家单位共同发起成立"北京万方数据股份有限公司"。在精心打造万方数据知识服务平台的基础上,万方数据还基于"数据+工具+专业智慧"的情报工程思路,为用户提供专业化的数据定制、分析管理工具和情报方法,并陆续推出万方医学网、万方数据企业知识服务平台、中小学数字图书馆等一系列信息增值产品,以满足用户对深层次信息和分析的需求,为用户确定技术创新和投资方向提供决策支持。其主要产品如下。

1. 万方数据新一代知识服务平台

万方数据知识服务平台整合海量学术文献,构建多种服务系统,是学习与探索、科研与创新、决策与管理过程的好帮手。

2. 万方文献相似性检测服务

科学、客观、准确的检测结果,提供更专业、更精细的场景化服务。

3. 万方医学信息服务平台

全面精准的医学信息资源整合发现服务,中西医结合一体化临床诊疗知识服务,高效深入的多维度数据统计分析服务。

4. 企业产品

技术创新知识服务平台,行业知识服务系统,标准管理服务系统,内部知识构建系统,科研项目知识管理系统,企业竞争情报解决方案,企业知识管理解决方案,大数据决策支持系统。

5. 基础教育产品

万方数据中小学数字图书馆,基础教育科研服务平台,万方在线组卷系统,万方少儿数字图书馆,万方学前教育知识库,云屏数字阅读系统。

6. 软件服务

全球智库(ThinkTank)、万方创新助手(STADS)、创新助手机器人。

7. 万方视频知识服务系统

以科技、教育、文化为主要内容的学术视频知识服务系统,长期服务于全国各大高校和公共图书馆,现已推出高校课程、学术讲座、学术会议报告、考试辅导、医学实践、管理讲座、科普视频、国外优秀视频、环球高清精选等适合各层次人群使用的精品视频。

8. 中国地方志知识服务系统

以地方志为核心资源,以知识发现和知识挖掘为设计思想,内容纵贯整个社会发展历史,横及社会各个门类,从历史到当代,从政治到经济,从自然资源到人文遗产,给用户提供数字化、可视化、时空一体化的互动体验。

9. 万方地方文献个性化定制服务

通过对地情文化资源的开发利用,助推地方文化建设,实现地情文化资源价值的最大化。

万方的官网地址为:https://www.wanfangdata.com.cn/index.html,首页如图 6-8所示。

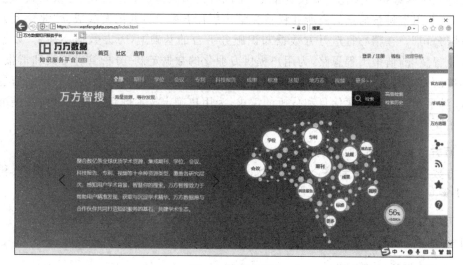

图 6-8　万方首页

检索举例如下。

要求检索浙江省生产汽车配件的上市公司,那么所在地区为浙江,产品关键词或公司信息为汽车(如果选汽车配件,或仅选产品关键词可能会产生漏检,注意产品关键词和经营项目的区别),企业性质为上市股份公司(或者全文检索"上市",可以起到查全的作用,即集团公司下属的上市公司也检出),检索条件设置如图 6-9所示。

查询结构如图 6-10所示。

6.3.3　读秀学术搜索

读秀学术搜索(www.duxiu.com)是超星公司开发的一个面向全球的互联网学术资源查询系统。可以对文献资源及其全文内容进行深度检索并提供文献传递服务的平台。它将纸质图书、电子图书、期刊、论文等各种类型资料整合于同一平台,集文献搜索、试读、传递为一体,突破了简单的元数据检索模式,实现了基于内容的检索,使检索深入章节和全文。读秀学术搜索提供知识、图书、期刊、报纸、学位论文、会议论文 6 个主要搜索频道。其知识检索频道是将数百万种图书、期刊等各种类型的学术文献资料打散为 6 亿多页资料,再以章节为基础重新整合在一起,形成一本最大的百科全书。读秀学术搜索还提供本馆纸本馆藏图书

图 6-9　条件设置

图 6-10　查询结果

的查询和 100 万种超星电子图书的链接,对于本馆馆藏未收录的文献还提供免费原文获取服务。为广大读者打造一个获取知识资源的捷径。

　　读秀学术搜索的首页如图 6-11 所示。

　　读秀电子图书简单搜索界面如图 6-12 所示。

　　读秀电子图书高级搜索界面如图 6-13 所示。

　　以搜索"王国维"为例,搜索页面如图 6-14 所示。

　　搜索结果如图 6-15 所示。

图 6-11　读秀学术搜索的首页

图 6-12　简单搜索页面

图 6-13　高级搜索页面

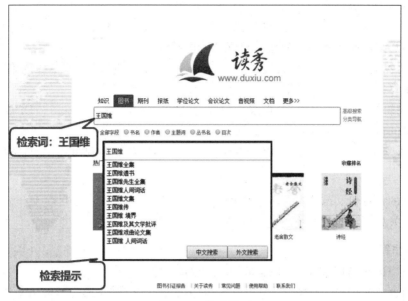

图 6-14　搜索页面

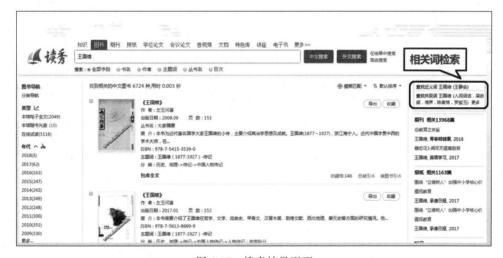

图 6-15　搜索结果页面

任务实施

　　小郑同学在了解了常见的数据库资料系统后,可以以"环境保护"为关键字,在读秀搜索引擎上搜索有关图书,并进行阅读。

习　题

一、单项选择题

1.(　　)是高校或科研机构的毕业生为获取学位而撰写的。

　　A. 学位论文　　　　　B. 科技报告　　　　　　C. 会议文献　　　　　D. 档案文献

2.年鉴属于的类别为(　　)。

    A. 零次信息　　　　　B. 一次信息　　　　　　C. 二次信息　　　　D. 三次信息

3.利用文献后所附参考文献进行检索的方法叫(　　)。

    A. 追溯法　　　　　B. 直接法　　　　　　C. 抽查法　　　　D. 综合法

4.逻辑算符包括(　　)算符。

    A. 逻辑与　　　　　B. 逻辑或　　　　　　C. 逻辑非　　　　D. 以上三项

5.广义的信息检索包含两个过程,即(　　)。

    A. 检索与利用　　　B. 存储与检索　　　　C. 存储与利用　　　D. 检索与报道

二、简答题

1.常见的计算机文献检索技术有哪些?

2.检索效果的评价指标有哪些?

三、操作题

1.使用中国知网搜索以"保护地球"为主题的论文。

2.使用万方数据平台搜索以"保护地球"为主题的论文,并与第一题的结果进行比较。

第7章
软件开发技术

- 了解计算机编程语言的发展历史。
- 掌握数据库的常见操作。
- 掌握计算机软件系统的开发方法与步骤。
- 了解软件系统开发的常用模型。

计算机软件总体分为系统软件和应用软件两大类。系统软件是指担负控制和协调计算机及其外部设备，支持应用软件的开发和运行的一类计算机软件，一般包括操作系统、语言处理程序、数据库系统和网络管理系统，如 Windows、Linux、UNIX 等，还包括操作系统的补丁程序及硬件驱动程序。应用软件（包括移动端应用软件）是指为特定领域开发并为特定目的服务的一类软件，它们可以直接帮助用户提高工作质量和效率，甚至可以帮助用户解决某些难题，如用于文字处理的 Word，用于辅助设计的 AutoCAD 等。

任务 7.1 了解计算机编程语言基本知识

任务描述

小郑同学是一名软件工程专业的学生，这学期选修了一门软件开发的课程。他已经学习了计算机基础知识，包括计算机网络、计算机信息素养，现在他需要开始学习专业的编程知识，以便能够更快更好地开发软件系统。

7.1.1 计算机编程语言的发展历史

众所周知，人与人沟通交流需要语言，例如汉语、英语、法语等。人与计算机之间通信也需要语言，那就是计算机编程语言。计算机编程语言是程序设计最重要的工具，它是指计算机能够接受和处理的、具有一定语法规则的语言。

计算机编程语言是指用于人与计算机之间通信的语言，是人与计算机之间传递信息的媒介，它是一种特殊的语言。因为它是用于人与计算机之间传递信息的，所以人与计算机都要能"读懂"。具体地说，一方面，人们要使用计算机语言指挥计算机完成某种特定工作，就必须对这种工作进行特殊描述，所以它能够被人们读懂；另一方面，计算机必须按计算机语言描述来行动，从而完成其描述的特定工作，所以能够被计算机"读懂"。

正如从甲骨文到现代汉字的演变过程是伴随着巨大的变化一样,计算机编程语言在诞生的短短几十年里,也经过了一个从低级到高级的演变过程。具体地说,它经历了机器语言、汇编语言、高级语言三个阶段。

1. 机器语言

二进制(binary)在数学和数字电路中指以 2 为基数的记数系统,通常用两个不同的符号 0 和 1 来表示。计算机中一般采用二进制计数法,因为计算机是由逻辑电路组成的,电路中通常只有两个状态,开关的接通和断开,这两种状态正好可以用"1"和"0"表示。我们要想让计算机执行一定的操作,就需要向计算机发出指令,由于计算机底层采用的是二进制记数,只能识别"0"和"1",所以机器语言是用二进制代码表示且计算机能直接识别和执行的一种机器指令的集合。

一条指令是机器语言的一个语句,它是一组有意义的二进制代码,由操作码和操作数两部分组成。操作码规定了指令的操作,是指令中的关键字,不能缺省;操作数表示该指令的操作对象。机器语言的部分代码如表 7-1~表 7-3 所示。

表 7-1　指令部分代码

序号	指令部分代码	代码含义
1	0000	代表加载(LOAD)
2	0001	代表存储(STORE)
3	0010	代表加法(ADD)

表 7-2　寄存器部分代码

序号	寄存器部分代码	代码含义
1	0000	代表寄存器 A
2	0001	代表寄存器 B

表 7-3　存储器部分代码

序号	存储器部分代码	代码含义
1	000000000000	代表地址为 0 的存储器
2	000000000001	代表地址为 1 的存储器
3	000000010000	代表地址为 16 的存储器
4	100000000000	代表地址为 2^{11} 的存储器

案例:完成 $Z=X+Y$ 计算,X 数值存储在地址为 1 的内存单元,Y 数值存储在地址为 2 的内存单元,Z 的内存单元为 16。

机器语言代码:

```
0000,0000,000000000001        //代表 "LOAD A,1"
0010,0000,000000000010        //代表 "ADD A,2"
0001,0000,000000010000        //代表 "STORE A,16"
```

早期的程序设计采用的是机器语言,程序员们将用 0 和 1 两个数字编成的程序代码打在纸带或卡片上,1 代表打孔,0 代表不打孔,再将程序通过纸带机或卡片机输入计算机进行运算,如图 7-1 所示。用机器语言编写程序,编程人员要首先熟记所用计算机的全部指令代码和代码的含义。手编程序时,程序员要自己处理每条指令和每一数据的存储分配和输入/输出,还要记住编程过程中每步所使用的工作单元处在何种状态。

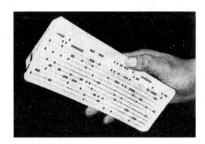

图 7-1　打孔纸带

由于机器语言采用的是 0 和 1 编程,计算机能够直接识别,对硬件产生作用,因此程序的执行效率非常高;但是程序可读性差,编程效率低,不易调试,容易出错,而且严重地依赖于具体的计算机,可移植性差,重用性差。

2. 汇编语言

为了克服机器语言难读、难编、难记和易出错的缺点,人们就用与代码指令实际含义相近的英文缩写词、字母和数字等符号来取代指令代码,比如,用 ADD 代表数字逻辑上的加减,MOV 代表数据传递等。

汇编语言是一种用助记符表示的仍然面向机器的计算机语言,它用一些容易理解和记忆的字母、单词来代替一个特定的指令。由于汇编语言中使用了助记符号,用汇编语言编制的程序送入计算机,计算机不能像用机器语言编写的程序一样直接识别和执行,必须预先对放入计算机的汇编程序进行加工和翻译,变成能够被计算机识别和处理的二进制代码程序。用汇编语言等非机器语言编写好的符号程序称源程序,运行时汇编程序要将源程序翻译成目标程序,目标程序是机器语言程序,它一经被安置在内存的预定位置上,就能被计算机的 CPU 处理和执行。

汇编语言语句的通用格式如下:

[名称[:]] 指令码 [第一操作数][,第二操作数];注释

部分汇编指令如表 7-4 所示。

表 7-4　部分汇编指令

序号	指令	中 文 名	格　式	备　注
1	MOV	传送指令	MOV DEST,SRC	DEST←SRC
2	XCHG	交换指令	XCHG OPER1, OPER2	把操作数 OPER1 的内容与操作数 OPER2 的内容交换
3	ADD	加法指令	ADD DEST,SRC	DEST←DEST SRC
4	SUB	减法指令	SUB DEST,SRC	DEST←DEST−SRC
5	INC	加 1 指令	INC DEST	DEST←DEST+1
6	CLC	清进位标志指令	CLC	使进位标志 CF 为 0
7	PUSH	进栈指令	PUSH SRC	把源操作数 SRC 压入堆栈
8	POP	出栈指令	POP DEST	从栈顶弹出一个双字或字数据到目的操作数

汇编语言对机器语言进行了升级和改进,用一些容易理解和记忆的字母、单词来代替一

个特定的指令。通过这种方法,人们很容易去阅读程序,使现有程序的错误修复以及运营维护都变得更加简单方便。比起机器语言,汇编语言具有更高的机器相关性,更加便于记忆和编写,但又同时保留了机器语言高速度和高效率的特点。汇编语言仍是面向机器的语言,很难从其代码上理解程序的设计意图,设计出来的程序不易被移植,故不像其他大多数的高级计算机语言一样被广泛应用。所以在高级语言高度发展的今天,它通常被用在底层,通常是用于程序优化或硬件操作的场合。

3. 高级语言

在编程语言经历了机器语言、汇编语言等更新之后,人们发现了限制程序推广的关键因素——程序的可移植性。为此设计一个能够不依赖于计算机硬件,能够在不同机器上运行的程序,可以免去很多编程的重复过程,提高效率,同时这种语言又要接近于数学语言或人类的自然语言,这就是计算机高级语言。

高级语言是一种独立于机器且面向过程或对象的语言。与汇编语言相比,它不但将许多相关的机器指令合成为单条指令,并且去掉了与具体操作有关但与完成工作无关的细节,例如,使用堆栈、寄存器等,这样就大幅简化了程序中的指令。高级语言主要是相对于汇编语言而言,它并不是特指某一种具体的语言,而是包括了很多编程语言,如目前流行的 C、C++ 、C#、Java、Python 等,如图 7-2 所示。

图 7-2 高级编程语言

计算机并不能直接地接受和执行用高级语言编写的源程序,源程序在输入计算机时,通过"翻译程序"翻译成机器语言形式的目标程序,计算机才能识别和执行。这种"翻译"通常有两种方式,即编译方式和解释方式。编译方式首先是用户事先编好高级语言的程序(称为源程序),其次是把源程序编译成计算机所能识别的目标程序,最后计算机实际运行的是目标程序。解释方式是当源程序进入计算机时,解释程序边扫描边解释,做逐句输入并逐句翻译,计算机一句句执行,并不产生目标程序。

7.1.2 常用高级编程语言简介

在日常工作中,程序员开发软件系统一般都是使用高级语言进行编程。第一个完全意义上的高级编程语言为 1954 年的 FORTRAN,它完全脱离了特定机器的局限性,是第一个通用性的编程语言。从第一个编程语言问世到现今,共有几百种高级编程语言出现,很多语言成了编程语言发展道路上的里程碑,影响很大,如 BASIC、C、C++ 、Java、Python 等。伴随着软件编写效率的提高,软件开发也逐渐变成了有规模及有产业的商业项目。

下面简单介绍几种常用的高级编程语言。

1. C 语言

C 语言是一种通用的、面向过程式的计算机程序设计语言。1972 年,为了移植与开发 UNIX 操作系统,丹尼斯·里奇(图 7-3)在贝尔电话实验室设计并开发了 C 语言。C 语言之所以命名为 C,是因为 C 语言源自 Ken Thompson 发明的 B 语言,而 B 语言则源自 BCPL 语言。

C 语言是一种结构化语言,它有着清晰的层次,可按照模块的方式对程序进行编写,十分有利于程序的调试,且 C 语言的处理和表现能力都非常强大,依靠非常全面的运算符和多样的数据类型,可以轻易完成各种数据结构的构建,通过指针类型更可对内存直接寻址以及对硬件进行直接操作,因此既能够用于开发系统程序,也可用于开发应用软件。

图 7-3 丹尼斯·里奇(Dennis Ritchie)

(1) 简洁的语言。C 语言包含的各种控制语句仅有 9 种,关键字也只有 32 个,程序的编写要求不严格且以小写字母为主,对许多不必要的部分进行了精简。

(2) 具有结构化的控制语句。C 语言是一种结构化的语言,提供的控制语句具有结构化特征,如 for 语句、if-else 语句和 switch 语句等。

(3) 丰富的数据类型。C 语言包含的数据类型广泛,不仅包含传统的字符型、整型、浮点型、数组类型等数据类型,还具有其他编程语言所不具备的数据类型,其中以指针数据类型使用最为灵活,可以通过编程对各种数据结构进行计算。

(4) 丰富的运算符。C 语言包含 34 个运算符,它将赋值、括号等均可作为运算符来操作,使 C 程序的表达式类型和运算符类型均非常丰富。

(5) 可对物理地址进行直接操作。C 语言允许对硬件内存地址进行直接读写,以此可以实现汇编语言的主要功能,并可直接操作硬件。C 语言不但具备高级语言所具有的良好特性,又包含了许多低级语言的优势,故在系统软件编程领域有着广泛的应用。

(6) 代码具有较好的可移植性。C 语言是面向过程的编程语言,用户只需要关注所被解决问题的本身,而不需要花费过多的精力去了解相关硬件。针对不同的硬件环境,在用 C 语言实现相同功能时的代码基本一致,不需或仅需进行少量改动便可完成移植,这就意味着,针对某一台计算机编写的 C 程序可以在另一台计算机上轻松地运行,从而极大减少程序移植的工作强度。

以下是 C 语言实现计算两个数之和的程序代码。

```c
#include <stdio.h>
int main()                    //主程序入口
{
    int a =21;                //定义一个整形变量
    int b =10;
    int c ;
    c =a +b;                  //求和
    printf("a+b=%d\n", c);    //输出结果
}
```

2. Java 语言

Java 是一门面向对象编程语言,不仅吸收了 C++ 语言的各种优点,还摒弃了 C++ 里难以理解的多继承、指针等概念,具有功能强大和简单易用两个特征。Java 语言作为静态面向

图 7-4　Java 标志

对象编程语言的代表,极好地实现了面向对象理论,允许程序员以优雅的思维方式进行复杂的编程,可以编写桌面应用程序、Web 应用程序、分布式系统和嵌入式系统应用程序等。Java 标志如图 7-4 所示。

Java 语言功能十分强大,技术应用十分广泛。

(1) Android 应用。许多的 Android 应用都是 Java 程序员所开发。虽然 Android 运用了不同的 JVM 以及不同的封装方式,但是代码还是用 Java 语言所编写。相当一部分的手机中都支持 Java 游戏,这就使很多非编程人员都认识了 Java。

(2) 在金融业应用的服务器程序。Java 在金融服务业的应用非常广泛,很多第三方交易系统、银行、金融机构都选择用 Java 开发,因为相对而言,Java 较安全。大型跨国投资银行用 Java 来编写前台和后台的电子交易系统,结算和确认系统,数据处理项目以及其他项目。大多数情况下,Java 被用在服务器端开发,但多数没有任何前端,它们通常是从一个服务器(上一级)接收数据,处理后发向另一个处理系统(下一级处理)。

(3) 网站。Java 在电子商务领域以及网站开发领域占据了一定的席位。开发人员可以运用许多不同的框架来创建 Web 项目、SpringMVC、Struts 2.0 以及 Framework。即使是简单的 Servlet、JSP 和以 Struts 为基础的网站,在政府项目中也经常被用到。例如,医疗救护、保险、教育、国防以及其他的不同部门网站都是以 Java 为基础来开发的。

(4) 嵌入式领域。Java 在嵌入式领域发展空间巨大。部件硬件只需 130KB 内存空间就能够使用 Java 技术(如在智能卡或者传感器上)。

(5) 大数据技术。Hadoop 以及其他大数据处理技术很多都是用 Java 开发的,例如,Apache 是基于 Java 的 HBase 和 Accumulo,以及 ElasticSearch。

(6) 科学应用。Java 在科学应用中是很好选择,包括自然语言处理。最主要的原因是因为 Java 比 C++ 或者其他语言的安全性、便携性、可维护性以及并发性更好。

3. Python 语言

Python 是一种解释型、面向对象、动态数据类型的高级程序设计语言,Python 标志如图 7-5 所示。

Python 的创始人为荷兰人吉多·范罗苏姆(Guido van Rossum)。1989 年圣诞节期间,在阿姆斯特丹,Guido 为了打发圣诞节的无趣,决心开发一个新的脚本解释程序,作为 ABC 语言的一种继承。之所以选中

图 7-5　Python 标志

Python(大蟒蛇的意思)作为该编程语言的名字,是取自英国 20 世纪 70 年代首播的电视喜剧《蒙提·派森的飞行马戏团》(*Monty Python's Flying Circus*)。

Python 的特点有以下几方面。

（1）易于学习。Python 有相对较少的关键字，结构简单，还有明确定义的语法，学习起来更加简单。

（2）易于阅读。Python 代码的定义更清晰。

（3）易于维护。Python 的成功在于它的源代码是相当容易维护的。

（4）一个广泛的标准库。Python 最大的优势之一是有丰富的库和跨平台的特点，在 UNIX、Windows 和 Macintosh 上的兼容性很好。

（5）互动模式。有良好的对互动模式的支持，可以从终端输入执行代码并获得结果，可以进行互动的测试并调试代码片段。

（6）可移植。基于其开放源代码的特性，Python 已经被移植（也就是使其工作）到许多平台。

（7）可扩展。如果需要一段运行很快的关键代码，或者想编写一些不愿开放的算法，你可以使用 C 或 C++ 完成那部分程序，然后从 Python 程序中调用。

（8）数据库。Python 提供所有主要的商业数据库的接口。

（9）GUI 编程。Python 支持 GUI，可以创建和移植到许多系统中调用。

（10）可嵌入。可将 Python 嵌入 C/C++ 程序，从而让用户获得"脚本化"的能力。

任务实施

通过本节知识的学习，小郑同学已经对计算机相编程语言知识有了初步的了解，通过网上查找知识与学习，他用 C 语言编写了一个 Hello World 程序。

代码如下：

```
#include <stdio.h>
int main()
{  printf("Hello World" );  }
```

任务 7.2　掌握数据库管理系统和开发工具

任务描述

在编写程序时，小郑同学碰到一个问题：程序涉及的用户数据该存放到哪里？日常生活中，我们会用各种容器存放物品，那么软件中的数据该用什么"容器"储存呢？接下来通过学习数据库相关知识可得到答案。顾名思义，数据库就是用来存放数据的仓库。

7.2.1　数据库技术的发展历史

数据（data）是事实或观察的结果，是对客观事物的逻辑归纳，是用于表示客观事物的未经加工的原始素材。现代社会高速发展，每天都会产生大量的数据，有相关专家曾经说过，未来的时代将不是 IT 时代，而是 DT（Data Technology，数据科技）的时代。

数据库是按照数据结构来组织、存储和管理数据的仓库，是一个长期存储在计算机内的、有组织的、可共享的、统一管理的大量数据的集合。数据库是以一定方式储存在一起，能与多个用户共享，具有尽可能小的冗余度，与应用程序彼此独立的数据集合，可视为电子化的文件柜——存储电子文件的处所，用户可以对文件中的数据进行新增、查询、更新、删除等操作。

数据库技术是 20 世纪 60 年代开始兴起的一门信息管理自动化的新兴学科,是计算机科学中的一个重要分支。随着计算机应用的不断发展,在计算机应用领域中,数据处理越来越占主导地位,数据库技术的应用也越来越广泛。

数据管理是数据库的核心任务,内容包括对数据的分类、组织、编码、储存、检索和维护。随着计算机硬件和软件的发展,数据库技术也不断地发展,从数据管理的角度看,数据库技术到目前共经历了人工管理阶段、文件系统阶段、数据库系统阶段和分布式存储阶段。

1. 人工管理阶段

人工管理阶段(图 7-6)是指计算机诞生的初期(即 20 世纪 50 年代后期之前),这个时期的计算机主要用于科学计算。从硬件看,没有磁盘等直接存取的存储设备;从软件看,没有操作系统和管理数据的软件,数据处理方式是批处理。

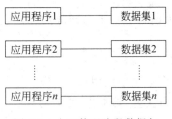

图 7-6 人工管理阶段数据与程序的对应关系

人工管理阶段,用户针对某个特定的求解问题,首先确定求解的算法;其次利用计算机系统所提供的编程语言,直接编写相关的计算机程序;最后将程序和相关的数据通过输入设备送入计算机,计算机处理完之后输出用户所需的结果。不同的用户针对不同的求解问题,均要编写各自的求解程序,整理各自程序的所需的数据,数据的管理完全由用户负责。

因此这个阶段的数据管理具有数据不保存,应用程序管理数据,数据不共享,数据不具有独立性等特点。

(1) 数据不保存。当时计算机主要用于科学计算,一般不需要将数据长期保存,只是计算某一课题时输入数据,用完就撤走。

(2) 应用程序管理数据。数据需要由应用程序自己设计、说明(定义)和管理,没有相应的软件系统负责数据的管理工作。应用程序中不仅要规定数据的逻辑结构,而且要设计物理结构(包括存储结构、存取方法、输入方式等),所以程序员负担很重。

(3) 数据不共享。数据是面向应用程序的,一组数据只能对应一个程序。多个应用程序涉及一些相同的数据时,只能各自定义,无法相互利用、参照,因此程序与程序间有大量冗余数据。

(4) 数据不具有独立性。数据的逻辑结构或物理结构发生变化后,必须相应地修改应用程序,因此加重了程序员的负担。

2. 文件系统阶段

文件系统阶段是指从 20 世纪 50 年代后期到 60 年代中期。该时期的计算机应用范围逐渐扩大,计算机不仅用于科学计算,而且大量用于信息管理。计算机硬件有了进一步的发展,出现了磁盘、磁鼓等能直接存取的外存储设备。在软件方面,高级语言和操作系统已经有了完善的产品,并且操作系统中有专门负责管理数据的文件系统功能,如图 7-7 所示。数据处理的方式有批处理,也有联机实时处理。

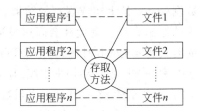

图 7-7 文件系统阶段数据与程序的对应关系

文件系统数据管理具有数据可以长期保持。文件系统管理数据,数据共享性差且冗余度大,数据独立性差等特点。

(1) 数据可以长期保存。由于计算机大量用于数据处理,数据需要长时间保留在外存上反复进行查询、修改、插入和删除等操作。

(2) 由文件系统管理数据。由专门的软件即文件系统进行数据管理,文件系统把数据组织成相互独立的数据文件,利用"按文件名访问,按记录进行存取"的管理技术,可以对文件进行修改、插入和删除的操作。文件系统实现了记录内的结构性,但整体无结构。文件由记录构成,记录内部有某些结构(记录由若干属性组成),但记录之间没有联系。

(3) 数据共享性差且冗余度大。在文件系统中,一个(或一组)文件基本上对应一个应用程序,即文件仍然是面向应用的。不同的应用程序具有部分相同的数据时,也必须建立各自的文件,而不能共享相同的数据,因此数据的冗余度大,浪费存储空间,而且由于重复存储,各自管理,容易造成数据不一致,增加了数据修改和维护的难度。

(4) 数据独立性差。文件系统中的文件为某一特定应用服务,文件的逻辑结构对该应用程序来说是优化的,所以要想对现有的数据再增加新的应用是很困难的,系统不易扩充。

3. 数据库系统阶段

从 20 世纪 60 年代后期开始,计算机应用于管理的规模更加庞大,需要计算机管理的数据急剧增长,对数据共享的要求也与日俱增。随着大容量磁盘系统的使用,计算机联机存取大量数据成为可能;软件价格相对上升,硬件价格相对下降,使独立开发系统和维护软件的成本增加,文件系统的管理方法已无法满足要求。为了解决独立性问题,实现数据统一管理,最大限度地实现数据共享,必须发展数据库技术。于是为了解决多用户、多应用共享数据的需求,使数据为尽可能多的应用服务,数据库技术应运而生,出现了统一管理数据的专门软件系统——数据库管理系统,如图 7-8 所示。

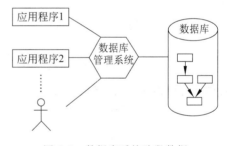

图 7-8 数据库系统阶段数据与程序的对应关系

数据库技术为数据管理提供了一种较完善的高级管理模式,对所有数据实行统一、集中管理,使数据的存储独立于它的程序,从而实现数据共享。其主要特点有以下几方面。

(1) 数据结构化。数据库系统实现整体数据的结构化,这是数据库的主要特征之一,也是数据库系统与文件系统的本质区别。"整体"结构化是指在数据库中的数据不再仅针对某一应用,而是面向全组织;不仅数据内部是结构化的,而且整体也是结构化的,数据之间是有联系的,而文件系统只是内部有结构,但整体无结构,记录之间没有联系。

(2) 数据的共享性高,冗余度低,易扩充。数据库系统从整体角度看待和描述数据,数据不再面向某个应用而是面向整个系统,因此数据可以被多个用户、多个应用共享使用。数据共享可以大幅减少数据冗余,节约存储空间,还能避免数据间的不相容性和不一致性。

（3）数据独立性高。物理独立性指用户的应用程序与存储在磁盘上的数据库中的数据是相互独立的。数据在磁盘上的数据库中怎样存储是有 DBMS 管理的，用户程序不需要了解，应用程序要处理的只是数据的逻辑结构，这样当数据的物理存储改变时，应用程序不用改变。

逻辑独立性指用户的应用程序与数据库的逻辑结构是相互独立的。当数据的逻辑结构发生改变，用户程序也可以不变。

（4）数据由 DBMS 统一管理和控制。数据库的共享是并发的共享，即多个用户可以同时存取数据库中的数据，甚至可以同时存取数据库中同一个数据。

4. 分布式存储阶段

分布式存储阶段是将数据分散存储在多台独立的设备上。分布式存储系统采用可扩展的系统结构，利用多台存储服务器分担存储负荷，利用位置服务器定位存储信息，它不但提高了系统的可靠性、可用性和存取效率，还易于扩展。

7.2.2 数据库管理系统与数据库系统

数据库管理系统是一种操纵和管理数据库的大型软件，用于建立、使用和维护数据库，简称 DBMS，它对数据库进行统一的管理和控制，以保证数据库的安全性和完整性。

数据库管理系统是一个能够提供数据录入、修改、查询的数据操作软件，具有数据定义、数据操作、数据存储与管理、数据维护、通信等功能，且能够允许多用户使用。其主要工作步骤分为以下六步。

（1）接受应用程序的数据请求和处理请求；

（2）将用户的数据请求（高级指令）转换成复杂的机器代码（低层指令）；

（3）实现对数据库的操作；

（4）从对数据库的操作中接受查询结果；

（5）对查询结果进行处理（格式转换）；

（6）将处理结果返回给用户。

数据库系统（data base system，DBS）通常由软件、数据库和数据管理员组成，如图 7-9 所示。其软件主要包括操作系统、各种宿主语言、实用程序以及数据库管理系统。数据库由数据库管理系统统一管理，数据的插入、修改和检索均要通过数据库管理系统进行；数据管理员负责创建、监控和维护整个数据库，使数据能被任何有权使用的人有效使用。

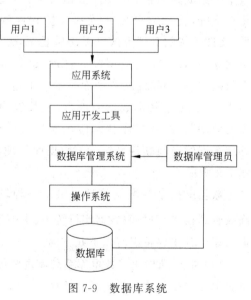

图 7-9　数据库系统

目前市场上主流的数据库管理软件有 Oracle、SQL Server、DB2、SQLite、MySQL 等产品，主要特点如表 7-5 所示。

表 7-5　常见数据库管理系统软件

序号	名　称	主　要　特　点
1	MySQL	开源免费的小型数据库
2	Oracle	功能强大且收费的大型数据库
3	DB2	IBM 公司的收费数据库产品,常应用在银行系统中
4	SQL Server	微软公司收费的中型的数据库,常与 C♯ 等语言一起使用
5	SQLite	嵌入式的小型数据库,应用在手机端

传统的关系数据库在处理超大规模和高并发的数据应用时已经显得力不从心,出现了很多难以克服的问题,非关系型的数据库则由于其本身的特点得到了非常迅速的发展。非关系型数据库 NoSQL 的产生就是为了解决大规模数据集合中由多重数据种类所带来的挑战,尤其是大数据应用难题。

关系型数据库是基于行式存储,存储结构化数据,一行代表一条完整的信息。非关系型数据库一般以简单的键-值模式存储,因此大幅增加了数据库的扩展能力。

7.2.3　数据库结构化查询语言

结构化查询语言(structured query language,SQL),是一种特殊目的的编程语言,也是一种数据库查询和程序设计语言,用于存取数据以及查询、更新和管理关系数据库系统。针对数据库,一般采用 SQL 语言进行数据管理。SQL 从功能上可以分为数据定义、数据操纵和数据控制。

(1) SQL 数据定义功能：能够定义数据库的三级模式结构,即外模式、全局模式和内模式结构。在 SQL 中,外模式又叫作视图(view);全局模式简称模式(schema);内模式由系统根据数据库模式自动实现,一般无须用户过问。

(2) SQL 数据操纵功能：包括对基本表和视图的数据插入、删除和修改,特别是具有很强的数据查询功能。

(3) SQL 的数据控制功能：主要是对用户的访问权限加以控制,以保证系统的安全性。

SQL 是一门美国国家标准化组织(ANSI)的标准计算机语言,用来访问和操作数据库系统,但是因为存在着很多不同版本的 SQL 语言,为了与 ANSI 标准相兼容,它们必须以相似的方式共同地来支持一些主要的关键词(如 SELECT、UPDATE、DELETE、INSERT、WHERE 等),除此之外,大部分 SQL 数据库程序都拥有它们自己的私有扩展。

例如,SELECT 查询语句格式如下：

```
SELECT 列名称 FROM 表名称
```

下面的语句可从名为 Persons 的数据库表获取名为 LastName 和 FirstName 列的内容：

```
SELECT LastName,FirstName FROM Persons
```

🎖️任务实施

小郑同学在学习了本节知识后,又上网查找了一些资料,总结归纳了数据、数据库、数据库系统、数据库管理系统、数据管理员等概念。

（1）数据（data）：荷载或记录信息并按一定规则排列、组合的物理符号，可以是数字、文字、图像，也可以是计算机代码。

（2）数据库（DB）：按照数据结构来组织、存储和管理数据的仓库。

（3）数据库管理系统（DBMS）：一种操纵和管理数据库的大型软件，用于建立、使用和维护数据库。

（4）数据库系统（DBS）：由数据库、数据库管理系统、应用程序和数据库管理员组成的存储、管理、处理和维护数据的系统。

（5）数据管理员（DBA）：数据库的建立、使用和维护等工作只是靠一个数据库管理系统远远还不够，要有专门的人员来完成，这些被称为数据库管理员。

任务 7.3 掌握软件系统的开发方法和步骤

任务描述

小郑同学决定用所学的知识开发一个学生信息管理系统，但是无从下手，不知如何着手开发一个完整的软件项目，那么接下来需要学习软件工程的相关知识，掌握软件系统的开发方法和步骤。

软件开发是根据用户要求建造出软件系统或者系统中的软件部分的过程，是一项包括需求捕捉、需求分析、设计、实现和测试的系统工程。软件设计思路和方法的一般过程，包括设计软件的功能，实现的算法和方法，软件的总体结构设计和模块设计，编程和调试，程序联调和测试，以及编写、提交程序。软件开发生命周期如图 7-10 所示。

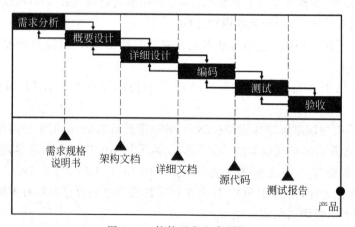

图 7-10 软件开发生命周期

7.3.1 C/S 与 B/S 架构

1. C/S 架构

C/S（client/server）架构即客户机—服务器结构。C/S 结构通常采取两层结构，服务器负责数据的管理，客户机负责完成与用户的交互任务。

在 C/S 结构中,应用程序分为两部分:服务器部分和客户机部分。服务器部分是多个用户共享的信息与功能,执行后台服务,如控制共享数据库的操作等;客户机部分为用户所专有,负责执行前台功能,在出错提示、在线帮助等方面都有强大的功能,并且可以在子程序间自由切换。其原理就是客户机通过局域网与服务器相连,接受用户的请求,并通过网络向服务器提出请求,对数据库进行操作。服务器接受客户机的请求,将数据提交给客户机,客户机将数据进行计算并将结果呈现给用户。

C/S 结构的优点是能充分发挥客户端 PC 的处理能力,很多工作可以在客户端处理后再提交给服务器。其优点就是客户端响应速度快,具体表现在应用服务器运行数据负荷较轻和数据的储存管理功能较为透明。传统的 C/S 体系结构虽然采用的是开放模式,但这只是系统开发一级的开放性,在特定的应用中无论是客户端还是服务器端都需要特定的软件支持;其次,C/S 结构的软件需要针对不同的操作系统系统开发不同版本的软件,维护成本且投资大。在 Java 这样的跨平台语言出现之后,B/S(browser/server)架构更是猛烈冲击C/S,并对其形成威胁和挑战。

2. B/S 架构

B/S 架构即浏览器和服务器架构模式,是随着 Internet 技术的兴起,对 C/S 架构的一种变化或者改进的架构,如图 7-11 所示。在这种架构下,用户工作界面是通过浏览器来实现,极少部分事务逻辑在前端实现,但是主要事务逻辑在服务器端实现。这种模式统一了客户端,将系统功能实现的核心部分集中到服务器上,简化了系统的开发、维护和使用。客户机上只要安装一个浏览器,如 Netscape Navigator 或 Internet Explorer,服务器安装 Oracle、Sybase、Informix 或 SQL Server 等数据库,浏览器通过 Web 服务器同数据库进行数据交互,这样就大幅简化了客户端计算机荷载,减轻了系统维护与升级的成本和工作量,降低了用户的总体成本。

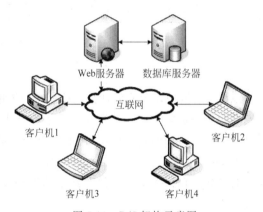

图 7-11　B/S 架构示意图

在 B/S 结构中,每个节点都分布在网络上,这些网络节点可以分为浏览器端、服务器端和中间件,通过它们之间的链接和交互来完成系统的功能任务。

浏览器端:即用户使用的浏览器,是用户操作系统的接口,用户通过浏览器界面向服务器端提出请求,对服务器端返回的结果进行处理并展示,通过界面可以将系统的逻辑功能更好地表现出来。

服务器端:提供数据服务,操作数据,然后把结果返回中间层,结果显示在系统界面上。

中间件:这是运行在浏览器和服务器之间的。这层主要完成系统逻辑,实现具体的功能,接受用户的请求并把这些请求传送给服务器,然后将服务器的结果返回给用户,浏览器端和服务器端需要交互的信息是通过中间件完成的。

7.3.2　MVC 开发模型

MVC(model view controller)模式是软件工程中的一种软件架构模式,把软件系统分为三个基本部分:模型(model)、视图(view)和控制器(controller),如图 7-12 所示。它是用一种业务逻辑、数据与界面显示分离的方法来组织代码,将众多的业务逻辑聚集到一个部件里面,在需要改进和个性化定制界面及用户交互的同时,不需要重新编写业务逻辑,从而达到减少编码的时间。

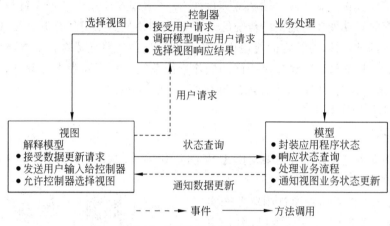

图 7-12　MVC 开发模型示意图

模型:用模型表示业务规则,负责封装应用的状态,并实现应用的功能。通常又分为数据模型和业务逻辑模型。数据模型用来存放业务数据,比如订单信息、用户信息等;而业务逻辑模型包含应用的业务操作,比如订单的添加或者修改等。

视图:用户看到并与之交互的界面。比如由 HTML 元素组成的网页界面,或者软件的客户端界面。在视图中其实没有真正的处理发生,它只是作为一种输出数据并允许用户操纵的方式。

控制器:控制器接受用户的输入并调用模型和视图去完成用户的需求,控制器本身不输出任何东西和做任何处理。它只是接收请求并决定调用哪个模型构件去处理请求,然后再确定用哪个视图来显示返回的数据。它使视图与模型分离开。

采用 MVC 开发软件的优点有以下几方面。

1. 耦合性低

视图层和业务层分离,这样就允许更改视图层代码而不用重新编译模型和控制器代码,同样,一个应用的业务流程或者业务规则的改变只需要改动 MVC 的模型层即可。因为模型与控制器和视图相分离,所以很容易改变应用程序的数据层和业务规则。

2. 重用性高

MVC 模式允许使用各种不同样式的视图来访问同一个服务器端的代码,因为多个视图能共享一个模型,它包括任何 Web(HTTP)浏览器或者无线浏览器(Wap),比如,用户可以通过计算机或通过手机来订购某样产品,虽然订购的方式不一样,但处理订购产品的方式是一样的。由于模型返回的数据没有进行格式化,所以同样的构件能被不同的界面使用。

3. 部署快，成本低

MVC 使开发和维护用户接口的技术含量降低。使用 MVC 模式使开发时间大幅缩减，它使程序员（Java 开发人员）集中精力于业务逻辑，界面程序员（HTML 和 JSP 开发人员）可集中精力于表现形式上。

4. 可维护性高

分离视图层和业务逻辑层也使 Web 应用更易于维护和修改。

7.3.3 Java 开发登录页面

下面通过 Java 开发登录页面，简单介绍一下软件开发的步骤，具体代码请自行理解。

（1）创建项目工程。

（2）编写 HTML 代码，生成的页面如图 7-13 所示。

```html
<!DOCTYPE html>
<html>
<head>
<meta charset="UTF-8">
<title>Insert title here</title>
</head>
<body>

<form action="/HelloWorld/Login">
    用户名：<input type="text"><br>
    密  码:<input type="password"><br>
    <input type="submit" value="登录">
    <input type="reset" value="重置">
</form>
</body>
</html>
```

图 7-13　登录页面

（3）编写用户模型来储存用户的登录信息，如图 7-14 所示。

```java
public class User {
    private String username;//用户名
    private String password;//密码
    public String getUsername() {
        return username;
    }
    public void setUsername(String username) {
        this.username = username;
    }
    public String getPassword() {
        return password;
    }
    public void setPassword(String password) {
        this.password = password;
    }
}
```

图 7-14　储存用户信息

（4）编写业务控制代码，生成的页面如图 7-15 所示。

```
public class Login extends HttpServlet {
    private static final long serialVersionUID = 1L;
    protected void doPost(HttpServletRequest request, HttpServletResponse response)
        throws ServletException, IOException {
        String uesrname=request.getParameter("username");
        String password=request.getParameter("password");
        if("admin".equals(uesrname) & "123456".equals(password)){
            response.getWriter().write("用户名及密码正确，登录成功");
        }else{
            response.getWriter().write("用户名及密码错误，登录失败");
        }
    }
}
```

图 7-15 判断登录信息

（5）运行调试。完成程序编写后，需要调试并运行项目。如果在登录页面中输入的用户名为 admin，密码为 123456，页面则会显示"用户名及密码正确，登录成功"，如图 7-16 所示；否则显示"用户名及密码错误，登录失败"。

> 用户名及密码正确，登录成功

图 7-16 登录结果页面

任务实施

小郑同学在学习了如何开发一个计算机软件系统后，还想快速开发一个软件，上网查找资料，了解了 SSH 框架。SSH 框架系统从职责上分为四层：表示层、业务逻辑层、数据持久层和域模块层，以帮助开发人员在短期内搭建结构清晰、可复用性好、维护方便的 Web 应用程序。目标是使用 Struts 作为系统的整体基础架构并负责 MVC 的分离，在 Struts 框架的模型部分控制业务跳转，利用 Hibernate 框架对持久层提供支持，用 Spring 管理 Struts 和 Hibernate。

任务 7.4 了解移动应用开发技术

任务描述

在了解了传统软件开发技术相关的知识点之后，小李同学想让小郑同学帮忙开发一个移动 APP，小郑同学突然发现之前了解的相关技术里并没有包括这一类别。接下来介绍有关移动应用开发技术方面的知识。

7.4.1 移动互联网的关键技术

移动互联网的关键技术包括架构技术（SOA）、页面展示技术（Web 2.0）、HTML 5 以及主流开发平台 Android、iOS 和 Windows Phone。

1. SOA

SOA（service oriented architecture，面向服务的架构）是一种粗粒度、松耦合服务架构，服务之间通过简单、精确定义接口进行通信，不涉及底层编程接口和通信模型。SOA 可以看作是 B/S 模型、XML（标准通用标记语言的子集）/Web service 技术之后的自然延伸。Web service 是目前实现 SOA 的主要技术，是一个平台独立的、低耦合的、自包含的、基于可编程的 Web 的应用程序,可使用开放的 XML(标准通用标记语言下的一个子集)标准来描述、发布、发现、协调和配置这些应用程序,用于开发分布式的互操作应用程序。Web service 技术能使运行在不同机器上的不同应用无须借助附加的、专门的第三方软件或硬件即可相互交换数据或集成。依据 Web service 规范实施的应用之间,无论它们所使用的语言、平台或内部协议是什么,都可以相互交换数据。SOA 支持将业务转换为一组相互链接的服务或可重复业务任务,可以对这些服务进行重新组合,以完成特定的业务任务,从而使业务能够快速适应不断变化的客观条件和需求。

2. Web 2.0

Web 2.0 严格来说不是一种技术,而是提倡众人参与的互联网思维模式,是相对于 Web 1.0 的新时代。它指的是一个利用 Web 的平台,由用户主导而生成的内容互联网产品模式,为了区别传统由网站雇员主导生成的内容而定义为第二代互联网。

3. HTML 5

HTML 5 是在原有 HTML 基础之上扩展了 API,使 Web 应用成为 RIA(rich internet applications),具有高度互动性、丰富用户体验以及功能强大的客户端。HTML 5 的第一份正式草案已于 2008 年 1 月 22 日公布。HTML 5 的设计目的是在移动设备上支持多媒体,推动浏览器厂商,使 Web 开发能够跨平台、跨设备支持。HTML 5 仍处于完善之中。然而,大部分现代浏览器已经具备了某些 HTML 5 支持。HTML 5 相对于 HTML 4 是一个划时代的改变,新增了很多特性,其中重要的特性包括:支持 WebGL,拖曳,离线应用和桌面提醒,大幅增强了浏览器的用户使用体验。支持地理位置定位,更适合移动应用的开发。支持浏览器页面端的本地储存与本地数据库,加快了页面的反应。使用语义化标签,标签结构更清晰,且利于 SEO。摆脱了对 Flash 等插件的依赖,使用浏览器的原生接口。使用 CSS 3,减少了页面对图片的使用。兼容手机、平板电脑等不同尺寸、不同浏览器下的浏览。HTML 5 手机应用的较大优势是可以在网页上直接调试和修改。原先应用的开发人员可能需要花费非常大的力气才能达到 HTML 5 的效果,不断地重复编码、调试和运行,这是首先得解决的一个问题。因此也有许多手机杂志客户端是基于 HTML 5 标准的,开发人员可以轻松地调试及修改。

4. Android

Android 一词的本义指"机器人",是一种基于 Linux 的自由及开放源代码的操作系统,主要用于移动设备,如智能手机和平板电脑,由 Google 公司于 2007 年 11 月 5 日发布,而后一直由 Google 公司和开放手机联盟领导及开发。开放手机联盟(open handset alliance)包括摩托罗拉、HTC、三星、LG、HP、中国电信等。并且很多移动重点厂商,如三星、小米,都在标准 Android 的基础上封装自有的操作系统。在移动终端开发方面,Android 的市场占有率一枝独秀,成为全球最常用的智能手机操作系统。相对于其他移动终端操作系统,Android 的特点是入门容易,因为 Android 的中间层多以 Java 实现,并且采用特殊的 Dalvik "暂存器形态"Java 虚拟机,变量皆存放于暂存器中,虚拟机的指令相对减少,开发相对简单,而且开发社群活跃,开发资料丰富。

5. iOS

iOS 是由苹果公司开发的移动操作系统,主要应用于 iPhone、iTouch 以及 iPad。苹果的移动终端一直是高端移动市场的领导者,拥有多点触控功能等多项专利,以及无与伦比的用户体验和海量的应用软件,并且 APP Store 开创网上软件商店的先河。iOS 是一个非开源的操作系统,其 SDK 本身是可以免费下载的,但为了发布软件,开发人员必须加入苹果开发者计划,其中有一步需要付款以获得苹果的批准。加入之后,开发人员将会得到一个牌照,他们可以用这个牌照将自己编写的软件发布到苹果的 APP Store。iOS 的开发语言是 Objective-C、C 和 C++,加上其对开发人员和程序的认证,开发资源相对较少,所以其开发难度要大于 Android。

6. Windows Phone

Windows Phone 简称 WP,是微软发布的一款手机操作系统,它将微软旗下的 Xbox Live 游戏、Xbox Music 音乐与独特的视频体验集成至手机中。Windows Phone 的开发技术有 C、C++、C♯等。Windows Phone 的基本控件来自控件 Silverlight 的.NET Framework 类库,而.NET 开发具备快捷、高效、低成本的特点。

7.4.2 移动应用开发常见技术

1. APP

APP(应用程序,application 的缩写)一般指手机软件,主要是指安装在智能手机上的软件,完善原始系统的不足与个性化,是手机完善其功能,为用户提供更丰富的使用体验的主要手段。手机软件的运行需要有相应的手机系统。目前原生 APP 是指:①使用 OC 或 Swift 语言开发,运行在苹果公司的 iOS 系统上的移动应用程序。②使用 Java 或 Kotlin 语言开发,运行在 Google 公司的 Android(安卓)系统上的移动应用程序。

2. HTML 5

HTML 5 是第 5 个版本的 HTML。HTML 是"超文本标记语言"的英文缩写,是描述网页的标准语言。我们上网所看到的网页,多数都是由 HTML 写成的。"超文本"是指页面内可以包含图片、链接,甚至音乐、程序等非文字元素。而"标记"指的是这些超文本必须由包含属性的开头与结尾标志来标记。浏览器通过解码 HTML,就可以把网页内容显示出来,它也构成了互联网兴起的基础。

3. 小程序

此处专指微信小程序,简称小程序,英文名为 Mini Program,是一种不需要下载安装即可使用的应用,它实现了应用"触手可及"的梦想,用户扫一扫或搜一下即可打开应用。

4. uni-app

uni-app 是一个使用 Vue.js 开发跨平台应用的前端框架,开发者编写一套代码,可编译到 iOS、Android、HTML 5、小程序等多个平台。

5. Weex

Weex 是一个使用 Web 开发体验来开发高性能原生应用的框架。

6. RN

RN(React Native)是 Facebook 于 2015 年 4 月开源的跨平台移动应用开发框架,是

Facebook 早先开源的 JS 框架 React 在原生移动应用平台的衍生产物,目前支持 iOS 和安卓两大平台。RN 使用 JavaScript 语言,类似用 HTML 的 JSX 或 CSS 来开发移动应用,因此熟悉 Web 前端开发的技术人员只需很少的学习就可以进入移动应用开发领域。

7. Flutter

Flutter 是谷歌的移动 UI 框架,可以快速在 iOS 和 Android 上构建高质量的原生用户界面。Flutter 可以与现有的代码一起工作。

任务实施

下面从开发、产品、运营三个维度对各项常见移动应用程序开发技术进行比较(如图 7-17~图 7-20 所示),比较统计结果如表 7-6 所示。

表 7-6 各项常见移动应用程序开发技术进行比较

维度	细 分	APP	HTML 5	小程序	uni-app	Weex	RN	Flutter
开发	开发语言	OC/Java	HTML 5+CSS+JS	HTML 5+CSS+JS	Vue.js	Vue.js	React	Dart
	开发难度	难	中等	简单	简单	简单	中等	中等
	开发速度	慢	中等	快	快	快	中等	中等
	后期维护	难	中等	容易	容易	中等	中等	中等
产品	体验和流畅度	最好	差	中等	中等	中等	较好	好
	是否要安装	是	否	否	—	是	是	是
	迭代速度	慢	最快	快	快	较快	中等	中等
	功能支持	最多	少	中等	中等	少	中等	少
	性能	好	差	中等	差	差	中等	较好
运营	推广成本	最高	最低	较低	中等	高	高	高
	用户留存	最高	最低	较低	中等	高	高	高
	用户唤醒	最高	中等	最低	中等	高	高	高

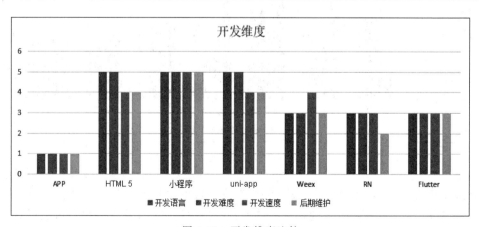

图 7-17 开发维度比较

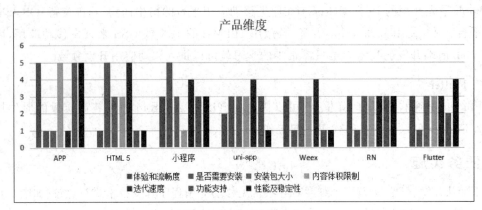

图 7-18 产品维度比较

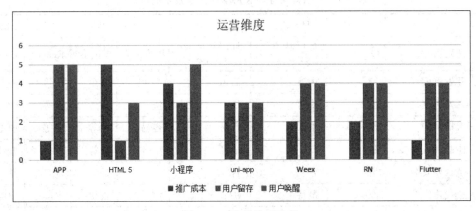

图 7-19 运营维度比较

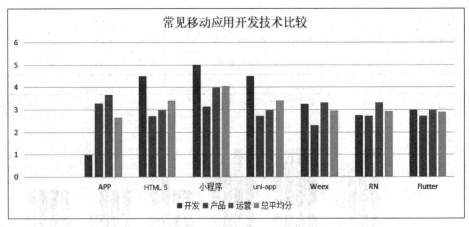

图 7-20 常见移动应用开发技术比较

在开发维度上 APP 评分落后,其他跨平台技术较原生技术有较大优势;在产品维度上 APP 评分领先,而小程序以及其他跨平台技术稍落后,HTML 5 在这一项得分较低;在运营维度上小程序具有一定的领先优势,这与其跨平台以及即用即走的特性有较大关系,APP

在这项得分相对较低。

习 题

一、填空题

1. 计算机编程语言的发展经历了_____、_____和_____三个阶段。

2. 数据库技术的发展经历了_____、_____和_____三个阶段。

3. DB、DBS、DBMS 的意思是_____、_____和_____。

4. B/S 的意思是_____;C/S 的意思是_____。

5. MVC 的意思是_____、_____和_____。

二、简答题

1. 常见的高级编程语言有哪些？

2. Java 语言常见的应用有哪些？

3. 常见的数据库有哪些？

4. 请列出软件开发的生命周期。

5. MVC 的优点有哪些？

第 8 章
云计算与网络技术

计算机网络是计算机技术与通信技术结合的产物。计算机网络从计算机诞生后,人们就开始研究如何将计算机连接一起,以便实现资源共享,提高计算机综合处理能力。同样,云计算从诞生开始,人们就开始提出分布式处理、负载均衡。进入 21 世纪,全球以 Internet 为核心的高速计算机互联网络形成,改变着人类的方方面面,云计算与网络技术已经深入各行各业中。本章主要介绍云计算、网络相关的基本概念和内容,让读者对云计算与网络有一个初步的了解和认识。

任务 8.1 认识云计算及其技术

任务描述

云计算是目前非常热门的一个概念,小李同学通过搜集信息了解到云计算技术及其应用是未来就业重要的方向,因此他非常想了解云计算及其技术,以便为今后学习做一个准备,于是他开始学习相关知识。

8.1.1 云计算简介

云计算(cloud computing)并不是一个新的网络技术,而是近些年全新的网络应用概念,其定义众多。"云"实质上就是网络,云计算就是一种提供资源网络,使用者可以随时获取"云"上的资源。从技术角度来看,云计算是一组内部互联的物理服务器组成的并行和分布式计算系统,为互联网用户提供弹性的硬件、软件和数据服务。云计算可以被视为网络计算和虚拟化的融合,即利用网格分布式计算处理能力,将 IT 资源构筑成一个资源池,再加上成熟的服务器虚拟化、存储虚拟化技术,为用户提供实时的监控和资源调配。

云计算已经成了热门技术,甚至被视为将改变生活方式和商业模式的革命技术。借助云计算,网络服务提供者可以在瞬息之间,处理数以千万计甚至亿计的信息,实现和超级计算机同样的效能。云计算将计算从客户端集中到"云端",作为应用通过互联网提供给用户,计算通过分布式计算等技术由多台计算机共同完成,因此云计算又是一种信息技术、软件、互联网相关的一种服务,用户只需要关心应用的功能,而不用关心应用的实现方式。应用的实现和维护由其提供商完成,用户根据自己的需要选择相应的应用。

云计算通过互联网访问、可定制的 IT 资源共享池,并按照使用量付费的模式,这些资源包括网络、服务器、存储、应用、服务等。云计算是指服务的交付和使用模式,即通过网络以按需、易扩展的方式获取所需的资源,这种服务可以是 IT 的基础设施(硬件、软件、平台),也可以是其他服务,云计算的核心理念就是按需服务,就像人使用水、电、天然气等资源一样。

8.1.2　云计算的关键特征

云计算的特征有比较多,如提供高质量服务、高可靠保证、高扩展性、可用性和可扩展性等,具有很好的廉价性和自治性等特征。这里重点说明云计算的三个关键特征:按需服务,高扩展性和高自治性。

1. 按需服务

云计算的自助服务提供特性与随需应变计算能力密切相关。开发人员无须采用更多的服务器交付到私有数据中心,而是可以选择所需的资源和工具(通常通过云计算提供商的自助服务门户)并立即构建。管理人员制定政策限制 IT 团队和开发团队可以运行的内容,但在其范围内,团队成员可以自由构建、测试和部署他们认为合适的应用程序。

2. 高扩展性

云计算为提供商和用户提供高可扩展性,因为可以根据需要添加或删除计算、存储、网络和其他资产,这有助于企业 IT 团队优化其云平台托管的工作负载并避免最终用户瓶颈。云计算可以垂直或水平扩展,云计算提供商可以提供自动化软件来为用户处理动态扩展,客户可以基于他们急需的资源增加或减少计算量,实现很好的弹性服务。

3. 高自治性

云计算的硬件设备是完全独立的,云计算机系统是一个自治系统,系统的管理对用户来说是透明的,不同的管理任务是自动完成的,系统的硬件、软件、存储能够自动进行配置,从而实现对用户按需提供。

8.1.3　云计算的分类

目前来看,云计算的分类主要根据云的服务模式进行划分,通常可以分为公有云、私有云、混合云等。

1. 公有云

这通常是指第三方为用户提供能够使用的云,云端资源开发给社会公众使用。云端可能部署在本地,也可能部署在其他地方。用户不需要很大的投入,只需要注册一个账号,就能在一个网页上通过单击创建一台虚拟计算机。公有云的优点是成本低,可扩展性好。用户可以借助云服务商大量现成的功能,快速开发自己的系统。云服务商提供一种稳定的服务,不需要自己进行运维,可以节约成本。缺点是对于云端的资源比较缺乏控制,存在数据保密的安全性、网络性能和匹配性等问题。

2. 私有云

公有云由一个企业、一个单位、一个部门因单独使用而构建,提供对数据、安全性和服务质量的最有效控制。私有云可以在云平台基础上部署自己的网络或应用服务,云端可以在数据中心;也可以部署在云平台业务提供商中。因此,用户拥有完全的控制,数据安全性高,通过自主操作保证服务质量,能够保证较好的稳定性,但使用成本要高于公有云。

3. 混合云

混合云由两个或两个以上不同类型的云组成,它们各自独立,用标准或专有的技术将它们组合起来。由于安全和控制原因,并非所有公司的信息都能放置在公有云上,因此对已经应用云计算的单位使用混合云模式就最为合适。混合云提供了一种弹性需求,允许用户利用公有云和私有云的优势,为应用程序在多云环境中的移动提供极大的灵活性,具有较好的成本效益。但混合云的缺点是设置更加复杂,因而难以维护和保护。由于混合云是不同的云平台、数据和应用程序的组合,整合也是比较困难的,兼容性方面也存在问题。

除公有云、私有云和混合云外,还有移动云、行业云。移动云就是把虚拟化技术应用于手机、平板电脑等移动设备中;而行业云通常是指由某一行业内或某个区域内起主导作用或者掌握关键资源的组织建立和维护,以公开或者半公开方式为行业内部提供的一种有偿或无偿服务,如金融云、教育云、政府云、电信云、医疗云等。

8.1.4 云计算服务模式

通常云计算按层级来分,包括三个层次的服务:基础设施即服务(infrastructure as a service,IaaS)、平台即服务(platform as a service,PaaS)、软件即服务(software as a service,SaaS)。

1. IaaS

这是把硬件资源集中起来,通过虚拟化技术为用户提供服务,用户可以对所有设施进行利用,包括处理、存储其他的计算资源。虚拟化可以提高资源的利用率,使操作更加灵活,管理更加简单。用户能够部署和运行任意软件,包括操作系统和应用程序。用户不管理或控制任何云计算基础设施,但能控制操作系统和储存空间的选择及部署的应用,也有可能获得对有限制的网络组件(如防火墙、负载均衡器等)的控制。每个虚拟机就像在自己的硬件上运行一样。IaaS以市场机制并通过虚拟化层对外提供服务,是一种按使用量收费的运营模式,形成了云计算的基础层。

2. PaaS

它提供给用户的服务是把用户开发或收购的应用程序部署到运营商的云计算基础设施上,为用户提供云计算的应用平台。它是云计算的第二层。用户不需要管理或控制底层的云基础设施,包括网络、服务器、操作系统、存储等,但用户能控制部署的应用程序,也可能控制运行应用程序的托管环境配置。

3. SaaS

可以将它简单理解为通过网络提供软件服务。SaaS平台供应商将应用软件统一部署在服务器中,用户通过网络访问所需要的服务,为客户提供按需服务及按需付费的操作。

SaaS 构成了云计算的第三层,它的出现彻底颠覆了传统软件的运营模式,不需要直接交付即可实现软件的服务。

从上面可以知道,IaaS 提供虚拟机资源,即基础设施;PaaS 提供的是业务的开发、运行环境,即平台;而 SaaS 则提供业务的应用程序,即软件。

8.1.5 云计算的基本原理

云计算是通过使计算分布在大量的分布式计算机上,而非本地计算机或远程服务器中,企业数据中心的运行将更类似于互联网,这使得企业能够将资源切换到需要的应用上,并根据需求访问计算机和存储系统。云计算就是把普通的服务器或者个人计算机连接起来,以获得超级计算机的高性能,但是成本更低。云计算的出现使高性能并行计算不再是科学家和专业人士的"专利",普通的用户也能通过云计算享受高性能并行计算所带来的便利,使人人都有机会使用并行机,从而大幅提高了工作效率和计算资源的利用率。云计算模式可以简单理解为不论服务的类型或者是执行服务的信息架构如何,都通过 Internet 提供应用服务,让使用者通过浏览器就能使用,不需要了解服务器在哪里以及内部如何运作。

8.1.6 云计算的主要技术

云计算运用了许多技术,其中虚拟化技术、分布式数据存储技术、并行编程模式和大规模数据管理技术是关键技术。

1. 虚拟化技术

虚拟化技术是实现云计算的关键技术,它为云计算服务提供基础架构层面的支持,是一种利用软件技术仿真计算机硬件,以虚拟资源为用户提供服务的计算形式,主要目的在于合理调配计算机资源。云计算的虚拟化技术不同于传统的单一虚拟化,它涵盖整个 IT 架构,包括资源、网络、应用和桌面在内的全系统虚拟化。它的优势在于能够把所有硬件设备、软件应用和数据隔离开来,打破硬件配置、软件部署和数据分布的界限,实现 IT 架构的动态化,实现资源集中管理,使应用能够动态地使用虚拟资源和物理资源,提高系统适应需求和环境的能力,增强了系统的弹性和灵活性,提高了资源的利用效率。

2. 分布式数据存储技术

云计算系统由大量服务器组成,同时为大量用户服务,因此云计算系统采用分布式存储的方式存储数据,将数据存储在不同的物理设备中,用冗余存储的方式保证数据的可靠性。分布式存储与传统的网络存储并不完全一样,传统的网络存储系统采用集中的存储服务器存放所有数据,存储服务器成为系统性能的瓶颈,不能满足大规模存储应用的需要。

3. 并行编程模式

云计算采用并行编程模式,在并行编程模式下,并发处理、容错、数据分布、负载均衡等细节都被抽象到一个函数库中,通过统一接口,用户大尺度的计算任务被自动并发和分布执行,即将一个任务自动分成多个子任务,并行地处理海量数据。并行编程技术使得用户可以更高效地利用软、硬件资源,让用户更快速、更简单地使用应用或服务。MapReduce 是当前云计算主流并行编程模式之一。MapReduce 模式将任务自动分成多个子任务,通过 Map 和 Reduce 两步实现任务在大规模计算节点中的分配。

4. 大规模数据管理技术

处理海量数据是云计算的一大优势,高效的数据处理技术是云计算不可或缺的核心技术之一。云计算不仅要保证数据的存储和访问,还要能够对海量数据进行特定的检索和分析。由于云计算需要对海量的分布式数据进行处理、分析,因此数据管理技术必须能够高效地管理大量的数据。

云计算的主要计算除以上技术外,还有分布式资源管理、云计算平台管理技术、能耗管理技术、信息安全技术等技术。

任务实施

(1) 请通过网络搜索国内主要的云服务提供商,并进行综合比较,了解它们提供哪些服务,并了解它们的性能情况等。

(2) 请选择一台计算机,尝试安装虚拟机软件,并自行配置虚拟机操作系统,如Windows Server 或 Linux,了解并掌握虚拟机的操作。

(3) 请通过资料查找,了解云计算技术与应用方面需要掌握的内容。

任务 8.2 认识计算机网络

任务描述

小李同学是一名刚刚进入大学的新生,他所选的专业是计算机应用类专业。他想对计算机网络进行了解,尤其想初步了解计算机网络并实际考察现有网络,以便能更快、更好地学好计算机网络知识,顺利地畅游在计算机网络世界中。

8.2.1 计算机网络定义

计算机网络是计算机技术与通信技术结合的产物,是由各种类型计算机、通信设备和通信线路、数据集终端设备等网络硬件和网络软件组成的计算机系统。网络中的计算机包括巨型计算机、大型计算机、中型计算机、小型机、微机等。

对于计算机网络,由于其发展阶段或者侧重点不同,定义的标准也不同,不同的定义反映着当时网络技术发展的水平,以及人们对网络的认识程度。从目前计算机网络的特点及资源共享的角度来看,可将计算机网络定义为:计算机网络是以能够相互共享资源的方式互联起来的自治计算机系统的集合,资源共享角度的定义符合目前计算机网络的基本特征。

计算机网络定义

但更加通用的定义是:计算机网络是将地理位置不同且能独立工作的多台计算机通过通信线路连接,并由网络软件实现资源共享的系统。

8.2.2 计算机网络的组成

从计算机网络的定义来看,网络分为计算机系统、通信线路与通信设备、网络软件三大部分。从资源构成的角度看,计算机网络是由硬件和软件组成的,硬件包括各种主机、通信线路和通信设备等;软件是完成网络中各种服务、控制和管理工程的程序集,如网络操作系统、网络协议软件、网络通信软件和网络应用软件等。

从系统逻辑功能角度来看,计算机网络还可以看成由资源子网和通信子网组成,具体如图 8-1 所示。资源子网由各计算机系统、终端控制器、终端设备、软件和可供共享的数据等组成。资源子网负责全网的数据处理业务,并向网络用户提供各种网络资源和网络服务;通信子网则为资源子网提供传输、交换数据信息的能力。

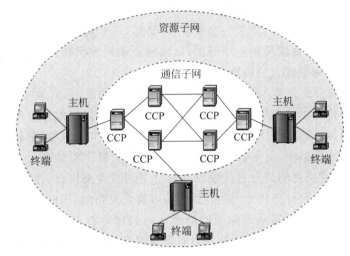

图 8-1 计算机网络构成——通信子网和资源子网

8.2.3 计算机网络的功能

建立计算机网络的主要目的是通过计算机与计算机之间相互通信,实现网络资源共享。计算机网络的主要功能有以下几个方面。

(1) 数据通信:这是计算机网络的最基本功能。数据通信又称为信息传输,可通过网络实现任何主机之间的数据通信,包括网络用户之间、各处理器之间,以及用户与处理器之间的数据通信。

(2) 资源共享:充分利用计算机资源是组建计算机网络的重要目的之一。计算机网络资源包括硬件资源、软件资源和数据资源。共享是指网络中的用户都能够部分或全部地享受网络资源。资源共享使得网络用户不仅可以克服地理位置差异,还可以充分提高资源的利用率。

(3) 分布式处理:这是指网络系统中若干台计算机互相协同来共同完成某项具体任务,对大型任务采用合适算法,将任务分散到网络中多台计算机上进行处理。

(4) 负载均衡:在网络中,对某一任务有各种各样的子系统,当一个系统处理任务的负担太重时,则可以由其他子系统来分担一些处理任务,从而实现负载均衡,并提高了每台计算机的效用。

(5) 集中管理:计算机网络可以将大型任务分散到各个网络节点中,同样可以将某一些进行集中管理,以便提高管理效率,如 MIS 系统、OA 办公系统等。

(6) 提高可靠性和安全性:建立计算机网络后,可以实现分布式处理和集中管理,也为计算机提供了冗余,网络可靠性大幅提高,避免了某一台计算机发生故障后,导致整个系统出现瘫痪的现象。

8.2.4　计算机网络分类

由于计算机网络的广泛应用,出现了各式各样的类型,但是主要有以下几种分类。

(1) 按网络的覆盖范围分类:分为局域网(local area network,LAN)、城域网(metropolitan area network,MAN)和广域网(wide area network,WAN)。一般来说,局域网是相对地域范围较小的网络,比如一个单位、一栋楼、一个办公室;广域网覆盖范围较广,通常可作用于不同国家、地域甚至全球范围;城域网介于局域网和广域网之间,是由若干局域网连接而成的一个规模较大的局域网。

(2) 按网络传输方式分类:分为点对点网络和广播式网络。

点对点网络是指网络连接中数据接收端被动接收数据,目标地址由发送端或中间网络设备确定。网络数据传输过程中,两个节点之间都有一条独立的连接,数据是逐个节点进行传输的。在点对点式网络中,每条物理线路连接一对计算机。假如两台计算机之间没有直接连接的线路,那么它们之间的分组传输就要通过中间节点来接收、存储与转发,直至到达目的节点。由于连接多台计算机之间的线路结构可能是复杂的,因此,从源节点到目的节点可能存在多条路由。决定分组从通信子网的源节点到目的节点的路由需要有路由选择算法。采用分组存储转发与路由选择机制是点对点式网络与广播式网络的重要区别之一。

广播式网络则是指网络连接中数据接收端主动接收数据,目标地址由接收端进行确认。网络数据传输过程中,数据通过广播的方式发送出去,网络中所有主机从共享信道中获得数据,但会主动对数据目的地址进行检查确认。在广播式网络中,所有联网计算机都共享一个公共通信信道。当一台计算机利用共享通信信道发送报文分组时,所有其他的计算机都会"收听"到这个分组。由于发送的分组中带有目的地址与源地址,接收到该分组的计算机将检查目的地址是否与本节点地址相同。如果被接收报文分组的目的地址与本节点地址相同,则接收该分组,否则丢弃该分组。显然,在广播式网络中,发送的报文分组的目的地址可以有三类:单一节点地址、多节点地址与广播地址。

(3) 按网络的拓扑结构分类:计算机网络可以分为总线型网络、环形网络、星形网络、树形网络和网状形网络。

(4) 按传输介质分类:可以分为有线网络和无线网络。有线网络中的传输媒介可以是同轴电缆、双绞线或光纤等。

8.2.5　计算机网络硬件

网络硬件是计算机网络的基础,由计算机、通信设备和通信线路组成。

(1) 计算机:计算机网络中的计算机应该是广义上的计算机,不仅仅是微型计算机或笔记本电脑等,还包括各类能够进行计算的计算设备。按照是否提供服务功能来分,主要分为服务器和工作站两种。服务器通常是那些具有较高的计算、处理能力,为网络用户提供各种服务功能的机器,比如文件服务器、Web服务器、应用程序服务器等;工作站又称为客户机,当一台计算机连接到网络中,这台计算机就成为一台工作站,客户机是相对服务器而言的。

(2) 网卡:又称为网络适配器,是一种网络连接设备,使计算机能够连接到网络中,实现与网络中其他计算机的相互通信,每个网卡都有一个唯一的物理地址,又称为 MAC 地址,该地址由 48 位二进制数组成。网卡又可以分为有线网卡、无线网卡等,如图 8-2 所示为有线网卡。

图 8-2　网卡

(3) 调制解调器:是一种信号转换装置,可以将计算机的数字信号调制成通信线路的模拟信号,再将通信线路的模拟信号解调回计算机的数字信号。通常,在计算机内部,甚至在局域网内部,数据传输的主要是数字信号,即"0"和"1",而广域网中主要以模拟信号进行传输,这样就需要进行数、模信号的转换。目前也有进行光信号和数字信号转换的"光猫"。

(4) 中继器:主要用在网络传输过程中,完成信号的复制、调制和放大功能,以此来延长网络的传输距离或物理层中网络的连接功能。

(5) 集线器(HUB):是局域网中使用的设备,相当于多端口中继器,用于把局域网中所有节点集中在以它为中心的节点上,并用来连接多台计算机。以集线器组成的局域网可形成星形拓扑结构的网络系统。集线器的主要功能是对所有接收的信号进行整形放大,以便扩大网络传输距离。

(6) 网桥:是早期局域网内的连接设备。网桥的两个端口将两个局域网连接,实现数据的存储转发功能,并对网络数据的流通进行管理,扩展了网络的传输距离或范围。

(7) 交换机:是局域网内常用设备,相当于多端口网桥。交换机的外观与集线器没有很大区别,交换机连接的网络节点上协议要相同,因此交换机没有进行任何数据格式转换,但分割了网络中的冲突域,允许多台主机同时传输数据,提高了网络性能、可靠性和安全性,具体如图 8-3 所示。

(8) 路由器:是一种可以连接具有不同传输速率的两个及两个以上网络的设备,在网络间起网关的作用,因此路由器又可以称为网关设备,用于实现数据转发和路由选择功能。在 OSI 网络层中对不同网络的数据进行存储、分组转发及处理。在网络通信中,路由器具有判断网络地址以及选择 IP 路径的作用,可以在多个网络环境中构建灵活的连接系统,通过不同的数据分组以及介质访问方式对各个子网进行连接。路由器按功能可以分为骨干级、企业级和接入级。目前对于普通用户来说,接触最多的是接入级无线路由器,这是一种允许普通用户上网并带有无线覆盖功能的路由器,甚至还具有多个 LAN 口,可供局域网交换接入时使用,如图 8-4 所示。

图 8-3　交换机

图 8-4　无线路由器

8.2.6 常用的通信介质

通信介质又称为通信媒介,是网络中信息传输的载体,是网络通信的物质基础之一。通信介质分为有线介质和无线介质。有线介质主要有同轴电缆、光纤、双绞线,无线介质就是采用无线电通信。无线通信利用电磁波或光波来传输信息,如微波、激光、红外线等。下面分别对光纤和双绞线进行介绍。

(1)光纤:又称为光缆,具有很大的带宽。光纤是由许多细如发丝的玻璃纤维外加绝缘护套组成,光束在玻璃纤维内传输,具有防电磁干扰、传输稳定可靠、传输带宽高等特点,适用于高速网络和骨干网,如图8-5所示。

(2)双绞线。双绞线是布线工程中最常用的一种传输介质,由不同颜色的4对8芯线(每根芯线加绝缘层)组成。为了减少信号之间的干扰,每两根芯线按一定规则交织在一起,成为一个芯线对。双绞线可分为非屏蔽双绞线(UTP)和屏蔽双绞线(STP),平时接触的大多是非屏蔽双绞线,其最大传输距离为100m,如图8-6所示。

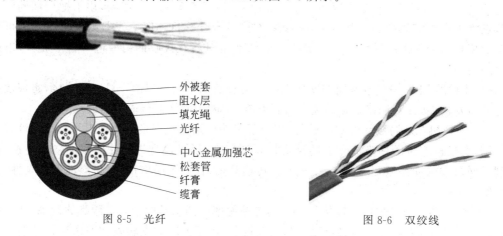

外被套
阻水层
填充绳
光纤
中心金属加强芯
松套管
纤膏
缆膏

图 8-5 光纤   图 8-6 双绞线

任务实施

(1)认识网络,通过实地观察,了解校园网或公司网络,说明它们实现了哪些功能。

(2)通过考察,记录网络中主要的网络设备名称、型号、用途和所处的位置等,填入表8-1中。

表8-1 网络硬件记录表

网络设备	型号	主要用途	所处位置	性能指标	价格预算

提示:网络设备主要包括集线器、交换机、路由器、服务器、无线AP等设备。

(3)在记录网络设备型号后,通过查阅资料或上网了解网络设备的性能参数和价格,完善表 8-1,并对网络硬件所需费用进行初步预算。

（4）考察网络布线和物理连接情况,说明网络传输介质和网络拓扑结构的特点。并尽量绘制出网络拓扑结构图。

（5）找一根已经做好的网线,认真观察水晶头中双绞线的线序,并记录在表 8-2 中,然后通过查阅资料确认其线序标准是采用 568A 还是 568B。

表 8-2　双绞线线序

序号	1	2	3	4	5	6	7	8
色标								

（6）仔细观察网卡、集线器、交换机等设备在不同工作状态下的指示灯情况。

任务 8.3　认识网络 IP 地址及其配置

任务描述

小李同学通过学习了解了网络的基本知识,并初步认识了网络,接下来他更想了解网络中的一系列配置操作,因此首先要了解网络中的 IP 地址知识,包括其分类、特点及其相关配置操作,以便对网络进行更深入的了解和学习。

8.3.1　Internet 与 TCP/IP

Internet 又称为互联网,是建立在各种计算机网络之上的,它是一个最为成功、覆盖面最广、信息资源最丰富、当今世界上最大的国际性计算机网络,也是一个全球范围的广域网。也可以将其看作由无数个大小不同的局域网连接而成。最早来源于 20 世纪 60 年代末及 70 年代初美国国防部高级研究计划局建立的支持军事研究的 APPANET(阿帕网),采用了两个关键的网络协议：TCP(传输控制协议)和 IP(网际协议),合起来称为 TCP/IP,当今世界 90％以上的计算机网络通信时都是采用 TCP/IP。

Internet 采用的是分组交换技术,简单地说就是数据在传输时分成若干段,每个数据段成为一个数据包,将每个数据包进行封装,添加上序号及说明信息在通信线路中传输。这些数据可以通过不同的传输路径进行传输,由于路径不同,加上传输差错,可能出现顺序错误数据丢失,失真甚至数据重复等情况,这些问题都要由 TCP 进行检查和处理,必要时请求发送端重发数据;而 IP 重点解决的是两台计算机的连接问题,以便实现点到点的通信问题。

8.3.2　MAC 地址与 IP 地址

在网络中如何识别每个主机节点呢？在一个具体的物理网络中,每台计算机都依靠 MAC 地址识别。MAC 地址通常称为物理地址,也称为硬件地址,这是由网络设备制造商生产网卡时分配的地址,固化在网卡等硬件的芯片内部。MAC 地址是一个 48 位二进制,通常表示为 12 个十六进制数,每 2 个十六进制数之间用冒号隔开。

Internet 是通过路由器(或网关)将物理网络互联在一起的虚拟网络,由于物理地址固化在网络设备中,通常不能修改,因此 Internet 采用一种全局通用的地址格式,为 Internet 网

络中的每个网络和每一台主机分配一个地址,以此屏蔽网络中物理地址的差异,这就是 IP
地址。

8.3.3　IP 地址划分

在 TCP/IP 网络中,每台主机都要有唯一的地址来识别。IP 协议主要有 IPv4 和 IPv6 两个
版本,IPv4 版本中,IP 地址由一个 32 位二进制数组成;而 IPv6 版本中,IP 地址由 128 位二进制
数组成,后续讲解主要以 IPv4 版本为例。

IP 地址包括三部分:地址类别、网络号和主机号。为了划分网络,通常将地址类别和网
络号合起来作为网络部分,如图 8-7 所示。

由于 IP 地址的 32 位二进制数的表示形式非常不适
合阅读和记忆,因此通常采用一种"点分十进制"表示 IP
地址。也就是将 32 位二进制分成 4 个字节,每个字节为
8 位二进制,每个数值之间用"."号分隔,再转换为十进制

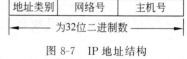

图 8-7　IP 地址结构

表示。如二进制数"00001010 00000000 00000000 00000001",可记为 10.0.0.1。

8.3.4　IP 地址分类

在 Internet 网络中,由于每个网络所含的主机数各不相同,网络规模大小不一,为了对
IP 地址进行管理,应使 IP 地址充分适应主机数不同的各种计算机网络。IP 地址通常分为
A、B、C、D、E 五类,如图 8-8 所示。

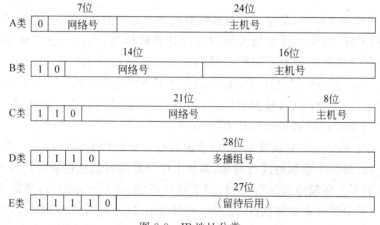

图 8-8　IP 地址分类

A 类地址:最高位为 0,网络号占 8 位,主机号占 24 位,网络范围为 0~127。其中,0 和
127 网络号不能用,0 保留下来用于表示所有网络的起始地址;127 保留下来用于表示回环
测试地址,表示主机本身。

B 类地址:最高的 2 位为 10,网络号占 16 位,主机号占 16 位,网络范围为 128.0~
191.255。

C 类地址:最高的 3 位 110,网络号占 24 位,主机号占 8 位,网络范围为 128.0.0~
223.255.255。

D 类地址：最高的 4 位为 1110,是保留地址,用在多路复用方面。该类地址最高位字节范围为 224～239。

E 类地址：最高的 5 位为 11110,为保留下来将来使用,最高位字节范围为 240～254。

有些 IP 地址具有专门用途或特殊意义,比如主机号的各位不能全为"0",全为"0"表示本地网络;也不能全为"1",全为"1"表示广播地址。

8.3.5　私有 IP

IP 地址通常分为公有 IP 和私有 IP。公有 IP 是需要申请,通常由网络运营商进行再分配;而私有 IP 则不需要注册,仅用于局域网内部,只要该地址在局域网内部唯一即可。当采用私有 IP 地址的内部网络需要访问外网时,可以通过网络地址转换(NAT)实现。以下为 A、B、C 类 IP 地址中保留的私有 IP 地址。

A 类：10.0.0.1～10.255.255.255

B 类：172.16.0.1～172.31.255.255

C 类：192.168.0.1～192.168.255.255

8.3.6　子网掩码

在 IP 地址具体使用中,为了识别网络 ID 和主机 ID,采用了子网掩码。子网掩码是一类特殊的 IP 地址,不能单独存在,而是必须结合 IP 地址一起使用。子网掩码通过与主机 IP 地址相"与",屏蔽掉 IP 地址中的主机号部分,使得接收者可以从 IP 地址中分离出网络 ID 和主机 ID,即子网掩码中二进制数用"1"位分离出网络 ID,而用"0"位分离出主机 ID。A、B、C 类 IP 地址缺省子网掩码如表 8-3 所示。

表 8-3　A、B、C 类 IP 地址缺省子网掩码

地址类别	子网掩码位(二进制)	子网掩码(十进制)
A 类	11111111 00000000 00000000 00000000	255.0.0.0
B 类	11111111 11111111 00000000 00000000	255.255.0.0
C 类	11111111 11111111 11111111 00000000	255.255.255.0

8.3.7　域名系统

在 Internet 网络中,其海量的信息分布在世界各地的站点服务器上,每个站点分配有唯一的 IP 地址。但是 IP 地址虽然采用点分十进制数表示,却并不好记忆。通过 IP 地址去访问服务器是件困难的事情,而域名系统(domain name system,DNS)就很好地解决了这个问题。

所谓域名就是为 Internet 上的主机起一个名字,是一种助记符,即用一串易于理解并便于记忆的字符串表示一台主机的地址。域名采用分层次命名的方法,域下面按领域又分为子域,各层次的子域名之间用圆点"."隔开,从右至左分别为第一级域名(最高域名)、第二级域名直至主机名(最低级域名)。域名的一般格式为:计算机名.组织机构名……二级域名.一级域名。例如,常见的一级域名有 edu、com、net 等。

域名系统则将易于记忆的域名翻译成网络中可识别的 IP 地址工作,而装有域名系统的

主机称为域名服务器(DNS服务器)。任何站点需要发布信息时,都要申请一个域名与它的IP地址相对应。

8.3.8 IPv6

1. IPv6 的地址表示

IPv6 地址采用 128 位二进制数,其表示格式如下。

(1) 首选格式。按 16 位一组,每组转换为 4 位十六进制数,并用冒号隔开。如 21DA:0000:0000:0000:02AA:000F:FE08:9C5A

(2) 压缩表示。一组中的前导 0 可以不写;在有多个 0 连续出现时,可以用一对冒号取代,且只能取代一次。如上面地址可表示为:

21DA:0:0:0:2AA:F:FE08:9C5A 或 21DA::2AA:F:FE08:9C5A

(3) 内嵌 IPv4 地址的 IPv6 地址。为了从 IPv4 平稳过渡到 IPv6,IPv6 引入一种特殊的格式,即在 IPv4 地址前置 96 个 0,保留十进制点分格式,如 192.168.0.1。

2. IPv6 优点

与 IPv4 相比,IPv6 主要有以下的优点。

(1) 超大的地址空间。IPv6 将 IP 地址从 32 位增加到 128 位,所包含的地址数目高达 2^{128} 个地址。如果所有地址平均散布在整个地球表面,大约每平方米有 1024 个地址,远远超过了地球上的人数。

(2) 更好的首部格式。IPv6 采用了新的首部格式,将选项与基本首部分开,并将选项插入到首部与上层数据之间。首部具有固定的 40 字节的长度,简化和加速了路由选择的过程。

(3) 增加了新的选项。IPv6 有一些新的选项可以实现附加的功能。

(4) 允许扩充。留有充分的备用地址空间和选项空间,当有新的技术或应用需要时,允许进行协议扩充。

(5) 支持资源分配。在 IPv6 中删除了 IPv4 中的服务类型,但增加了流标记字段,可用来标识特定的用户数据流或通信量类型,以支持实时音频和视频等需实时通信的通信量。

(6) 增加了安全性考虑。扩展了对认证、数据一致性和数据保密的支持。

3. IPv6 掩码

与无类域间路由(CIDR)类似,IPv6 掩码采用前缀表示法,即表示成"IPv6 地址/前缀长度",如 21DA:2AA:F:FE08:9C5A/64。

4. IPv6 地址类型

IPv6 地址有 3 种类型,即单播、组播和任播。IPv6 取消了广播类型。

(1) 单播地址。单播地址是点对点通信时使用的地址,该地址仅标识一个接口。

(2) 组播地址。组播地址(前 8 位均为"1")表示主机组,它标识一组网络接口,发送给组播的分组必须交付到该组中的所有成员。

(3) 任播地址。任播地址也表示主机组,但它标识属于同一个系统的一组网络接口(通常属于不同的节点),路由器会将目的地址是任播地址的数据包发送给距离本地路由器最近的一个网络接口。如移动用户上网就需要因地理位置的不同,而接入离用户距离最近的一个接收站,这样才可以使移动用户在地理位置上不受太多的限制。

当一个单播地址被分配给多于 1 个的接口时,就属于任播地址。任播地址从单播地址中分配,并使用单播地址的任何格式。从语法上看,任播地址与单播地址没有任何区别。

5. 特殊 IPv6 地址

当所有 128 位都为"0"时(即 0:0:0:0:0:0:0:0),如果不知道主机自己的地址,可在发送查询报文时用作源地址。注意,该地址不能用作目的地址。

当前 127 位为"0",而第 128 位为"1"时(即 0:0:0:0:0:0:0:1),可作为回送地址使用。

当前 96 位为"0",而最后 32 位为 IPv4 地址时,可用作 IPv4 向 IPv6 过渡期两者兼容时使用的内嵌 IPv4 地址的 IPv6 地址。

任务实施

(1) 试通过本地网络属性查看主机网卡的物理地址(MAC 地址)、IP 地址配置,将 IP 地址、子网掩码、网关地址、DNS 服务器地址等,填入表 8-4 中。

表 8-4　IP 地址配置信息

项　　目	配　置　内　容
MAC 地址	
IP 地址	
子网掩码	
网关地址	
DNS 服务器地址	

(2) 进入 Windows 命令行模式,通过 ipconfig/all 命令查看以上 IP 地址配置信息是否一致。

(3) 继续在 Windows 命令行模式下通过 ping 命令,分别测试本机 IP 地址、网关地址、DNS 服务器地址以及回环测试地址(127.0.0.1),记录其连通性到表 8-5 中。

表 8-5　ping 命令测试网络连通性

测 试 地 址	连　通　性
IP 地址	
网关地址	
DNS 服务器地址	
回环地址	

注意:用 ping 命令测试 IP 地址的连通性时,通常有三种结果:一是连通,二是超时,三是目标主机不可达到。

(4) 在第 1 题中具体进入 TCP/IP 属性设置对话框中查看 IP 配置,若为自动获得 IP,再可改为手动获得 IP，再将相应的 IP 地址、子网掩码、网关地址、DNS 服务器地址重新输入，以便理解 IP 地址配置及其含义。

习 题

一、填空题

1. 根据 TCP/IP 规定，IPv4 地址用 4 个字节共 32 位二进制数表示，通常被分割为 4 个 "8 位二进制数"，由网络号和＿＿＿＿＿＿＿两部分组成。

2. 计算机网络的拓扑结构有总线型、＿＿＿＿＿＿＿、环形、树形和网状形。

3. 在计算机网络中，路由器的主要作用是＿＿＿＿＿＿＿和路由选择。

4. 计算机网络中，常用的三种有线传输媒体是＿＿＿＿＿＿＿、同轴电缆和光纤。

5. 局域网与广域网、广域网与广域网的互联是通过＿＿＿＿＿＿＿网络设备实现的。

二、判断题

1. 以集线器为中心的星形拓扑结构是局域网的主要拓扑结构之一。 （　　）

2. 通过交换机的级联可以进一步扩展以太网。 （　　）

3. 210.223.200.8 是一个 B 类地址。 （　　）

4. 当运行 ping 127.0.0.1 时，这个 IP 数据报将发送给其他的主机。 （　　）

5. 计算机网络的资源子网部分主要负责网络的信息处理。 （　　）

6. 星形网络的中心节点如果出现故障，则整个网络都会瘫痪。 （　　）

7. 双绞线扭绞是为了使对外电磁辐射和来自外部的电磁干扰减少到最小。 （　　）

三、单项选择题

1. 一栋大楼内的一个计算机网络系统属于（　　）。

    A. LAN   B. MAN

    C. WAN   D. VPN

2. 在一个办公室内，将 6 台计算机用交换机连接成网络，该网络拓扑结构为（　　）。

    A. 星形   B. 总线形

    C. 树形   D. 环形

3. 中继器的主要作用是（　　）。

    A. 连接两个 LAN   B. 延长通信距离

    C. 方便网络配置   D. 实现信息交换

4. 现代计算机网络最重要的目的是（　　）。

    A. 数据通信   B. 数据处理

    C. 资源共享   D. 网络互连

5. 计算机网络中，主要是由（　　）负责全网中的信息传递。

    A. 通信设备   B. 网络软件

    C. 通信子网   D. 用户主机

6. IP 地址 59.67.159.125/12 的子网掩码是(   )。

    A. 255.128.0.0   B. 255.192.0.0

    C. 255.224.0.0   D. 255.240.0.0

7. 云计算是对(   )技术的发展与应用。

    A. 并行计算   B. 网络计算

    C. 分布式计算   D. 以上都是

8. IPv6 中 IP 地址的长度是(   )。

    A. 32bit   B. 48bit   C. 128bit   D. 256bit

9. 若两台主机在同一子网中,则两台主机的 IP 地址分别与它们的子网掩码相与的结果是(   )。

    A. 0   B. 1   C. 相同   D. 不同

10. DNS 是指(   )。

    A. 域名服务器   B. 发信服务器

    C. 收信服务器   D. 邮箱服务器

第9章
大数据技术

学习目标

- 了解什么是大数据以及大数据的特征。
- 了解处理大数据相关的技术。
- 掌握 Hadoop 技术的原理及使用。
- 了解大数据的应用场景。

随着移动互联网技术的发展,数据量呈爆炸式增长。在日常生活中,上网、购物、娱乐都会产生大量的数据,"大数据"这个词已经被提及得越来越频繁,大数据相关技术已经进入我们生活的方方面面,时时刻刻地影响着我们的生活。例如,交通方面,大数据能够帮助我们规划路线,躲避拥堵;购物方面,大数据能够帮助推荐我们感兴趣的商品;医疗方面,大数据能够帮我们预测和治疗疾病。通过本章的学习,我们要了解什么是大数据,大数据相关技术,大数据的应用场景。

任务 9.1   初识大数据

任务描述

小郑是一名大数据技术专业的学生,他填报志愿时对专业情况并不是很了解,但是在生活中经常听到大数据这个名词,所以为了搞清楚自己以后的专业规划和学习方向,就需要了解什么是大数据,大数据目前的发展现状和趋势。

9.1.1   大数据的特征

大数据(big data)顾名思义就是大量的数据。它是指无法在一定时间范围内用常规软件工具进行捕捉、管理和处理的数据集合,是需要新处理模式才能具有更强的决策力、洞察发现力和流程优化能力的海量、高增长率和多样化的信息资产。

现在的社会是一个高速发展的社会,科技发达,人们之间的生活生产活动、沟通交流都十分密切,这些都无时无刻产生了海量的数据。例如,我们刷卡购物、语音聊天、游戏娱乐等,计算机都时时记录着我们的活动信息,生成大量数据。

麦肯锡全球研究所对于大数据给出的定义是:一种规模大到在获取、存储、管理、分析方面大幅超出了传统数据库软件工具能力范围的数据集合,具有海量的数据规模、快速的数据流转、多样的数据类型和价值密度低四大特征。图 9-1 是大数据的 4V 特征。

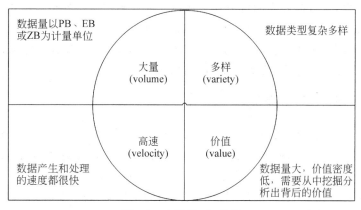

图 9-1　大数据 4V 特征

1. 大量（volume）

大数据的特征首先就体现为"数量大"，存储单位从过去的 GB 到 TB，直至 PB、EB。随着信息技术的高速发展，数据开始爆发式增长。社交网络（微博、推特、脸书）、移动网络、各种智能终端等，都成为数据的来源。淘宝网近 4 亿的会员每天产生的商品交易数据约20TB；脸书约 10 亿的用户每天产生的日志数据超过 300TB。迫切需要智能的算法、强大的数据处理平台和新的数据处理技术，来统计、分析、预测和实时处理如此大规模的数据。

数据的计量单位换算关系如表 9-1 所示。

表 9-1　数据计量单位换算关系

单位	换算公式	单位	换算公式
Byte	1Byte＝8bit	TB	1TB＝1024GB
KB	1KB＝1024Byte	PB	1PB＝1024TB
MB	1MB＝1024KB	EB	1EB＝1024PB
GB	1GB＝1024MB	ZB	1ZB＝1024EB

2. 多样（variety）

广泛的数据来源，决定了大数据形式的多样性。大数据大体可分为三类：一是结构化数据，如财务系统数据、信息管理系统数据、医疗系统数据等，其特点是数据间因果关系强；二是非结构化的数据，如视频、图片、音频等，其特点是数据间没有因果关系；三是半结构化数据，如 HTML 文档、邮件、网页等，其特点是数据间的因果关系弱。

3. 高速（velocity）

与以往的档案、广播、报纸等传统数据载体不同，大数据的交换和传播是通过互联网、云计算等方式实现的，远比传统媒介的信息交换和传播速度快捷。大数据与海量数据的重要区别，除了大数据的数据规模更大外，大数据对处理数据的响应速度有更严格的要求。数据的增长速度和处理速度是大数据高速性的重要体现。

4. 价值（value）

这也是大数据的核心特征。现实世界所产生的数据中，有价值的数据所占比例很小。

相比于传统的数据,大数据最大的价值在于通过从大量不相关的各种类型的数据中,挖掘出对未来趋势与模式预测分析有价值的数据,并通过机器学习方法、人工智能方法或数据挖掘方法深度分析,发现新规律和新知识,并运用于农业、金融、医疗等各个领域,从而最终达到改善社会治理,提高生产效率,推进科学研究的效果。

9.1.2 大数据项目的处理流程

有人把数据比喻为蕴藏能量的煤矿。煤炭按照性质有焦煤、无烟煤、肥煤、贫煤等分类,而露天煤矿、深山煤矿的挖掘成本又不一样。与此类似,大数据并不在于"大",而在于"有用"。价值含量、挖掘成本比数量更为重要。对于很多行业而言,如何利用这些大规模数据是赢得竞争的关键。用大数据项目来处理数据,目的是挖掘数据中隐藏的价值,并进行一定的判断与预测。

一般情况下,大数据项目的处理流程可以分为四步:①数据采集;②数据清洗与预处理;③数据统计分析和挖掘;④数据可视化。大数据处理流程如图 9-2 所示。

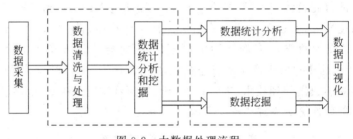

图 9-2 大数据处理流程

1. 数据采集

大数据采集是指从传感器和智能设备、企业在线系统、企业离线系统、社交网络和互联网平台等获取数据的过程。

数据采集是进行大数据分析的前提,也是必要条件,在整个流程中占据重要地位,主要有系统日志采集法、网络数据采集法以及其他数据采集法。

(1)系统日志采集法。系统日志是记录系统中硬件、软件和系统问题的信息,同时还可以监视系统中发生的事件。用户可以通过它来检查错误发生的原因,或者寻找受到攻击时攻击者留下的痕迹。系统日志包括系统日志、应用程序日志和安全日志。目前基于 Hadoop 平台开发的 Chukwa 及 Cloudera 的 Flume 都是系统日志采集法的典范。目前此类采集技术大约可以每秒传输数百兆字节的日志数据信息,满足了目前人们对信息速度的需求。

(2)网络数据采集法。目前网络数据采集有两种方法:一种是 API,另一种是网络爬虫法。

API 又叫应用程序接口,是网站的管理者为了使用者方便而编写的一种程序接口。该类接口可以屏蔽网站底层复杂算法仅通过简单调用即可实现对数据的请求功能。目前主流的社交媒体平台如新浪微博、百度贴吧以及 Facebook 等均提供 API 服务,可以在其官网开放平台上获取相关 DEMO。

网络爬虫是一种按照一定的规则自动地抓取万维网信息的程序或者脚本。另外一些不常使用的名字还有蚂蚁、自动索引、模拟程序或者蠕虫。最常见的爬虫便是我们经常使用的搜索引擎,如百度、360 搜索等。此类爬虫统称为通用型爬虫,对于所有的网页进行无条件采集。通用爬虫的实现原理如图 9-3 所示。

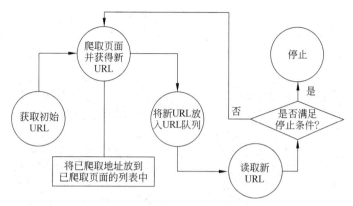

图 9-3　通用网络爬虫的实现原理及过程

（3）其他采集法。其他采集法是指对于科研院所、企业、政府等拥有机密信息的单位,为了保证数据的安全传递,可以采用系统特定端口进行数据传输,从而减少数据被泄露的风险。

2. 数据清洗与处理

数据清洗(data cleaning)是指对数据进行重新审查和校验的过程,目的在于删除重复信息,纠正存在的错误,并提供数据一致性。一致性检查(consistency check)是根据每个变量的合理取值范围和相互关系,检查数据是否合乎要求,发现超出正常范围,逻辑上不合理或者相互矛盾的数据。由于调查、编码和录入误差等方面的原因,数据中可能存在一些无效值和缺失值,需要给予适当的处理。常用的处理方法有估算、整例删除、变量删除和成对删除。

数据经过清洗与处理后需要进行存储,大数据存储一般采用分布式存储。分布式存储系统是将数据分散存储在多台独立的设备上。

3. 数据统计与分析

数据统计与分析是指用适当的统计分析方法对收集来的大量数据进行分析,将它们加以汇总和理解并消化,以求最大化地开发数据的功能,发挥数据的作用。数据分析是为了提取有用信息和形成结论而对数据加以详细研究和概括总结的过程。

这里以 MapReduce 技术为例讲解数据统计与分析。MapReduce 的核心思想是"分而治之"。所谓"分而治之"就是把一个复杂的问题,按照一定的"分解"方法分为等价且规模较小的若干部分,然后逐个解决。再分别找出各部分的结果,把各部分的结果组成整个问题的结果,这种思想来源于日常生活与工作时的经验,同样也完全适合技术领域。MapReduce 核心思想分解如图 9-4 所示。

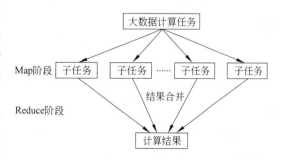

图 9-4　MapReduce 核心思想分解

4. 数据可视化

数据可视化主要旨在借助于图形化手段,清晰、有效地传达与沟通信息。数据可视化要根据数据的特性,如时间、空间信息等,找到合适的可视化方式,如图表(chart)、图(diagram)和地图(map)等,将数据直观地展现出来,以帮助人们理解数据,同时找出包含在海量数据中的规律或者信息。数据可视化效果如图 9-5 所示。

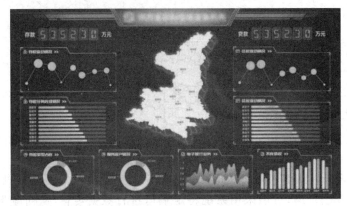

图 9-5　数据可视化

9.1.3　大数据发展现状和趋势

近些年,随着人工智能、物联网、云计算等技术的发展,全球数据量正在无限制地扩展和增加。预计到 2025 年,全球数据量将比 2016 年的 16.1ZB 增加约十倍,达到 163ZB。

大数据经过前几年的概念热炒之后,逐步走过了探索阶段、市场启动阶段,当前已经在接受度、技术、应用等各个方面趋于成熟,开始步入产业的快速发展阶段。大数据巨大的应用价值带动了大数据行业的迅速发展,行业规模增长迅速。截至 2019 年,全球大数据市场规模已经达到 500 亿美元。大数据市场规模在 2024 年有望达到近 3000 亿美元。

1. 数据将呈现指数级增长

近年来,随着社交网络、移动互联、电子商务、互联网和云计算的兴起,音频、视频、图像、日志等各类数据正在以指数级增长。据有关资料显示,2011 年,全球数据规模为 1.8ZB,可以填满 575 亿个 32GB 的 iPad,这些 iPad 可以在中国修建两座长城。到 2020 年,全球数据将达到 40ZB,如果把它们全部存入蓝光光盘,这些光盘和 424 艘尼米兹号航母重量相当。美国互联网数据中心则指出,互联网上的数据每年将增长 50%,每两年便将翻一番,目前世界上 90% 以上的数据是最近几年才产生的。

2. 数据将成为最有价值的资源

在大数据时代,数据成为继土地、劳动、资本之后的新要素,可构成企业未来发展的核心竞争力。《华尔街日报》在一份题为《大数据,大影响》的报告中指出:数据已经成为一种新的资产类别,就像货币或黄金一样。IBM 执行总裁罗睿兰认为:"数据将成为一切行业中决定胜负的根本因素,最终数据将成为人类至关重要的自然资源。"随着大数据应用的不断发展,我们有理由相信大数据将成为机构和企业的重要资产和争夺的焦点。谷歌、苹果、亚马逊、阿里巴巴、腾讯等互联网巨头正在运用大数据力量获得商业上更大的成功,并且将会继续通过大数据来提升自己的竞争力。

3. 大数据和传统行业智能融合

通过对大数据收集、整理、分析、挖掘,我们不仅可以发现城市治理难题,掌握经济运行趋势,还能够驱动精确设计和精确生产模式,引领服务业的精确化和增值化,创造互动的创意产业新形态。麦当劳、肯德基以及苹果公司等旗舰专卖店的位置都是建立在数据分析基础之上的精准选址。百度、阿里巴巴、腾讯等通过对海量数据的掌握和分析,为用户提供更加专业化和个性化的服务。智慧金融、智慧安防、智慧医疗、智慧教育、智慧交通、智慧城管等,无不是大数据和传统产业融合的重要领域。

4. 大数据人才将备受欢迎

随着大数据的不断发展及其应用的日益广泛,包括大数据分析师、数据管理专家、大数据算法工程师、数据产品经理等在内的具有丰富经验的数据分析人员将成为全社会稀缺的资源和各机构争夺的人才。中国大数据产业起步晚,发展速度快。经过专门调研数据显示,大数据人才岗位缺口 2018 年高达 150 万人,预测 2025 年中国大数据人才缺口达到 200 万,这是给高校和人力资源企业的一个很大的优惠,未来几年,大数据应用人才的需求量将越来越大。

任务实施

经过大数据相关知识的学习,小郑同学终于理解了什么是大数据。大数据是指无法在一定时间范围内用常规软件工具进行捕捉、管理和处理的数据集合,是需要新处理模式才能具有更强的决策力、洞察发现力和流程优化能力的海量、高增长率和多样化的信息资产,它具有 4V 特征。大数据产业的发展前景良好,为此他想到招聘网站上查询大数据相关的岗位招聘信息及相关岗位要求。

任务 9.2　熟悉大数据相关技术

任务描述

小郑同学在了解了什么是大数据之后,觉得数据量十分巨大,应该如何进行处理呢? 能否像普通的数据一样存入数据库或文件? 使用 SQL 语句进行增、删、改、查等操作呢?

9.2.1　数据采集

数据时代,每时每刻都会产生大量数据。一般的计算机硬件与软件都是无法处理海量的数据,包括数据处理量、处理速度都无法达到要求,这就需要用大数据相关技术去进行数据处理。大数据处理的关键技术一般包括大数据采集、大数据预处理、大数据存储及管理、大数据分析及挖掘、大数据展现和应用(大数据检索、大数据可视化、大数据应用、大数据安全等)。大数据技术能够处理比较大的数据量;另外,能对不同类型的数据进行处理,不仅能够对一些大量的、简单的数据进行处理,还能够处理复杂的数据,例如,文本数据、声音数据以及图像数据等。

下面介绍主流的一些大数据框架技术,使用框架有助于我们快速开发。

1. Flume 日志采集

Apache Flume 是一个可以收集诸如日志、事件等数据资源,并将这些数量庞大的数据从各项数据资源中集中起来存储的工具。Flume 是一个分布式、可靠和高可用的海量日志采集、聚合和传输的系统,既可以采集文件、socket 数据包、文件夹等各种形式的源数据,又可以将采集到的数据输出到 HDFS、hbase、hive、kafka 等众多外部存储系统中。

Flume 分布式系统中最核心的角色是 agent。Flume 采集系统就是由一个个 agent 所连接起来形成,每一个 agent 相当于一个数据传递员,内部有三个组件。

(1) Source:采集组件,用于跟数据源对接,以获取数据。

(2) Sink:下沉组件,用于往下一级 agent 传递数据或者往最终存储系统传递数据。

(3) Channel:传输通道组件,用于从 Source 将数据传递到 Sink。单个 agent 采集数据与多级 agent 串联采集数据如图 9-6 和图 9-7 所示。

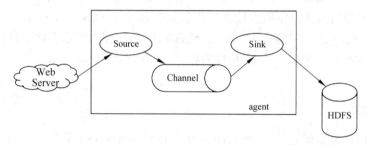

图 9-6　单个 agent 采集数据

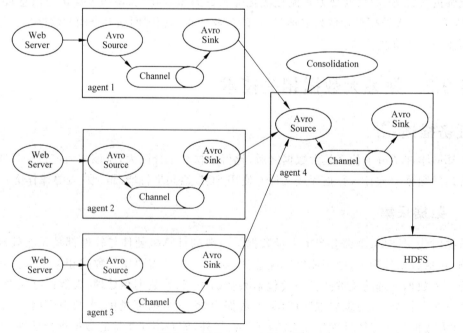

图 9-7　多级 agent 之间串联

Flume 优点如下。

（1）Flume 可以高效率地将多个网站服务器中收集的日志信息存入 HDFS/HBase 中。

（2）使用 Flume，可以将从多个服务器中获取的数据迅速地移交给 Hadoop。

（3）除了日志信息外，Flume 同时也可以用来接入收集规模宏大的社交网络节点事件数据，比如 Facebook、Twitter、电商网站（如亚马逊等）。

（4）支持各种接入资源数据的类型以及输出数据类型。

（5）支持多路径流量，多管道接入流量，多管道接出流量，上下文路由等。

（6）可以被水平扩展。

2. 网络数据采集

网络数据采集是指通过网络爬虫或网站公开 API 等方式从网站上获取数据信息。该方法可以将非结构化数据从网页中抽取出来，将其存储为统一的本地数据文件，并以结构化的方式存储。它支持图片、音频、视频等文件或附件的采集，附件与正文可以自动关联。

网络爬虫是一种按照一定的规则，自动地抓取 Web 信息的程序或者脚本。网络爬虫系统正是通过网页中的超链接信息不断获得网络上的其他网页的。网络爬虫从一个或若干初始网页的 URL 开始，获得初始网页上的 URL。在抓取网页的过程中，不断从当前页面上抽取新的 URL 并放入队列，直到满足系统的一定停止条件。网络爬虫的基本工作流程如图 9-8 所示。

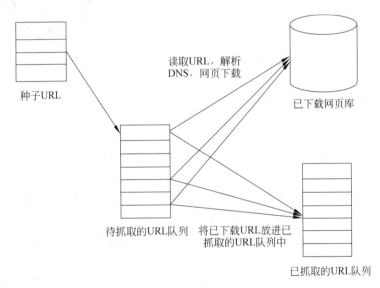

图 9-8　网络爬虫的基本工作流程

（1）首先选取一部分种子 URL。

（2）将这些 URL 放入待抓取的 URL 队列。

（3）从待抓取 URL 队列中取出待抓取 URL，解析 DNS，得到主机的 IP 地址，并将 URL 对应的网页下载下来，存储到已下载网页库中。此外，将这些 URL 放进已抓取的 URL 队列。

（4）分析已抓取的 URL 队列中的 URL，分析其中的其他 URL，并且将这些 URL 放入待抓取的 URL 队列,从而进入下一个循环。

Google 和百度等通用搜索引擎抓取的网页数量通常都是以亿为单位计算的。那么,面对如此众多的网页,通过何种方式才能使网络爬虫尽可能地遍历所有网页,从而尽可能地扩大网页信息的抓取覆盖面,这是网络爬虫系统面对的一个很关键的问题。在网络爬虫系统中,抓取策略决定了抓取网页的顺序。

从互联网的结构来看,网页之间通过数量不等的超链接相互连接,形成一个彼此关联且庞大复杂的有向图。

如图 9-9 所示,如果将网页看成是图中的某一个节点,而将网页中指向其他网页的链接看成是这个节点指向其他节点的边,那么我们很容易将整个互联网上的网页建模后形成一个有向图。从理论上讲,通过遍历算法遍历该图,可以访问到互联网上几乎所有的网页。

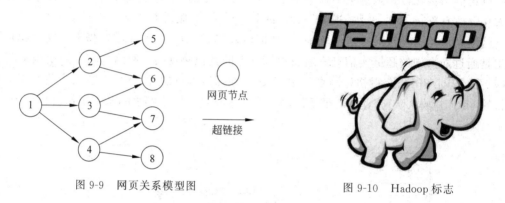

图 9-9　网页关系模型图　　　　　　　　　　图 9-10　Hadoop 标志

9.2.2　数据存储与处理分析

1. Hadoop

Hadoop 是一个由 Apache 基金会所开发的分布式系统基础架构。用户可以在不了解分布式底层细节的情况下,开发分布式程序。分布式是研究如何把一个需要非常巨大的问题分成许多小部分,然后把这些部分分配给多个计算机进行处理,最后把这些计算结果综合起来得到最终的结果。图 9-10 是 Hadoop 标志。

Hadoop 是一个开源框架,允许使用简单的编程模型在跨计算机集群的分布式环境中存储和处理大数据,它的设计是从单个服务器扩展到数千个机器,每个都提供本地计算和存储。随着 Hadoop 的不断发展,Hadoop 生态体系越来越完善,现如今已经发展成一个庞大的生态体系。Hadoop 系统结构如图 9-11 所示。

其中主要有 HDFS(分布式文件存储系统)、MapReduce(分布式计算框架)和 YARN(资源调度管理系统)。

(1) HDFS。HDFS 是指被设计成适合运行在通用硬件上的分布式文件系统(distributed file system),是一个高度容错性的系统,适合部署在成百上千台廉价的机器上,能提供高吞吐量的数据访问,非常适合大规模数据集上的应用。

HDFS 采用了主从(master/slave)结构模型,一个 HDFS 集群是由一个 NameNode 和若干个 DataNode 组成的。

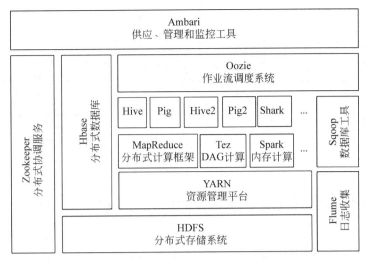

图 9-11　Hadoop 系统结构

NameNode 是 HDFS 集群的主服务器,通常称为名称节点或者主节点。NameNode 主要以元数据的形式进行管理和存储,用于维护文件系统名称并管理客户端对文件的访问;NameNode 记录对文件系统名称空间或其属性的任何更改操作;HDFS 负责整个数据集群的管理,并且在配置文件中可以设置备份数量,这些信息都由 NameNode 存储。

DataNode 是 HDFS 集群中的从服务器,通常称为数据节点。文件系统存储文件的方式是将文件切分成多个数据块,这些数据块实际上是存储在 DataNode 节点中的,因此 DataNode 机器需要配置大量磁盘空间。它与 NameNode 保持不断的通信,DataNode 在客户端或者 NameNode 的调度下,存储并检索数据块,对数据块进行创建、删除等操作,并且定期向 NameNode 发送所存储的数据块列表。

(2) MapReduce。MapReduce 是一种编程模型,用于大规模数据集(大于 1TB)的并行运算,主要解决海量数据的计算,它极大地方便了编程人员在不会分布式并行编程的情况下,将自己的程序运行在分布式系统上。

用 MapReduce 操作海量数据时,每个 MapReduce 程序被初始化为一个工作任务,每个工作任务可以分为 Map 和 Reduce 两个阶段。

① Map 阶段:负责将任务分解,即把复杂的任务分解成若干个“简单的任务”来并行处理,但前提是这些任务没有必然的依赖关系,可以单独执行任务。

② Reduce 阶段:负责将任务合并,即把 Map 阶段的结果进行全局汇总。MapReduce 处理的过程如图 9-12 所示。

(3) YARN。Apache Hadoop YARN 是一种新的 Hadoop 资源管理器,它是一个通用资源管理系统,可为上层应用提供统一的资源管理和调度,它的引入为集群在利用率、资源统一管理和数据共享等方面带来了巨大好处。

YARN 主要包含三大模块:ResourceManager(RM)、NodeManager(NM)、ApplicationMaster(AM)。ResourceManager 负责所有资源的监控、分配和管理;ApplicationMaster 负责每个具体应用程序的调度和协调;NodeManager 负责每个节点的维护。对于所有的应用,RM 拥有绝对的控制权和对资源的分配权。而每个 AM 则会和 RM

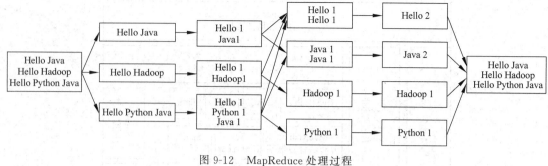

图 9-12　MapReduce 处理过程

协商资源,同时和 NodeManager 通信来执行和监控任务(task)。

2. NoSQL

NoSQL(not only SQL)泛指非关系型的数据库。随着互联网 Web 2.0 网站的兴起,传统的关系数据库在处理 Web 2.0 网站,特别是超大规模和高并发的 SNS 类型的 Web 2.0 纯动态网站方面已经显得力不从心,出现了很多难以克服的问题,而非关系型的数据库则由于其本身的特点而得到了非常迅速的发展。

非关系型数据库提出一种理念,例如以键-值对存储,且结构不固定,每个元组可以有不一样的字段,每个元组可以根据需要增加一些自己的键-值对,这样就不会局限于固定的结构,可以减少一些时间和空间的开销。使用这种方式,用户可以根据需要去添加自己需要的字段,这样了为了获取用户的不同信息,不需要像关系型数据库中,要对多表进行关联查询,仅需要根据 id 取出相应的值就可以完成查询。

非关系型数据库的分类主要有键-值(key-value)对存储数据库、列存储数据库、文档型数据库、图形(graph)数据库,其分类特点对比见表 9-2。

表 9-2　不同 NoSQL 分类特点对比

分　类	举　例	典型应用场景	数据模型	优　点	缺　点
键-值对存储数据库	Tokyo Cabinet/ Tyrant、Redis、 Voldemort、 Oracle BDB	内容缓存,主要用于处理大量数据的高访问负载,也用于一些日志系统等	键指向值,通常用 hash 表来实现	查找速度快	数据无结构化,通常只被当作字符串或者二进制数据
列存储数据库	Cassandra、 HBase、Riak	分布式的文件系统	以列簇式存储,将同一列数据存在一起	查找速度快,可扩展性强,更容易进行分布式扩展	功能相对局限
文档型数据库	CouchDB、 MongoDB	Web 应用(与键-值对类似。值是结构化的,不同的是数据库能够了解值的内容)	对应键值对,值为结构化数据	数据结构要求不严格,表结构可变,不需要像关系型数据库一样预先定义表结构	查询性能不高,而且缺乏统一的查询语法

分 类	举 例	典型应用场景	数据模型	优 点	缺 点
图形数据库	Neo4J，InfoGrid，Infinite Graph	社交网络、推荐系统等。专注于构建关系图谱	图结构	利用图结构相关算法，比如最短路径寻址，N度关系查找等	很多时候需要对整个图做计算才能得出需要的信息，而且这种结构不太好做分布式的集群方案

对于 NoSQL 并没有一个明确的范围和定义，但是它们都普遍存在下面一些共同特征。

（1）易扩展。NoSQL 数据库种类繁多，但是有一个共同的特点：都会去掉关系数据库的关系型特性。数据之间无关系，这样就非常容易扩展。无形之间，在架构的层面上带来了可扩展的能力。

（2）大数据量，高性能。NoSQL 数据库都具有非常高的读写性能，尤其在大数据量下同样表现优秀，这得益于它的无关系性，数据库的结构简单。一般 MySQL 使用查询缓存。NoSQL 的缓存是一种细粒度类型的，所以 NoSQL 在这个层面上性能要高很多。

（3）灵活的数据模型。NoSQL 无须事先为要存储的数据建立字段，随时可以存储自定义的数据格式。而在关系数据库里，增删字段是一件非常麻烦的事情。如果是数据量非常大的表，增加字段更加麻烦，这点在大数据量的 Web 2.0 时代尤其明显。

（4）高可用性。NoSQL 在不太影响性能的情况下，就可以方便地实现高可用性的架构。比如 Cassandra、HBase 模型，通过复制模型也能实现高可用性。

9.2.3 数据可视化

如今有太多的数据包围着我们，想要快速地了解我们正在查看的内容以及弄清数据的意义所在，最好的方法就是运用视觉信息，即数据可视化，把数据用图表进行展示。

1. Python

Python 是一种跨平台的，结合了解释性、编译性、互动性并面向对象的脚本语言，最初被设计用于编写自动化脚本（shell）。随着版本的不断更新和语言新功能的添加，现主要用于独立的、大型项目的开发。Python 提供了许多数据可视化库供我们使用，有 Matplotlib、Seaborn、Bokeh、Plotly、Mapbox 等，可以加快开发的速度。

（1）Matplotlib。Matplotlib 是一个最基础的 Python 可视化库，作图风格接近 Matlab。一般新手都是从 Matplotlib 入手学习 Python 的数据可视化，然后开始做纵向与横向拓展。用 Matplotlib 绘制柱状图的效果如图 9-13 所示。

（2）Seaborn。Seaborn 是一个基于 Matplotlib 的高级可视化效果库，针对的是数据挖掘和机器学习中的变量特征选取。Seaborn 可以用短小的代码去描述更多维度数据的可视化效果图。用 Seaborn 绘制直方图的效果如图 9-14 所示。

（3）Mapbox。地理信息数据也会是部分数据分析师的业务场景，传统的 Matplotlib 等工具无法很好地对这类数据进行处理。可使用处理地理数据引擎更强的可视化工具库 Mapbox。用 Mapbox 绘制地图的效果如图 9-15 所示。

2. ECharts

ECharts 是一款基于 JavaScript 的数据可视化图表库，提供直观、生动、可交互、可个性

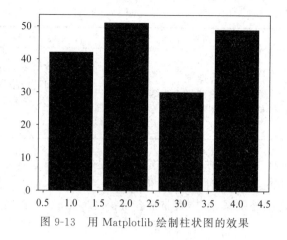

图 9-13　用 Matplotlib 绘制柱状图的效果

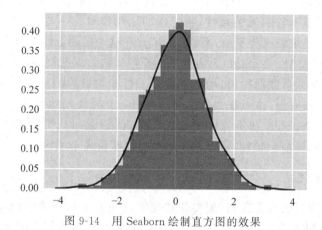

图 9-14　用 Seaborn 绘制直方图的效果

图 9-15　用 Mapbox 绘制地图的效果

化定制的数据可视化图表。ECharts 最初由百度团队开源，并于 2018 年初捐赠给 Apache
基金会，成为 ASF(Apache software foundation)孵化级项目。

　　ECharts 包含了以下特性。

丰富的可视化类型：提供了常规的折线图、柱状图、散点图、饼图、K线图，用于统计的盒形图，用于地理数据可视化的地图、热力图、线图，用于关系数据可视化的关系图、Treemap、旭日图。它有多维数据可视化的平行坐标，还有用于BI的漏斗图、仪表盘，并且支持图与图之间的混搭。

多种数据格式无须转换而直接使用：内置的Dataset属性（4.0＋）支持直接传入包括二维表、键-值对等多种格式的数据源，此外还支持输入TypedArray格式的数据。

数据的前端展现：通过增量渲染技术（4.0版本以上），配合各种细致的优化，ECharts能够展现巨量的数据。

移动端优化：针对移动端交互做了细致的优化，例如移动端小屏上适于用手指在坐标系中进行缩放、平移。PC端也可以用鼠标在图中进行缩放（用鼠标滚轮）、平移等。

多渲染方案，跨平台使用：支持以Canvas、SVG（4.0＋）、VML的形式渲染图表。

深度的交互式数据探索：提供了图例、视觉映射、数据区域缩放、Tooltip、数据刷选等便利的交互组件，可以对数据进行多维度数据筛取、视图缩放、展示细节等交互操作。

多维数据的支持以及丰富的视觉编码手段：对于传统的散点图等，传入的数据可以是多个维度的。

动态数据：数据的改变驱动图表展现的改变。

绚丽的特效：针对线数据、点数据等地理数据的可视化提供了丰富的特效。

通过GL实现更多更好的三维可视化效果：在VR、大屏显示场景中实现三维的可视化效果。

无障碍访问（4.0＋）：支持自动根据图表配置项智能生成描述，使得盲人可以在朗读设备的帮助下了解图表内容，让图表可以被更多人访问。

用ECharts创建饼图的效果如图9-16所示。

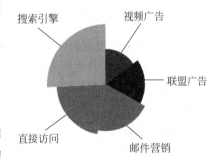

图 9-16　用ECharts创建饼图的效果

🎮 任务实施

小郑同学学习了本节内容后，对数据可视化的知识很感兴趣，自己上网学习了Python相关知识，并动手编程绘制了直线图，如图9-17所示。下面是对应的代码。

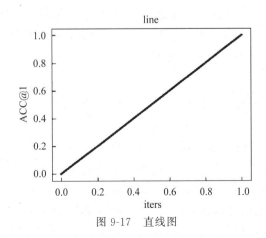

图 9-17　直线图

```
import numpy as np
import matplotlib.pyplot as plt
x =[0, 1]                             #X轴
y =[0, 1]                             #Y轴
plt.figure()                          #创建绘图对象
plt.ylabel('ACC@1',size=20)           #Y轴的标题 size 为字体大小
plt.xlabel('iters',size=20)           #X轴的标题
plt.title('line',size=30)             #标题
plt.plot(x, y,linewidth=3,c='r')      #c为颜色,linewidth 为线的宽度
plt.show()                            #将当前图像显示出来
plt.savefig("1.jpg")                  #将图像保存下来
```

任务 9.3 了解大数据应用场景

任务描述

小郑同学在学习了大数据相关知识后,对大数据有了一定的了解,但是对大数据的使用还是有一定的迷茫,希望了解一下大数据技术是如何在我们实际生活中发挥作用的,生活中的哪些方面用到了大数据。

9.3.1 大数据在医疗行业的应用

美国 NASA 为何能提前预知各种天文奇观?风力发电机和创业者开店时如何选址?如何才能准确预测并对气象灾害进行预警?在未来的城镇化建设过程中,如何打造智能城市?等等。这一系列问题的背后,其实都隐藏着大数据的身影——不仅彰显着大数据的巨大价值,还直观地体现出大数据在各个行业的广阔应用。这些行业应用也都更直白地告诉人们什么是大数据。

大数据让就医、看病变得更简单。过去,对于患者的治疗方案,大多数都是通过医生的经验来进行,优秀的医生固然能够为患者提供好的治疗方案,但由于医生的水平并不相同,所以很难保证患者都能够接受最佳的治疗方案。随着大数据在医疗行业的深度融合,大数据平台积累了海量的病例、病例报告、治愈方案、药物报告等信息资源,所有常见的病例、既往病例等都记录在案,医生通过有效、连续的诊疗记录,能够给患者优质、合理的诊疗方案。这样不仅加快了医生看病的效率,而且能够降低误诊率,从而让患者在最短的时间内接受最好的治疗。

下面介绍数据分析在医疗行业应用的几个具体案例。

1. 电子病历

到目前为止,大数据最强大的应用之一就是电子医疗记录的收集。每个病人都有自己的电子记录,包括个人病史、家族病史、过敏症以及所有医疗检测结果等。借助于大数据平台,可以搜集不同患者的疾病特征和治疗方案等,从而建立医疗行业的患者分类数据库。在医生诊断患者时可以参考患者的疾病特征、化验报告和检测报告,再参考疾病数据库,以便快速帮助患者确诊,明确定位疾病。在制订治疗方案时,医生可以依据患者的基因特点,调

取相似基因、年龄、人种、身体情况相似的有效治疗方案,并制订出适合当前患者的治疗方案,帮助更多人及时进行治疗。同时这些数据也有利于医药行业研发出更加有效的药物和医疗器械。

2. 实时的健康状况提示

医疗行业的另一个创新是可穿戴设备的应用,这些设备能够实时汇报病人的健康状况。与医院内部分析医疗数据的软件类似,这些新的分析设备具备同样的功能,但能在医疗机构之外的场所使用,降低了医疗成本,病人在家就能获知自己的健康状况,同时还获得智能设备所提供的治疗建议。这些可穿戴设备持续不断地收集健康数据并存储在云端。除了为个体患者提供实时信息外,这些信息的收集也能用于分析某个群体的健康状况,并根据地理位置、人口或社会经济水平的不同用于医疗研究。比如血压跟踪器,一旦发现血压达到警戒值,血压仪就会向医生发出提示,医生收到提示后立即提醒患者及时治疗。

可穿戴设备在我们的日常生活中随处可见,计步器、体重跟踪器、睡眠监测仪、家用血压计等都为医疗数据库提供着相关数据。

3. 大数据在医学影像中的应用

医学影像包括 X 射线、核磁共振成像、超声波等,这些都是医疗过程中的关键环节。放射科医生往往需要单独查看每一个检查结果,这不仅产生了巨大的工作量,同时也有可能耽误患者的最佳治疗时机。但是大数据能够完全改变这些医生的分析方式。

例如,数十万张图像能够构建一个识别图像中模型的算法。这些模型则能够形成一个编号系统,帮助医生做出诊断。算法能够研究的图像数量远远超出人类大脑,任何一个放射科医师穷尽一生也不可能与机器的运行速度匹敌。

如图 9-18 所示,大数据在医疗行业的应用十分广泛,大数据极大地改善了全球患者的就医体验,也在很大程度上优化了医疗机构的诊治效率和准确度。

图 9-18　智慧医疗

9.3.2　大数据在交通行业的应用

随着社会经济的快速发展、城市规模的不断扩大以及城市智能化进程的加快,机动车拥有量及道路交通流急剧增加,使得交通供给与需求之间的矛盾渐显,交通拥堵,停车困难,环境恶化等交通问题不断加剧,影响了城市的可持续发展及人民生活水平的提高,阻碍了社会经济的发展。

随着大数据技术的快速发展,交通领域出现了破解难题的重大机遇。因为大数据技术可以将各种类型的交通数据进行有效整合,挖掘各种数据之间的联系,提供更及时的交通服务。目前,交通大数据的交易需求已日益显现,并且在交通管理优化,车辆和出行者的智能化服务,以及交通应急和安全保障等方面都已经有了应用成果。例如,百度将自身的地图生态开放给交通部门,完善增加其交通数据规模。百度地图的日请求次数大约有 70 亿次,拥有大量的用户出行数据,交通部门可以根据百度提供的数据来提高数据的可靠性,成为可靠的参考样本,进而做好决策;其他一些大数据服务企业利用自身搜集的交通数据及交易的数据,分析用户出行数据,预测不同城市间的人口流动情况,如春运期间的交通调整等。

利用大数据技术,得出区域内多路口综合通行能力,用于区域内多路口红绿灯的配时优化,达到提升单一路口或区域内的通行效率。如根据平日、节假日,早、晚高峰或其他时段,主要干道的关键路口、次关键路口、普通路口,白天、夜间等不同情况,人工或系统自动设置不同的配时,达到大幅提高区域内交通通行的能力。对车辆大数据进行深入挖掘,实现事前全面监控,事中及时追踪,事后准确回溯的不同场景需求。

在目前的技术条件和发展水平下,大数据在交通中的应用主要有以下几种方式。

(1) 公共交通部门发行的一卡通大量使用,因此积累了乘客出行的海量数据,这也是大数据的一种。公交部门会因此计算出分时段、分路段、分人群的交通出行参数,甚至可以创建公共交通模型,有针对性地采取措施提前制订各种情况下的应对预案,科学地分配运力。

(2) 交通管理部门在道路上预埋或预设物联网传感器,实时收集车流量、客流量信息,结合各种道路监控设施及交警指挥控制系统数据,由此形成智慧交通管理系统,有利于交通管理部门提高道路管理能力,制订疏散和管制措施预案,提前预警和疏导交通。

(3) 通过卫星地图数据对城市道路的交通情况进行分析,得到道路交通的实时数据,这些数据可以供交通管理部门使用,也可以发布在各种数字终端上供出行人员参考,并由此来决定自己的行车路线和道路规划。

(4) 出租车是城市道路的最多使用者,可以通过其车载终端或数据采集系统提供的实时数据,随时了解几乎全部主要道路的交通路况,而长期积累下来的这类数据就形成了城市区域内交通的“热力图”,进而能够分析得出什么时段的哪些地段拥堵严重,以便为出行提供参考。

(5) 智能手机已经很普及,多数智能手机都会用到地图,一般人的手机会始终打开 GPS 或北斗定位系统,这样地图提供商将可以根据收集到的这些数据进行大数据分析,由此就可以分析出实时的道路交通拥堵状况,出行流动趋势或特定区域的人员聚集程度。这些数据公布之后,会给人们的出行提供参考。

“百度地图春节人口迁徙大数据”(简称“百度迁徙”)是百度在春运期间推出的技术品牌项目,为业界首个以“人群迁徙”为主题的大数据可视化项目。“百度迁徙”利用百度地图 LBS(基于地理位置的服务)开放平台、百度天眼,对其拥有的 LBS 大数据进行计算分析,并采用创新的可视化呈现方式,在业界首次实现了全程、动态、即时、直观地展现中国春节前后人口大迁徙的轨迹与特征。

9.3.3 大数据在销售行业的应用

零售业是伴随着人类文明而产生的,在人们知道以物换物时,零售业就已经存在了。通过对零售业的历史进行研究,西方经济学家总结的三次革命分别是百货商店、连锁店以及超级购物中心的出现。近年来,第四次零售革命的概念也逐渐兴起。在这种时代趋势下,零售企业的创新变革成为必然。据麦肯锡咨询公司数据统计,92%的企业必须改变其业务模式,才能在数字化时代生存。而近年来新基建的兴起,让数字经济基础设施成为行业发展的热点,为零售业的转型创新提供方向。可以说,大数据在零售业的应用已经成为行业发展变革的基础与必然。

其在零售业有以下几个方面的应用。

1. 大数据有助于精确定位零售业市场

成功的品牌离不开精准的市场定位,而基于大数据的市场数据分析和调研是企业进行品牌定位的第一步。企业想进入或开拓某一区域零售业市场,首先要进行项目评估和可行性分析,只有通过项目评估和可行性分析才能最终决定是否适合进入或者开拓这块市场。如果适合,那么这个区域的人口有多少? 人们的消费水平怎么样? 客户的消费习惯是什么? 市场对产品的认知度怎么样? 当前的市场供需情况怎么样? 公众的消费喜好如何等,这些问题背后包含的海量信息构成了零售行业市场调研的大数据,对这些大数据的分析就是市场定位的过程。

2. 大数据成为零售业市场营销的利器

通过获取数据并加以统计分析来充分了解市场信息,掌握竞争者的商情和动态,知晓产品在竞争群中所处的市场地位,来达到"知彼知己,百战不殆"的目的;同时企业通过积累和挖掘零售业消费者档案数据,有助于分析顾客的消费行为和价值趋向,便于更好地为消费者服务和发展忠诚顾客。如果企业收集和整理消费者的消费行为方面的信息数据,如消费者购买产品的花费,选择的产品渠道,偏好产品的类型,产品的使用周期,购买产品的目的,消费者家庭背景和个人消费观等。通过这些数据,建立消费者大数据库,通过统计和分析来掌握消费者的消费行为、兴趣偏好和产品的市场口碑状况,再根据这些总结出来的状况制定有针对性的营销方案和营销战略,那么其带来的营销效应是可想而知的。

3. 大数据创新零售业需求开发

随着论坛、博客、微博、微信、电商平台、点评网等媒介在 PC 端和移动端的创新和发展,公众分享信息变得更加便捷自由,而公众分享信息的主动性促使了"网络评论"这一新型舆论形式的发展。

在微博、微信、论坛、评论版等平台随处可见网友使用某款产品后对其优点点评,对其缺点吐槽,以及功能需求点评、质量好坏与否点评、外形美观度点评、款式样式点评等信息,这些都构成了产品需求大数据。作为零售业企业,如果能对网上零售业的评论数据进行收集,建立网评大数据库,然后再利用分词、聚类、情感分析并了解消费者的消费行为、价值趋向,参考评论中体现的新消费需求和企业产品存在的质量问题,以此来改进和创新产品,量化产品价值,制订合理的价格及提高服务质量,以便从中获取更大的收益。

任务实施

小郑同学对大数据技术在实际中的应用十分感兴趣,自己上网查找案例,了解大数据在零售业的具体应用。

在美国零售业中有这样一个传奇故事:某家商店将纸尿裤和啤酒并排放在一起销售,结果纸尿裤和啤酒的销量双双增长!为什么看起来风马牛不相及的两种商品搭配在一起,能取到如此惊人的效果呢?后来经过分析发现这些购买者多数是已婚男士,这些男士在为小孩买纸尿裤的同时,也会为自己买一些啤酒。发现这个秘密后,沃尔玛超市就将啤酒摆放在尿不湿旁边,顾客购买起来会更方便,销量自然也会大幅上升。

习 题

一、填空题

1. 大数据的"4V"特征是指_____、_____、_____ 和_____。

2. 大数据项目的处理流程主要有 _____、_____ 、_____。

二、简答题

1. 大数据技术的应用有哪些?

2. 大数据相关技术有哪些?

第 10 章
人工智能技术

学习目标

- 掌握人工智能技术的一些概念。
- 了解人工智能技术的应用领域。
- 了解人工智能技术的相关知识。

人工智能是计算机科学的一个重要分支,它试图了解智能的实质,并生产出一种新的能以与人类智能相似的方式做出反应的智能机器。该领域的研究包括机器人、语言识别、图像识别、自然语言处理和专家系统等。人工智能从诞生时起,理论和技术日益成熟,应用领域也在不断扩大,人工智能技术正悄无声息地改变着人们的学习、工作、生活方式。

任务 10.1　了解人工智能技术的应用

任务描述

小李是一位"00后"的新人,他强烈地感受到现在的生活、工作和学习越来越便捷,医院看病可以用手机预约,看病时取药不用排队,水费、电费等各种缴费足不出户就能完成;另外在网上购物时,店主不在也会出现智能助手帮忙回答问题……那到底是什么力量推动着这些现象的发生呢?

10.1.1　人工智能概述

人工智能(artificial intelligence),英文缩写为 AI。它是研究、开发用于模拟、延伸和扩展人的智能的理论、方法、技术及应用系统的一门新的技术科学。现在人工智能技术广泛地应用于机器视觉、指纹识别、人脸识别、视网膜识别、虹膜识别、掌纹识别、专家系统、自动规划、智能搜索、定理证明、博弈、自动程序设计、智能控制、机器人学、语言和图像理解、遗传编程等多个方面。

人工智能的定义可以分为两部分,即"人工"和"智能"。其中,"智能"主要涉及意识(consciousness)、自我(self)、思维(mind)等方面,是实现人工智能的核心要点。人工智能领域的开创者之一、斯坦福大学计算机专业知名教授尼尔逊认为:"人工智能是关于知识的学科,是关于如何表示知识,如何获得知识并使用知识的科学。"美国麻省理工学院的温斯顿教授则认为:"人工智能就是研究如何使计算机去做过去只有人才能做的智能工作。"这些说法反映了人工智能学科的基本思想和基本内容。即人工智能是研究人类智能活动的规律,构造具有一定智能的人工系统,研究如何让计算机去完成以往需要人的智力才能胜任的工作,也就是研究如何应用计算机的软硬件来模拟人类的某些智能行为。

人工智能作为计算机学科的一个分支,20 世纪 70 年代以来被称为世界三大尖端技术之一(空间技术、能源技术、人工智能),也被认为是 21 世纪三大尖端技术(基因工程、纳米科学、人工智能)之一。这是因为近四十多年来它获得了迅速的发展,在很多学科领域都获得了广泛应用,并取得了丰硕的成果,人工智能已逐步成为一个独立的分支,无论在理论和实践上都已自成一个系统。

10.1.2 人工智能的发展史

人工智能的传说可以追溯到古埃及,但随着 1946 年以来电子计算机的发展,技术已最终可以创造出机器智能。"人工智能"一词最初是在 1956 年 Dartmouth 学会上提出的,从那以后,研究者们发展了众多理论和原理,人工智能的概念也随之扩展。在它还不长的历史中,人工智能的发展比预想的要慢,但一直在前进,从出现至今,已经出现了许多 AI 程序,并且它们也影响到了其他技术的发展。

1. 人工智能的诞生(20 世纪 50—60 年代)

1950 年,艾伦·麦席森·图灵(见图 10-1)提出了著名的"图灵测试":如果计算机能在 5 分钟内回答测试者提出的一系列问题,并且有超过 30%的回答让测试者误认为是人类所答的,那么就可以说计算机具备了人工智能。可惜到目前为止,还没有一台计算机通过图灵测试。图灵还发表论文《机器能思考吗》,预言会创造出具有真正智能的机器的可能性。为了纪念图灵对计算机科学发展的巨大贡献,美国计算机协会于 1966 年设立图灵奖,以表彰在计算机领域中做出突出贡献的人。图灵奖被喻为"计算机界的诺贝尔奖"。

图 10-1 艾伦·麦席森·图灵

1954 年美国人乔治·戴沃尔设计了世界上第一台可编程机器人,并注册了专利。这种机械手能按照不同的程序来从事不同的工作。

1955 年末,Newell 和 Simon 做了一个名为"逻辑专家"(logic theorist)的程序。这个程序被许多人认为是第一个 AI 程序。它将每个问题都表示成一个树形模型,然后选择最可能得到正确结论的那一枝来求解问题。"逻辑专家"对公众和 AI 研究领域产生的影响使它成为 AI 发展中一个重要的里程碑。

1956 年夏季,由当时达特茅斯大学的麦卡锡(J.McCarthy)联合哈佛大学年轻数学和神经学家、麻省理工学院教授明斯基(M.L.Minsky),IBM 公司信息研究中心负责人罗切斯特(N.Rochester),贝尔实验室信息部数学研究员香农(C. E.Shannon)共同发起,邀请普林斯顿大学的莫尔(T.Moore)和 IBM 公司的塞缪尔(A.L. Samuel)、麻省理工学院的塞尔夫里奇(O.Selfridge)和索罗莫夫(R.Solomonff),以及兰德(RAND)公司和卡内基梅隆大学的纽厄尔(A. Newell)、西蒙(H.A. Simon)等,在美国达特茅斯大学召开了一次为时两个月的学术研讨会,讨论关于机器智能的问题。会上经麦卡锡提议,正式采用了"人工智能"这一术语,麦卡锡因而被称为人工智能之父。纽厄尔和西蒙则展示了编写的逻辑理论机器。这是一次具有历史意义的重要会议,它标志着人工智能作为一门新兴学科正式诞生了。此后,美国形成了多个人工智能研究组织,如纽厄尔和西蒙的 Carnegie-RAND 协作组,明斯基和麦卡锡的 MIT 研究组,塞缪尔的 IBM 工程研究组等。

1957 年一个新程序——"通用解题机(GPS)"的第一个版本进行了测试。这个程序是由制作"逻辑专家"的同一个组开发的。GPS 扩展了 WIENER 的反馈原理,可以解决很多常识问题。两年以后,IBM 成立了一个 AI 研究组。Herbert Gelernter 花 3 年时间制作了一个解几何定理的程序。

当越来越多的程序涌现时,Mccarthy 正忙于一个 AI 史上的突破。1959 年 Mccarthy 宣布了他的新成果:LISP 语言。LISP(list processing)语言适用于符号处理、自动推理、硬件描述和超大规模集成电路设计等。其特点是使用表结构来表达非数值计算问题,实现技术较为简单。LISP 语言已成为十分有影响力,使用非常广泛的人工智能语言。LISP 到今天还在用。

2. 人工智能的黄金时代(20 世纪 60—70 年代)

1963 年 MIT 从美国政府得到一笔 220 万美元的资助,用于研究机器辅助识别。这笔资助来自国防部高级研究计划署(ARPA),已保证美国在技术进步上领先于苏联。这个计划吸引了来自全世界的计算机科学家,加快了 AI 研究的发展步伐。

1966—1972 年,美国斯坦福国际研究所(SRI)研制出机器人 Shakey(见图 10-2),这是首台采用人工智能的移动机器人。它装备了电视摄像机、三角测距仪、碰撞传感器、驱动电机以及编码器,并通过无线通信系统由两台计算机进行控制,可以进行简单的自主导航。虽然 Shakey 只能解决简单的感知、运动规划和控制问题,但它却是当时将 AI 应用于机器人的最为成功的研究平台,它证实了许多通常属于人工智能领域的严肃科学结论。

图 10-2　移动机器人 Shakey

1966 年美国麻省理工学院(MIT)的魏泽鲍姆发布了世界上第一个聊天机器人"伊莉莎"(Eliza)。Eliza 的智能之处在于她能通过脚本理解简单的自然语言,并能产生类似人类的互动。这个程序发表后,许多心理学家和医生都想请它为人进行心理治疗,一些病人在与它谈话后,对它的信任甚至超过了人类医生。

1968 年 12 月 9 日,美国加州斯坦福研究所的道格·恩格勒巴特发明计算机鼠标,构想出了超文本链接概念,它在几十年后成了现代互联网的基础。

20 世纪 70 年代另一个进展是专家系统。专家系统可以预测在一定条件下某种解的概率。由于当时计算机已有巨大容量,专家系统有可能从数据中得出规律。专家系统的市场应用很广,可用于股市预测,帮助医生诊断疾病,以及指示矿工确定矿藏位置等。

3. 人工智能的低谷(20 世纪 70—80 年代)

20 世纪 70 年代初,人工智能遭遇了瓶颈。当时的计算机有限的内存和处理速度不足以解决实际的人工智能问题。希望程序对这个世界具有儿童水平的认识,研究者们很快发现这个要求太高了:1970年没人能够做出十分巨大的数据库,也没人知道一个程序怎样才能学到十分丰富的信息。由于缺乏进展,对人工智能提供资助的机构对无方向的人工智能研究逐渐停止了资助。

"AI之冬"一词由经历过1974年经费削减的研究者们创造出来。他们注意到了尽管当时许多人对专家系统狂热追捧,并预计不久后人们将转向失望。事实被他们不幸言中,当时的专家系统的实用性仅局限于某些特定情景。到了20世纪80年代晚期,美国国防部高级研究计划局(DARPA)的新任领导认为人工智能并非"下一个浪潮",拨款将倾向于那些看起来更容易出成果的项目。

4. 人工智能的繁荣期(20世纪80年代至今)

1981年,日本经济产业省拨款8.5亿美元用于研发第五代计算机项目,在当时被叫作人工智能计算机。随后,英国、美国纷纷响应,开始向信息技术领域的研究提供大量资金。

1984年,在美国人道格拉斯·莱纳特的带领下,启动了Cyc项目,其目标是使人工智能的应用能够以类似人类推理的方式工作。

1997年5月10日,IBM"深蓝"超级计算机再度挑战加里·卡斯帕罗夫,比赛在5月11日结束,最终"深蓝"以3.5∶2.5击败加里·卡斯帕罗夫,成为首个在标准比赛时限内击败国际象棋世界冠军的计算机系统。深蓝是并行计算的计算机系统,基于RS/6000SP,另加上480颗特别制造的VLSI象棋芯片。下棋程序用C语言写成,运行的是AIX操作系统。

2011年,IBM公司开发出使用自然语言回答问题的人工智能程序Watson(沃森),是由90台IBM服务器、360个计算机芯片组成,拥有15TB的存储容量和2880个处理器,每秒可进行80万亿次运算。这些服务器采用Linux操作系统,存储了大量图书、新闻和电影剧本资料、辞海、文选和《世界图书百科全书》等数百万份资料。每当读完问题的提示后,"沃森"就在不到3秒的时间里对自己的数据库"挖地三尺",在长达2亿页的庞杂资料里展开搜索。当年参加美国智力问答节目,打败了两位人类智力竞赛的冠军,赢得了100万美元的奖金。

2012年,加拿大神经学家团队创造了一个具备简单认知能力且有250万个模拟"神经元"的虚拟大脑,命名为Spaun,并通过了最基本的智商测试,可执行多项简单的认知任务,对别人提出的问题以及通过虚拟"眼睛"观察到的事物作出回应。例如,研究人员向Spaun展示数字2的不同写法图片后,它可以根据写法的不同重新画出这个数字。它还有不错的记忆力,可依次将之前看到的一连串数字写出来。研究人员说,Spaun是首个能模拟人类大脑利用不同区间沟通来展示复杂行为的模型,但目前它在功能性上还远远无法与真正的人类大脑相比。

2013年,深度学习算法被广泛运用在产品开发中。深度学习是学习样本数据的内在规律和表示层次,这些学习过程中获得的信息对诸如文字、图像和声音等数据的解释有很大的帮助。它的最终目标是让机器能够像人一样具有分析及学习能力,能够识别文字、图像和声音等数据。

Facebook成立了人工智能实验室,探索深度学习领域,借此为Facebook用户提供更智能化的产品体验;Google收购了语音和图像识别公司DNN Research,推广深度学习平台;百度创立了深度学习研究院等。

2015年,Google Research宣布推出第二代机器学习系统TensorFlow,针对先前的

DistBelief 的短板有了各方面的加强,更重要的是,它是开源的,任何人都可以使用。

2016 年 3 月 15 日,Google 人工智能阿尔法(AlphaGo)与围棋世界冠军李世石的人机大战最后一场落下了帷幕,如图 10-3 所示。人机大战第五场经过长达 5 个小时的博杀,最终李世石与 AlphaGo 总比分定格在 1∶4,以李世石认输结束。这一次的人机对弈让人工智能正式被世人所熟知,整个人工智能市场也像是被引燃了导火线,开始了新一轮爆发。

尽管经历了许多受挫的事件,AI 仍在慢慢恢复发展。新的技术被开发出来,如在美国首创的模糊逻辑,它可以根据不确定的条件做出决策;还有神经网络也被视为实现人工智能的可能途径。总之,

图 10-3　阿尔法与李世石的人机大战

20 世纪 90 年代 AI 被引入了市场,并显示出实用价值。可以确信,它将在 21 世纪获得更好的发展。人工智能技术在军事应用方面经受了检验,人工智能技术被用于导弹系统、预警显示及其他先进武器中,AI 技术也进入了家庭。人工智能已经并且将继续不可避免地改变我们的生活。

以人类的智慧创造出堪与人类大脑相匹配的机器脑(人工智能),对人类来说是一个极具诱惑的领域,人类为了实现这一梦想也已经奋斗了很多年。而从一个语言研究者的角度来看,要让机器与人之间自由交流是相当困难的,甚至可以说可能会是一个永无答案的问题。人类的语言、人类的智能是如此复杂,所以人工智能技术的深度开发也将走上漫漫征途,有许多难题需要解决。

10.1.3　人工智能分类

人工智能的概念在很久以前就被提出来了。人工智能简而言之就是研究、开发用于模拟、延伸和扩展人的智能的理论、方法、技术及应用系统的一门新的技术科学。人工智能有三种类型,分别是弱人工智能、强人工智能、超人工智能。

1. 弱人工智能

弱人工智能(artificial narrow intelligence,ANI)是擅长于单个方面的人工智能。比如能战胜象棋世界冠军的人工智能产品阿尔法狗,但是它只会下象棋,对其他的问题则无法解答。只有擅长单方面能力的人工智能产品就属于弱人工智能。

2. 强人工智能

强人工智能(artificial general intelligence,AGI)是一种类似于人类级别的人工智能,在各个方面都能和人类"比肩",人类能干的脑力活它都能干。创造强人工智能比创造弱人工智能难得多,我们现在还做不到。强人工智能就是一种宽泛的心理能力,能够进行思考、计划,并能解决问题,进行抽象思维,理解复杂理念,快速学习和从经验中学习等。强人工智能在进行这些操作时应该和人类一样得心应手。

3. 超人工智能

超人工智能(artificial super intelligence,ASI)被科学家定义为在几乎所有领域都比聪

明的人类大脑还要聪明很多,包括科学创新、通识和社交技能。超人工智能可以是各方面都比人类强一点,也可以是各方面都比人类强万亿倍。

就目前而言,人类已经掌握了弱人工智能。弱人工智能无处不在,人工智能革命也是从弱人工智能逐步发展到强人工智能,最后合成为超人工智能。其实不管什么人工智能,都需要我们好好控制。期盼人工智能将来能够给我们带来更大的福音,造福整个地球。

10.1.4 人工智能的应用

1. 智慧城市

智慧城市(smart city)起源于传媒领域,是指利用各种信息技术或创新概念,将城市的系统和服务打通、集成,以提升资源运用的效率,优化城市管理和服务,以及改善市民生活质量。智慧城市通过物联网基础设施、云计算基础设施、地理空间基础设施等新一代信息技术,以及维基、社交网络、综合集成法、网动全媒体融合通信终端等工具和方法的应用,实现全面透彻的感知、宽带泛在的互联、智能融合的应用以及以用户创新、开放创新、大众创新、协同创新为特征的可持续创新。伴随网络帝国的崛起、移动技术的融合发展以及创新的民主化进程,知识社会环境下的智慧城市是继数字城市之后信息化城市发展的高级形态。

图 10-4　杭州城市大脑展厅

【实例】　杭州城市大脑数字驾驶舱(见图 10-4)是以市领导及各政府组成部门为主要服务对象,基于城市所产生的数据资源,实现数据即时、在线、准确地传输,这也是城市管理者的日常工作平台。通过扩大业务领域数据实时掌控能力和综合信息服务的广度深度,更好地辅助领导决策,有效调配公共资源,不断完善社会治理,推动城市可持续发展,为杭州打造"数字经济第一城"保驾护航。

数字驾驶舱主要包含自动化运维(机器监控、预警报警)、日常运营运行(日常运行、领导关注、数字化辅助报告与决策、管理经验沉淀等)等模块。在治理机制上,城市管理者通过数字驾驶舱的数字指标发现问题(数字流程),根据实际情况进行业务主责部门的确定、业务边界的划分、业务工作的协同(业务流程),当问题处理完毕后,驾驶舱中数字指标恢复正常,完成一整套事件处理闭环。

杭州城市大脑指挥中心是杭州城市大脑生产工作的后台感知窗口,承担杭州城市数字化治理的分析、决策、调度、监管,输出基于城市大脑数据计算分析的城市治理解决方案,实现人机协同,支撑政府数字化转型有效推进,全面支持"最多跑一次"改革撬动各领域改革深化,是"数字驾驶舱"技术的总后方,以及智慧亚运、智慧城市的核心。

未来,依托运营指挥中心,杭州城市大脑建设将持续发力,为打造一流的数字经济城市发挥更大作用。

杭州城市大脑探悟馆是全球首个数据即时、系统在线、应用交互的城市大脑体验中心。通过城市大脑的历程、中枢系统以及多领域的应用实践成果,深度诠释杭州城市大脑理念,以及社会治理、便民惠民的成效。体验者可以通过看得见、摸得着的方式来亲身感受算力时代的城市美好生活。

2. 智能家居

智能家居(smart home,home automation)是以住宅为平台,利用综合布线技术、网络通信技术、安全防范技术、自动控制技术、音视频技术将家居生活有关的设施集成,构建高效的住宅设施与家庭日常事务的管理系统,以提升家居安全性、便利性、舒适性、艺术性,并实现环保节能的居住环境。

【实例】 下面介绍海康威视的智能楼宇系统。随着我国城镇化建设的大举推进,智能建筑的市场也在不断扩大,而多功能、一体化的行业发展趋势给智能建筑的智能化管理提出了新的需求。作为领先的视频产品和内容服务提供商,海康威视根据智能建筑行业发展趋势以及多年的技术积累和行业沉淀,前瞻性地发布智能建筑综合解决方案,创造性地提出建筑安防"七星"价值体验理念。

方案以 iVMS-8700 综合管理平台为核心,将视频监控、门禁管理、入侵报警、停车场管理、访客管理、考勤消费、电梯层控、在线巡查、消防报警等系统及智能分析技术深度整合,实现大集成与综合管理,为客户带来非凡的"七星"价值体验。考虑到综合安防各类技术防范系统联动化、集成化的需要,系统架构实现跨系统、跨平台互连通用,将原本独立运行、信息屏蔽的诸多应用子系统进行横向协同,实现多个系统业务的综合管理,包括智能化联动等,充分发挥系统整体应用价值。

该系统具有的功能包括对模拟、数字高清监控模式进行系统整合,将分布在各处的多个局部视频监控系统集成在一起,能够在线实时管控,同时在中心存储设备中进行集中图像存储,实现图像回放等事后追踪。对人员信息统一录入,进行集中化管理并授权,避免信息的反复录入,提高信息化管理效率,降低人力成本。依托平台一体化带来的各个子系统数据的统一管理,形成海量数据,基于信息化技术,针对需要的数据进行一定的分类筛选统计,成为管理者决策及优化管理的基础。对各业务资源进行集中配置和监管,实现各模块之间的资源共享、协作联动和统一调度;利用安防系统中的图像分析、智能跟踪、联动响应等功能,给客户带来智能化安防体验。一体化智能建筑安防平台能够轻松无缝地对接原本分散独立的各模块业务,进行统一管理,带来操作简单及人机交互便捷的应用体验。

涵盖不同业态的安防建设需求,能够为各业态量身打造,客户可依据自身需求进行私人定制并提供个性化服务,为客户带来全方位的安防体验。

3. 智慧医疗

智慧医疗是最近兴起的专有医疗名词,通过打造健康档案区域医疗信息平台,利用最先进的物联网技术,实现患者与医务人员、医疗机构、医疗设备之间的互动,逐步达到信息化。国内已兴起的智慧医院项目总体来说已具备以下功能:智能分诊,手机挂号,门诊叫号查询,取报告单,化验单解读,在线医生咨询,医院医生查询,医院周边商户查询,医院地理位置导航,院内科室导航,疾病查询,药物使用,急救流程指导,健康资讯播报等。实现了从身体不适到完成治疗的"一站式"信息服务。移动医疗的出现让每个患者都可以通过手机应用查看个人曾在医院的历史预约和就诊记录,包括门诊/住院病历、用药历史、治疗情况、相关费用、检查单/检验单图文报告、在线问诊记录等,不仅可以及时自查健康状况,还可通过 24 小时在线医生进行咨询,在一定程度上做到了"身体不适自查,小病先问诊,大病去医院"的正确就医态度。

【实例】 人工智能有望彻底改变医疗护理的未来。随着人工智能融入医疗专业人员和医院系统的工作之中,患者治疗效果和医院运营效率预计将会发生天翻地覆的改变。

医护人员每天都需要通过患者会诊、实验室化验结果、影像扫描等方法,对患者治疗做出数十项关键性决定。在未来,预计人工智能将被更广泛地用于扫描这些数据,将这些数据与成千上万的其他病例进行比较,然后提供诊断和治疗方案建议。

专家认为,这一概念并不是说人工智能将取代医生,而是医生将利用人工智能来辅助自己的诊断决定,以最大限度地提高准确性,加快患者康复。那结果又如何?我们发现人工智能的辅助不仅提高了治疗方案的成功率,也改善了患者的治疗效果。

医院必须每天预测患者需求、患者流量和所需资源,并根据以往的运营情况制定策略。医院运营的复杂性常常导致医院无法完全准确地预测这些因素,结果造成近期没有患者预约,患者等待时间过长或者医护人员人手不足等情况。

因此,医院开始寻求人工智能提供帮助也就不足为奇。人工智能将用于根据患者历史数量、预约类型、平均到达时间和特定服务持续时间建立模拟模型。这些模型将用于为理想的患者流程决策提供高度准确的实时建议,通过提供充足的会诊时间来提升患者问诊体验和患者治疗效果。通过改进规划,医院每天能接待更多的患者,将患者等待时间最多缩短50%。

(1) 人工智能作为预防工具。人工智能在患者治疗方面的应用已经不胜枚举,专家预计,人工智能还将用于帮助医生诊断和治疗各种疾病和伤痛。人工智能的另一个医学用途是预防性护理。已经有许多令人兴奋的例子表明,人工智能早已被研究人员用作早期预防干预工具。例如,人工智能用于捕捉Ⅰ型糖尿病,发现阿尔茨海默病指标和预测乳腺癌。

麻省理工学院计算机科学与人工智能实验室(CSAIL)的研究人员正在利用人工智能解决心血管疾病问题,这种疾病是全球最常见的死因。他们的机器 RiskCardio 专门用来确定心血管疾病高危患者的死亡风险。RiskCardio 可监测患者的心电图(ECG)信号,能在 15 分钟内识别出患者的风险类别。医生可以利用 RiskCardio 的分析结果来定制更符合患者个人风险水平的治疗方案,从而提高治疗成功的可能性。

人工智能可以辅助医院完成医疗决策,让医生有望通过早期预防和正确诊断,使患者获得更好的治疗效果。随着人工智能的融入,医疗行业日趋成熟,下一步将进入人工智能从研究向实际应用发展的阶段。

(2) 大型医院如何利用人工智能。研究表明,人工智能在医疗行业的应用蕴含无限可能。现在的问题是什么时候才能实现。事实上,各大医院已纷纷着手在患者治疗和运营中部署人工智能的计划。

医院的决策正在从基于描述性分析(即"发生了什么")转向使用人工智能的预测性分析或是"会发生什么"。预测性分析可以实现很多事情。一是人工智能对健康数据的处理,帮助提供更准确的诊断和治疗方案;二是使用健康跟踪器远程监测患者的病情,打造一种更为个性化的体验(设想一下,用一台移动式心电图设备就能检测到离医院几公里远的患者心律失常的情况)。

预测性分析也被用于监测患者人流。例如,美国约翰·霍普金斯医院系统最近起用了一个指挥中心,该指挥中心使用预测性分析帮助人们做出日常决策,从而实现了医院的高效运营。其结果是患者人流得到更高效且及时的管理,据报告,复杂情况下患者入院率提高了

60%,同时也提高了资源利用。

医院也在充分测试并扩大聊天机器人的使用范围。基于人工智能的这些应用可以通过自动化管理更多日常查询工作。在这方面,加州大学洛杉矶分校医学中心的研究人员处于前沿,他们已建立了一个虚拟的介入放射科医生(VIR)原型,让患者能够就他们的放射学治疗和下一步措施快速获得相关常见问题的解答。

随着预测性分析、健康跟踪、聊天机器人和未来解决方案的出现,医院利用人工智能每年能节省数百万美元资金。

4. 智能营销

智能营销是通过人的创造性、创新力以及创意智慧将先进的计算机、网络、移动互联网,物联网等科学技术的融合应用于当代品牌营销领域的新思维、新理念、新方法和新工具的创新营销新概念。

【实例】 零售业近年来已经从人工智能和机器学习中获益。人工智能正在帮助零售商通过数据分析更好地了解他们的目标市场。因为数据是数字世界的新货币,它可以决定业务的成败。而零售商正在使用预测分析来帮助根据销售数据预测客户行为。电子商务网站正在使用基于客户的区域搜索趋势、位置和搜索历史记录的建议。此外,像亚马逊公司根据过去的销售数据为顾客提供产品推荐。

人工智能还帮助零售商通过定制发送给潜在客户的信息来增强他们的在线商店。内容生成是一个乏味的过程,但是通过人工智能的自然语言生成(NLG),零售商可以向客户发送有针对性的信息和报价。

机器人已经被引入管理库存和销售区域,从而提供更精确的精度并削减成本。而在时尚领域,人工智能也应用于供应链和时尚商店。从服装的分类到缝纫衣物,这些平凡而繁杂的任务都是由人工智能系统来完成的,并具有更高的精度和更快的速度。机器人可以轻松精确地缝合服装,还可以检测织物材料中的缺陷,从而确保质量。

5. 智慧教育

智慧教育即教育信息化,是指在教育领域(教育管理、教育教学和教育科研)全面深入地运用现代信息技术来促进教育改革与发展的过程。其技术特点是数字化、网络化、智能化和多媒体化,基本特征是开放、共享、交互、协作、泛在。以教育信息化促进教育现代化,用信息技术改变传统模式。教育信息化的发展,带来了教育形式和学习方式的重大变革,也可以促进教育改革,从而对传统的教育思想、观念、模式、内容和方法产生巨大的冲击。

教育信息化是国家信息化的重要组成部分,对于转变人们的教育思想和观念,深化教育改革,提高教育质量和效益,培养创新人才具有深远意义,是实现教育跨越式发展的必然选择。

【实例】 威海市“智慧教育”云平台,是威海市教育局根据教育部和山东省教育厅大力推进教育信息化工作要求,按照威海市政府智慧城市建设统一部署,建设打造的综合性“互联网+教育”公共服务平台。平台采用市域一体化建设思路,累计投入1300万元,接入国家、省、市三级智能化教育应用35个,设置空中课堂、网络备课室等16大核心模块,为全市中小学免费提供教学资源、网络学习、网络空间、教育管理、教育科研五类功能服务。

平台融教育资源、教育管理和教育教学为一体,建设资源库,汇聚网课视频、仿真实验、电子文本等教育资源2000多万个,覆盖小学至高中12个年级59个学科所有知识点,日平均更新资源数量约1万个。运用"人工智能＋大数据"技术,根据师生用户身份特征自动推送资源,实现资源共享服务智能化、效率最大化。另外还架设了空中课堂,将全市170余所中小学录播教室与平台"空中课堂"模块完成对接,教师、学生通过网络实时收看学习,实现全市域跨校际、跨区市"同听一节课";目前,累计线上直播课程1.4万余节,举办教研活动8600余次,受益师生超过600万人次。

"智慧教育"云平台建设并投入使用后,为促进威海市基础教育高位优质均衡发展发挥了积极作用。2019年6月,"智慧教育"云平台建设应用案例入选教育部全国教育信息化应用成果展示交流活动。2019年10月,平台应用案例"建设市域大平台,实现教育云服务"获得山东省教育信息化应用优秀案例第一名。2020年1月,教育部《中国教育信息化》杂志发表《威海市智慧教育云平台网络学习空间建设应用研究》文章,向全国介绍有关建设及应用经验。2020年疫情期间,"智慧教育"云平台为全市40余万师生提供线上教育教学服务,有力维护"停课不停学"的良好教学秩序。2021年2月,"智慧教育"云平台案例获评山东省教育厅疫情防控环境下信息化应用优秀案例。

6. 智慧农业

机器人技术和人工智能是农业可持续发展未来的最佳选择。几个世纪以来,由于环境污染、过度耕作、劳动力短缺以及人口增长,粮食供应链面临危机,它正威胁着人们最基本的生活需求。人工智能和自动化可以减轻农业劳动力老龄化的影响。有了自主无人机、自动驾驶农业机械等农业机器人,农民可以花更多的时间专注于创造可持续的农业收成。农业机器人是在农业生产中的运用,是一种可由不同程序软件操作,以适应各种作业,能感觉并适应作物种类或环境变化,有检测(如视觉等)和演算等人工智能的新一代无人自动操作机械,如图10-5所示。

图10-5　农业机器人

【实例】　Deere公司是一家著名的农业设备制造商,因其自动驾驶机械而广受欢迎。此外,它还通过引进自动杂草喷洒器扩大了其农业服务范围。该公司利用先进的机器人技术、机器学习和计算机视觉来区分农作物和杂草以进行清除。此外,大数据正在帮助农民种植出更好的作物。大数据催生了处方农业,它使用基于网络的工具来创建地图或处方,告诉农民在某些作物和地区需要施用多少肥料。

任务 10.2　人工智能技术的简单实现

任务描述

了解了人工智能技术在生活中的广泛应用后,小李对人工智能更加感兴趣了。那么想要深入地了解人工智能,应该学习哪些知识呢? 能不能简单地编写人工智能小程序呢?

10.2.1　知识表示

通过研究人工智能的发展史可以了解到,人工智能的发展和计算机科学技术紧密联系在一起,但除此之外,人工智能还涉及信息论、控制论、自动化、仿生学、生物学、心理学、数理逻辑、语言学、医学和哲学等多门学科。人工智能学科研究的主要内容包括知识表示、自动推理和搜索方法、机器学习和知识获取、知识处理系统、自然语言理解、计算机视觉、智能机器人、自动程序设计等方面。

通过利用机器学习和深度学习,可以完成用户配置优化,以及个性化设置和建议。另外,还可以整合更智能的搜索结果,提供语音界面或智能帮助等,用于优化程序本身。甚至可以构建具有视觉和听觉,并能够做出反应的智能应用程序。

各种以知识和符号操作为基础的智能系统,其问题求解方法都需要某种对解答的搜索。不过,在搜索过程开始前,必须先用某种方法或某几种方法集成来表示问题。这些表示问题的方法可能涉及状态空间、问题归约、语义网络、框架或谓词公式,或者把问题表示为一条要证明的定理,或者采用结构化方法等。

对于传统人工智能问题,任何比较复杂的求解技术都离不开两方面内容的——表示与搜索。对于同一问题可以有多种不同的表示方法,这些表示具有不同的表示空间。问题表示的优劣,对求解结果及求解效率的影响很大。

1. 状态空间表示

问题求解(problem solving)是个大课题,它涉及归约、推断、决策、规划、常识推理、定理证明和相关过程等核心概念。在分析了人工智能研究中运用的问题求解方法之后,就会发现许多问题求解方法是采用试探搜索方法的。

也就是说,这些方法是通过在某个可能的解答空间内寻找一个解来求解问题的。这种基于解答空间的问题表示和求解方法就是状态空间法,它是以状态和算符(operator)为基础来表示和求解问题的。

2. 问题归约表示

问题归约(problem reduction)是另一种基于状态空间的问题描述与求解方法。已知问题的描述,通过一系列变换把此问题最终变为一个子问题集合,这些子问题的求解可以直接得到,从而解决了初始问题。

问题归约表示可由下列三部分组成。

(1) 一个初始问题描述。

(2) 一套把问题变换为子问题的操作符。

(3) 一套本原问题描述(不能再被分割的问题)。

从目标(要解决的问题)出发逆向推理,建立子问题以及子问题的问题,直至最后把初始问题归约为一个平凡的本原问题集合,这就是问题归约的实质。

3. 谓词逻辑表示

虽然命题逻辑(propositional logic)能够把客观世界的各种事实表示为逻辑命题,但是它具有较大的局限性,不适合表示比较复杂的问题。谓词逻辑(predicate logic)允许表达那些无法用命题逻辑表达的事情。

逻辑语句,更具体地来说,一阶谓词演算(first order predicate calculus)是一种形式语言,其根本目的在于把数学中的逻辑论证符号化。如果能够采用数学演绎的方式证明一个新语句是从那些已知正确的语句导出的,那么也就能断定这个新语句是正确的。

4. 语义网络表示

语义网络是知识的一种结构化图解表示,它由节点和弧线或链线组成。节点用于表示实体、概念和情况等,弧线则用于表示节点间的关系。

语义网络表示由下列四个相关部分组成。

(1) 词法部分。决定词汇表中允许有哪些符号,它涉及各个节点和弧线。

(2) 结构部分。叙述符号排列的约束条件,指定各弧线连接的节点对。

(3) 过程部分。说明访问过程,这些过程能用来建立和修正描述,以及回答相关问题。

(4) 语义部分。确定与描述相关的(联想)意义的方法,即确定有关节点的排列及其占有物和对应弧线。

5. 框架表示

心理学的研究结果表明,在人类日常的思维和理解活动中,当分析和解释遇到新情况时,要使用过去积累的经验和知识。这些知识规模巨大而且以很好的组织形式保留在人们的记忆中。例如,当一个人走进一家从未来过的饭店时,根据以往的经验,可以预见在这家饭店将会看到菜单、桌子、服务员等;当一个人走进教室时,能预见在教室里可以看到椅子、黑板等。

人们试图用以往的经验来分析解释当前所遇到的情况,但无法把过去的经验一一都保存在脑子里,而只能以一个通用的数据结构的形式存储以往的经验,这样的数据结构称为框架(frame)。框架提供了一个结构或一种组织。在这个结构或组织中,新的资料可以用经验中得到的概念来分析和解释。因此,框架也是一种结构化表示法。

6. 过程表示

语义网络和框架等知识表示方法,均是对知识和事实的一种静止的表达方法,称这类知识表达方式为陈述式知识表达,它强调的是事物所涉及的对象是什么。这是对事物有关知识的静态描述,是知识的一种显示表达形式。而对于如何使用这些知识,则通过控制策略来决定。

与知识的陈述式表示相对应的是知识的过程(procedure)表示。所谓过程表示就是将有关某一问题领域的知识,连同如何使用这些知识的方法,均隐式地表达为一个求解题的过程。它所给出的是事物的一些客观规律,表达的是如何求解问题。知识的描述形式就是程序,所有信息均隐含在程序之中。从程序求解问题的效率上来说,过程式表达的效率要比陈述式表达高得多。但因其知识均隐含在程序中,因而难以添加新知识和扩充功能,适用范围较小。

10.2.2 人工智能编程语言

在编程语言中,哪种语言更适于人工智能呢?一个拥有大量优秀机器学习和深度学习库的语言当然是首选。此外,它还应具有良好的运行性能,优秀的工具支持和聚集了大量软件工程师的开源社区。以下列出 5 种应用在人工智能中最佳的编程语言。

1. Python 语言

Python 是一门更注重可读性和效率的语言,尤其是相较于 Java、PHP 以及 C++ 这样的语言,它的这两个优势让其在开发者中大受欢迎。

Python 语言具有简单、易学、免费、开源、可扩展、可嵌入面向对象等优点,除此之外,Python 语言的强大之处在于可扩充第三方库的强大优势。比如,NumPy(numerical Python)是 Python 语言的一个扩展程序库,支持大量的维度数组与矩阵运算,此外也针对数组运算提供大量的数学函数库。NumPy 的前身 Numeric 最早是由 Jim Hugunin 与其他协作者共同开发的。2005 年,Travis Oliphant 在 Numeric 中结合了另一个相同性质的程序库 Numarray 的特色,并加入了其他扩展而开发了 NumPy;Pandas 将 R 语言强大而灵活的 DataFrame 带入 Python;对于自然语言处理(NLP),可以利用 NLTK 和快速的 SpaCy;对于机器学习,有久经市场检验的 scikit-learn;而对于深度学习,所有当前的第三方库,诸如 Tensor Flow、PyTorch、Chainer、Apache MXNe 以及 Theano,都是为 Python 量身打造的。

Python 作为人工智能研究的前沿语言,是拥有机器学习和深度学习框架最多的语言,也是 AI 领域几乎所有人都在使用的语言。

2. Java 系列语言

Java 系列语言(Java、Scala、Kotlin、Clojure 等)也是 AI 应用程序开发的绝佳选择。无论是自然语言处理(CoreNLP)、张量运算(ND4J)还是完整的 GPU 加速深度学习堆栈(DL4J),都有大量数据库可以使用。另外,还可以轻松访问 Apache Spark 和 Apache Hadoop 等大数据平台。

Java 是大多数企业的通用语言,Java 8 和 Java 9 中提供了新的语言结构,让编写 Java 代码不再痛苦。使用 Java 编写人工智能应用程序可能会有些无聊,但它可以确保完成工作,并将所有现有的 Java 基础架构用于开发、部署和监控。

3. C/C++ 语言

开发 AI 应用程序,C/C++ 可能不是首选,但如果在嵌入式环境中工作,并且无法忍受 Java 虚拟机或 Python 编译器较慢的运行速度,那么 C/C++ 就是最佳选择。

目前 C/C++ 代码越来越简单,在编写过程中可以使用 CUDA 等库来编写自己的代码,直接在 GPU 上运行,也可以使用 TensorFlow 或 Caffe 获取灵活的高级 API 访问权限。后者还允许用户导入数据科学家用 Python 构建的模型,但须以 C/C++ 的运行速度在环境中运行它们。

4. JavaScript

谷歌发布了 TensorFlow.js,这是一个 WebGL 加速库,能实现在 Web 浏览器中训练和运行机器学习模型。它还拥有 Keras API,并且能加载和使用在常规 TensorFlow 中训练过的模型。这可能会吸引大量开发人员涌入 AI 领域。虽然 JavaScript 目前访问机器学习库的方式与其他语言不同,但开发人员在网页中添加神经网络,就像添加 React 组件或 CSS 属性一样简单。

5. R 语言

R 语言是数据科学家喜欢的语言,正因为它以数据框架为中心,其他程序员在第一次接触 R 语言时经常会感到困惑。如果团队中有专门的 R 语言开发人员,那么整合 TensorFlow、Keras 或 H2O 进行研究、建模和实验是有意义的。

语言是与人工智能对话的基本条件,想要驾驭人工智能,我们还需进行不断的磨炼。

10.2.3　机器学习

机器学习是计算机科学的一个子领域,属于人工智能的一个分支,是人工智能的核心技术和实现手段。机器学习能够让计算机自动地"学习"算法,从数据中分析并获得规律,并以此对新样本进行预测。

机器学习起源于 20 世纪 50 年代,其发展经历了知识推理期、知识工程期、浅层学习和深度学习等几个阶段。20 世纪 50 年代是知识推理期,此时的人工智能主要通过专家系统赋予计算机逻辑推理能力。随着人工无法将所有知识教给计算机系统,罗森布拉特提出了计算机神经网络,随后基于浅层学习的神经网络风靡一时。2006 年,希尔顿发表了关于深度信念网络的论文,标志着人工智能逐渐进入深层网络阶段。

近年来,以特斯拉为代表的汽车自动驾驶技术越来越受到重视和欢迎,要想实现自动驾驶,则需要在驾驶时自动对交通标识进行识别,这个过程体现了机器学习和人工智能两者之间的关系。首先,应用机器学习算法对交通标志进行学习,数据集中成千上万张交通标志图片,采用卷积神经网络进行训练并生成模型;再使用摄像头,让模型实时识别交通标志,并不断地进行验证、测试和调优,最终达到较高的识别精度。如果汽车识别出交通标志时,针对不同的标志进行不同的操作。比如:遇到红灯时,自动驾驶系统需要综合车速和车距来决定何时刹车,太早或太晚都会危及行车的安全。另外,人工智能技术还需要应用控制理论处理不同的道路来处理刹车策略,通过综合分析这些机器学习模型来产生自动驾驶的行车行为。

10.2.4　深度学习

深度学习(deep learning,DL)是机器学习(machine learning,ML)领域中一个新的研究方向,它被引入机器学习使其更接近于最初的目标——人工智能。

深度学习在搜索技术、数据挖掘、机器学习、机器翻译、自然语言处理、多媒体学习、语音、推荐和个性化技术以及其他相关领域都取得了很多成果。深度学习使机器模仿视听和思考等人类的活动,解决了很多复杂的模式识别难题,使人工智能相关技术取得了很大进步。

深度学习是一类模式分析方法的统称,就具体研究内容而言,主要涉及三类方法。

(1)基于卷积运算的神经网络系统,即卷积神经网络(CNN)。

(2)基于多层神经元的自编码神经网络,包括自编码(auto encoder)以及近年来受到广泛关注的稀疏编码两类(sparse coding)。

(3)以多层自编码神经网络的方式进行预训练,进而结合鉴别信息进一步优化神经网络权值的深度置信网络(DBN)。

通过多层处理,逐渐将初始的"低层"特征表示转化为"高层"特征表示后,用"简单模型"即可完成复杂的分类等学习任务。由此可将深度学习理解为进行"特征学习"(feature learning)或"表示学习"(representation learning)。

以往在机器学习用于现实任务时,描述样本的特征通常由人类专家来设计,这成为"特征工程"(feature engineering)。众所周知,特征的好坏对泛化性能有至关重要的影响,人类专家设计出好特征也并非易事;特征学习(表征学习)则通过机器学习技术自身来产生好特征,这使机器学习向"全自动数据分析"又前进了一步。

近年来,研究人员也逐渐将这几类方法结合起来,如对原本是以有监督学习为基础的卷积神经网络结合自编码神经网络进行无监督的预训练,进而利用鉴别信息微调网络参数形成的卷积深度置信网络。与传统的学习方法相比,深度学习方法预设了更多的模型参数,因此模型训练难度更大,根据统计学习的一般规律知道,模型参数越多,需要参与训练的数据量就越大。

20 世纪八九十年代由于计算机计算能力有限和相关技术的限制,可用于分析的数据量太小,深度学习在模式分析中并没有表现出优异的识别性能。自从 2006 年,Hinton 等提出快速计算受限玻耳兹曼机(RBM)网络权值及偏差的 CD-K 算法以后,RBM 就成了增加神经网络深度的有力工具,导致后面广泛使用的 DBN(由 Hinton 等开发并已被微软等公司用于语音识别中)等深度网络的出现。与此同时,稀疏编码等由于能自动从数据中提取特征也被应用于深度学习中。基于局部数据区域的卷积神经网络方法在今年也被大量研究。

任务实施

使用 Python 编写代码解决一下问题:新学期开学第一天,小明认识了许多朋友,小明想和同学们做个小游戏。小明在纸条上写一个数字,要求同学们在 5 次内猜对,小明会提醒猜大了还是小了。

本次任务需要准备条件:Windows 10 操作系统、Python 3.9.4 安装软件和 PyCharm 社区版等。

这里简单介绍一下 Python 的安装过程。在 https://www.python.org/官方网站中找到 Python 3.9.4 版本并下载及安装。运行软件后,出现的对话框如图 10-6 所示,一定要选中 Add Python 3.9 to PATH 复选框,后续按提示逐步操作直至完成即可。

图 10-6　Python 安装界面

另外,安装好 PyCharm 后,运行软件,选择 File→New Project 命令,如图 10-7 所示;再设置工程保存的位置,如图 10-8 所示。工程命名为 gt,单击 Create 按钮,完成创建。

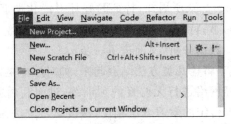

图 10-7 创建工程

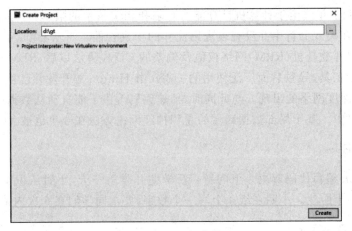

图 10-8 工程保存位置

在创建的工程名称上右击,选择 New→Python Package 命令,在打开的对话框中输入 ct,如图 10-9 所示。

图 10-9 新建包

在刚才创建的"包"上右击,选择 New→Python File 命令,如图 10-10 所示,然后输入文件名为 guess。

完成文件的创建后,在文件里编写代码,如图 10-11 所示。

代码说明如下。

第 1 行输入小明预设的数字,通过 input()函数从键盘输入内容,输入的数据类型是字

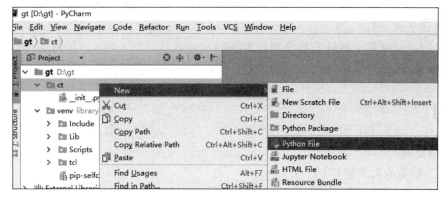

图 10-10　创建文件

```
1   my_num = int(input("小明输入的数字："))
2   num = 0
3   flag = False
4   while not flag:
5       guess_num = int(input("请输入你猜测的数字："))
6       if my_num == guess_num:
7           print("恭喜，你猜对了！")
8           break
9       elif guess_num > my_num:
10          print("你猜大了！")
11          num += 1
12      else:
13          print("你猜小了！")
14          num += 1
15      if num == 5:
16          print("很抱歉，你已经猜5次了")
17          flag = True
```

图 10-11　猜数字游戏

符串类型。我们想要数字类型,故采用 int()函数将其强制转化成整型。

第 2 行设置 num 初始值,用来控制猜测次数是否达到最多 5 次。

第 3 行设置标签,确定控制循环是否继续。

第 4 行为 while 循环,初始条件永远为真。

第 5 行语句采用缩进的方式,都属于 while 循环语句。按照 Python 的语法特点,循环体语句需要缩进 4 个空格。该行让同学输入猜测的数字。

第 6 行判断猜测的数字与小明预设的数字是否相同,如果相同,执行第 7、第 9 行,打印出"恭喜,你猜对了!",并结束整个循环。

第 9 行在第 6 行条件判断不成立执行判断,如果猜测数字比预设数字大,执行第 10~11 行,输出"你猜大了!",并将猜测次数加 1 次。

第 12 行在第 6、第 9 行都不成立时执行该行代码。输出"你猜小了!",并将猜测次数加 1 次。

第 15 行在经过 5 次猜测都无法猜到时执行该行代码。再执行第 16 行代码,输出"很抱歉,你已经猜 5 次了"。

第 17 行将结束整个循环。程序到此为止。

通过编程,实现了简单的人机互动游戏。

习　题

一、填空题

1.人工智能的英文缩写是_____。

2.人工智能的三种类型分别是_____、_____、_____。

3.人工智能应用非常广泛,包括_____、_____、_____等。

二、简答题

1.什么是人工智能?

2.人工智能应用到社会的哪些领域?

第11章
虚拟现实技术

学习目标

- 了解什么是虚拟现实。
- 了解虚拟现实技术的分类与特征。
- 了解虚拟现实技术的应用领域与前景。

　　虚拟现实技术(virtual reality，VR)又称灵境技术，是 20 世纪发展起来的一项全新的实用技术。虚拟现实技术囊括了计算机、电子信息、仿真技术，其基本实现方式是用计算机模拟虚拟环境，从而给人以环境沉浸感。随着社会生产力和科学技术的不断发展，各行各业对 VR 技术的需求日益旺盛。VR 技术也取得了巨大进步，并逐步成为一个新的科学技术领域。

任务 11.1　了解虚拟现实技术

任务描述

　　小李最近参加了一些"虚拟现实技术"的展会，在观展期间，亲身体验了各种 VR 设备，其中包括了体感游戏、数字博物馆、太空飞行等 VR 应用，如图 11-1 所示。通过这些沉浸式的体验，让小李对虚拟现实技术产生了浓厚的兴趣，想进一步了解虚拟现实技术的发展史和今后的应用前景。

　　所谓虚拟现实，顾名思义就是虚拟和现实相互结合。从理论上来讲，虚拟现实技术是一种可以创建和体验虚拟世界的计算机仿真系统，它利用计算机生成一种模拟环境，使用户沉浸到该环境中。虚拟现实技术就是利用现实生活中的数据，通过计算

图 11-1　VR 体验

机技术产生的电子信号，将其与各种输出设备结合使其转化为能够让人们感受到的现象，这些现象可以是现实中真真切切的物体，也可以是我们肉眼所看不到的物质，通过三维模型表现出来。因为这些现象不是我们直接能看到的，而是通过计算机技术模拟出来的现实中的世界，故称为虚拟现实。虚拟现实技术受到了越来越多人的认可，用户可以在虚拟现实世界体验到最真实的感受，其模拟环境的真实性与现实世界难辨真假，让人有种身临其境的感觉；同时，虚拟现实具有一切人类所拥有的感知功能，比如听觉、视觉、触觉、味觉、嗅觉等感

知系统;最后,它具有超强的仿真系统,真正实现了人机交互,使人在操作过程中,可以随意操作并且得到环境最真实的反馈。正是虚拟现实技术的存在性、多感知性、交互性等特征,使它受到了许多人的喜爱。

11.1.1 虚拟现实技术的发展历史

1. 第一阶段(1960 年以前):有声形动态的模拟是蕴含虚拟现实思想的阶段

虚拟现实技术最早的尝试是从 19 世纪起的 360°壁画和全景图。这些绘画旨在填充观看者的整个视野,使他们感受到一些历史事件或场景,如图 11-2 所示。

图 11-2　360°壁画和全景图

希腊数学家欧几里得(Euclid)发现了人类之所以能洞察立体空间,主要是通过左右眼所看到的图像不同而产生的,这种现象被叫作双眼视差。在 1838 年,查尔斯·惠特斯通(Charles Wheatstone)利用双目视差原理发明了可以看出立体画面的立体镜,如图 11-3 所示。通过立体镜观察两个并排的立体图像或照片给用户提供纵深感和沉浸感。1849 年大卫·布鲁斯特(David Brewster)以凸透镜取代立体镜中的镜子发明了改良型的立体镜。受欢迎的 view-master 立体镜(1939 年专利)的后期发展被用于"虚拟旅游",如图 11-4 所示。

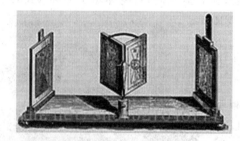

图 11-3　立体镜

图 11-4　view-master 立体镜

立体镜的设计原理也应用于当今较为流行的 3D 立体视觉模拟技术(影院的 3D 电影屏幕,家用的 3D 电视),以及结合手机使用谷歌纸板 Google cardboard 和低廉的 VR 头戴式显示器。它们都是通过计算机技术和显示成像技术对左右眼分别提供一组视角不同的画面来营造出双目视差的环境,从而让人感觉到立体画面。

1929 年,Edward Link 设计出用于训练飞行员的模拟器;在 20 世纪 30 年代,斯坦利·G. 温鲍姆(Stanley G. Weinbaum)的科幻小说《皮格马利翁的眼镜》(*Pygmalion's Spectacles*)被认为是探讨虚拟现实的第一部科幻作品,简短的故事中详细地描述了佩戴者可以通过嗅觉、触觉和全息护目镜来体验一个虚构的世界,如图 11-5 所示。事后看来,当时 Weinbaum 对那些佩戴护目镜的人的经历描述,与如今体验虚拟现实的人们的体验有着惊人的相似,这使他成为这个领域真正的远见者,VR 大幕就此拉开。1956 年,Morton Heilig 开发出多通道仿真体验系统 Sensorama。在 20 世纪 50 年代中期,当大部分人还在使用黑白电视的时候,摄影师 Morton Heilig 就成功造出了一台能够正常运转的 3D 视频机器(1957 年)。它能让人沉浸于虚拟摩托车上的骑行体验,感受声响、风吹、震动和布鲁克林马路的味道,他给它起名 Sensorama Simulator(1962 年获得专利)。作为杰出的电影摄影师,Morton Heilig 创造 Sensorama 的初衷是打造未来影院。Sensorama 具有立体声扬声器、立体 3D 显示器、风扇、气味发生器和一个震动椅等部件,Heilig 希望通过这些部件刺激观看者的所有感官,使人完全沉浸在电影中。

图 11-5　虚构的世界

2. 第二阶段(1960—1972 年):虚拟现实萌芽阶段

Morton Heilig 的下一个发明是 Telesphere Mask(1960 年获得专利),它虽然是没有任何运动跟踪的非交互式电影媒体,但作为头戴式显示器(HMD)的第一个例子,看起来非常现代,几乎可以看作是早期的 Gear VR,如图 11-6 所示。实际上它和我们习惯的 3D 视频头戴设备一样,不同的是它使用缩小的电视管,而不是连接到智能手机或计算机。专利文件这么描述该发明:"给观众带来完全真实的感觉,比如移动彩色三维图像、沉浸其中的视角、立体的声音、气味和空气流动的感觉。"它很轻便,耳朵和眼部的固定装置可以调整,戴在头上很方便。即使很多现代的头戴设备也比不上,而它诞生于一个彩色电视尚未来临的时代。

图 11-6　Telesphere Mask

在 1961 年,两个 Philco 公司的工程师(Comeau&Bryan)开发了第一个 HMD 的前驱物——Headsight,如图 11-7 所示。它包括视频屏幕和磁力运动跟踪系统,它连接到闭路电视摄像机。实际上 Headsight 没有虚拟现实的应用开发程序,但允许军队对危险情况的沉浸式远程查看,观察者头部移动将移动远程相机,用户可以自然地环视环境。尽管 Headsight 缺乏计算机和图像生成的集成,但它仍是 VR 头戴式显示器演变的第一步。

1965 年,Ivan Sutherland 发表论文 *Ultimate Display*。

1968 年,Ivan Sutherland 研制成功了带跟踪器的头盔式立体显示器(HMD)。

1969 年,Myron Krueger 在威斯康星大学攻读博士学位期间,从事了许多计算机互动的工作,其中包括 GlowFlow。GlowFlow(图 11-8)作为早期虚拟现实环境原型,是一个由计算机控制,以人响应作为输入的环境。他也是虚拟现实(VR)和增强现实(AR)领域的早期阶段或第一代研究员之一。

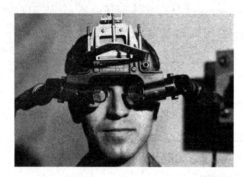
图 11-7　Headsight

图 11-8　GlowFlow

1972 年,NolanBushell 开发出第一个交互式电子游戏 Pong。

3. 第三阶段(1973—1989 年):虚拟现实概念的产生和理论初步形成阶段

1977 年,Dan Sandin 等研制出数据手套 SayreGlove;1984 年,NASA AMES 研究中心开发出用于火星探测的虚拟环境视觉显示器;1984 年,VPL 公司的 JaronLanier 首次提出"虚拟现实"的概念;1987 年,JimHumphries 设计了双目全方位监视器(BOOM)的最早原型。

4. 第四阶段(1990 年至今):虚拟现实理论进一步的完善和应用阶段

于 1991 年发布的 Virtuality 1000CS 是 20 世纪 90 年代具有影响力的 VR 设备,如图 11-9 所示,这是消费级 VR 的重大飞跃。它使用头显来播放视频和音频,用户可以通过移动和使用 3D 操纵杆进行虚拟现实交互。该系统使用 Amiga 3000 计算机来处理大多数游戏的运算。Virtuality 集团推出了一系列街机游戏和机器,玩家将佩戴一套 VR 护目镜,并在游戏机上玩实时的(小于 50ms 延迟)身临其境的立体 3D 视觉效果。一些组件也可以通过网络连接在一起,用于多玩家游戏体验。

1992 年,*The Lawnmower Man* 电影的热播让观众广泛熟知了虚拟现实的概念。电影(图 11-10)根据虚拟现实创始人 Jaron Lanier 早期在实验室的日子改编,描述了虚拟现实能使人进入一个由计算机创造出来的、如同想象力般无限丰富的虚幻世界。其中主人公 Jaron 由 Pierce Brosnan 扮演,他是一位对精神残疾病人使用虚拟现实治疗的科学家。电影中所使用的虚拟现实设备是由 VPL 研究实验室提供,导演 Brett Leonard 让观影者欣赏到了 VPL 公司对虚拟现实的灵感。

图 11-9　VR 护目镜

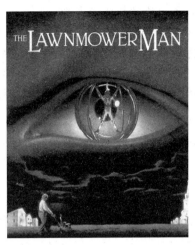

图 11-10　*The Lawnmower Man* 电影

　　1993 年，Sega 公司在国际消费电子展（CES）上宣布他们为 Sega Genesis 游戏机研发了 Sega VR 耳机，如图 11-11 所示。环绕式原型眼镜具有头部跟踪功能，立体音效和用于显示的 LCD 屏幕。Sega 计划在一年后以 200 美元的售价发布这款产品（这个价格相当于 2015 年的 322 美元），同时开发支持这款头显的 4 款游戏。然而梦想和现实还是存在差距的，设备始终停留在原型阶段，Sega VR 只是昙花一现。

图 11-11　Sega VR

　　整个 20 世纪 90 年代，基本跟 VR 搭上关系的公司都希望能够"布局"VR，但大多数都以失败告终，原因主要是技术不够成熟，产品成本颇高。但这一代 VR 的尝试为后续 VR 的积累和扩展打下了坚实的基础。与此同时，虚拟现实在全世界得到进一步的推广，尽管没有得到市场的认可，但也大大丰富了虚拟现实领域的技术理论。在 21 世纪的第一个十年里，手机和智能手机迎来爆发，虚拟现实仿佛被人遗忘。尽管在市场尝试上不太乐观，但人们从未停止在 VR 领域的研究和开拓。索尼在这段时间推出了 3kg 重的头盔，Sensics 公司也推出了高分辨率及超宽视野的显示设备 piSight，还有其他公司，也在连续性推出各类产品。由于 VR 技术在科技圈已经充分扩展，科学界与学术界对其越来越重视，VR 在医疗、飞行、制造和军事领域开始得到深入的应用研究。高密度显示器和 3D 图形功能的智能手机的兴起，使得新一代轻量级高实用性的虚拟现实设备成为可能。深度传感摄像机传感器套件，运动控制器和自然的人机界面已经是日常人类计算任务的一部分。2014 年，Facebook 以 20 亿美元收购 Oculus 工作室，这让全球投资者的目光又一次聚焦到了 VR 行业，自此 VR 浪潮开始席卷全球。

　　如今，以 HTC、微软、Facebook 等公司已经发力 VR 产业，全球 VR 产业进入初步产业化阶段，涌现出了 HTC Vive、Oculus Rift、暴风魔镜等一系列优秀产品，大批中国企业也纷纷进军 VR 市场。据《中国虚拟现实行业发展前景预测与投资战略规划分析报告》显示，仅 2015 年一年，我国虚拟现实行业市场规模就达到约 15 亿元；2016 年达到 56.6 亿元；2020 年

VR 设备出货量预计将达到 820 万台,价值接近 600 亿元。

巨大的市场潜能让国内资本对 VR 产业趋之若鹜。从 2014 年到 2015 年 6 月 VR 产业的投资情况来看,53%的投资集中在硬件设备的制作上,36%集中在内容制作,有 11%则集中在分发平台且硬件设备方面表现突出。阿里巴巴、腾讯、百度等巨头纷纷布局 VR 产业链,VR 创业者也大批涌入,据不完全统计,目前国内有超过 150 家的 VR 设备开发公司,这个队伍还在不断扩大。

11.1.2 虚拟现实技术的分类

1. 桌面级虚拟现实

桌面级虚拟现实利用个人计算机和低级工作站进行仿真,计算机的屏幕用来作为用户观察虚拟境界的一个窗口,各种外部设备一般用来驾驭虚拟境界,并且有助于操纵在虚拟情景中的各种物体。这些外部设备包括鼠标、追踪球、力矩球等。它要求参与者使用位置跟踪器和另一个手控输入设备,如鼠标、追踪球等,坐在监视器前,通过计算机屏幕观察 360°范围内的虚拟境界,并操纵其中的物体,但这时参与者并没有完全投入,因为它仍然会受到周围现实环境的干扰。桌面级虚拟现实的最大特点是缺乏完全投入的功能,但是成本也相对低一些,因而,应用面比较广。常见的桌面虚拟现实技术主要有以下几种。

(1) 基于静态图像的虚拟现实技术:这种技术不采用传统的利用计算机生成图像的方式,而采用连续拍摄的图像和视频,在计算机中拼接以建立的实景化虚拟空间,这使得高度复杂和高度逼真的虚拟场景能够以很小的计算代价得到,从而使得虚拟现实技术可能在 PC 平台上实现。

(2) VRML(虚拟现实造型语言):它是一种在 Internet 上应用极具前景的技术,它采用描述性的文本语言描述基本的三维物体的造型,通过一定的控制,将这些基本的三维造型组合成虚拟场景。当浏览器浏览这些文本描述信息时,在本地进行解释执行,生成虚拟的三维场景。VRML 的最大特点在于利用文本描述三维空间,大幅减少了在 Internet 上传输的数据量,从而使得需要大量数据的虚拟现实得以在 Internet 上实现。

(3) 桌面 CAD 系统:利用 Open GL、DirectDraw 等桌面三维图形绘制技术对虚拟世界进行建模,通过计算机的显示器进行观察,并有能自由控制的视点和视角。这种技术在某种意义上来说也是一种虚拟现实技术,它通过计算机来计算生成三维模型,模型的复杂度和真实感受桌面计算机计算能力的限制。

2. 投入的虚拟现实

高级虚拟现实系统提供完全投入的功能,使用户有一种置身于虚拟世界之中的感觉。它利用头盔式显示器或其他设备,把参与者的视觉、听觉和其他感觉封闭起来,并提供一个新的、虚拟的感觉空间,并利用位置跟踪器、数据手套、其他手控输入设备、声音等,使得参与者产生一种身在虚拟环境中并能全心投入和沉浸其中的感觉。常见的沉浸式系统主要有以下几种。

(1) 基于头盔式显示器的系统:在这种系统中,参与虚拟体验者要戴上一个头盔式显示器,视听觉与外界隔绝,根据应用的不同,系统将提供能随头部转动而随之产生的立体视觉、三维空间。通过语音识别、数据手套、数据服装等先进的接口设备,从而使参与者以自然的方式与虚拟世界进行交互,如同现实世界一样。这是目前沉浸度最高的一种虚拟现实系统。

（2）投影式虚拟现实系统：它可以让参与者从一个屏幕上看到他本身在虚拟境界中的形象，为此，使用电视技术中的"键控"技术，参与者站在某一纯色（通常为蓝色）背景下，架在参与者前面的摄像机捕捉参与者的形象，并通过连接电缆，将图像数据传送给后台处理的计算机，计算机将参与者的形象与纯色背景分开，换成一个虚拟空间，与计算机相连的视频投影仪将参与者的形象和虚拟境界本身一起投射到参与者观看的屏幕上，这样，参与者就可以看到他自己在虚拟空间中的活动情况。参与者还可以与虚拟空间进行实时的交互，计算机可识别参与者的动作，并根据用户的动作改变虚拟空间，比如来回拍一个虚拟的球或走动等，这可使得参与者的感觉就像是在真实空间中一样。

（3）远程存在系统：远程存在系统是一种虚拟现实与机器人控制技术相结合的系统，当某处的参与者操纵一个虚拟现实系统时，其结果却在另一个地方发生，参与者通过立体显示器获得深度感，显示器与远地的摄像机相连；通过运动跟踪与反馈装置跟踪操作员的运动，反馈远地的运动过程（如阻尼、碰撞等），并把动作传送到远地完成。

3. 增强现实性的虚拟现实

增强现实性的虚拟现实不仅是利用虚拟现实技术来模拟现实世界，仿真现实世界，还要利用它来增强参与者对真实环境的感受，也就是增强现实中无法感知或不方便感知的感受。这种类型的虚拟现实的典型应用是战机飞行员的平视显示器，它可以将仪表读数和武器瞄准数据投射到安装在飞行员面前的穿透式屏幕上，它可以使飞行员不必低头读座舱中仪表的数据，从而可集中精力盯着敌人的飞机和导航偏差。

4. 分布式虚拟现实

如果多个用户通过计算机网络连接在一起，同时参加一个虚拟空间，共同体验虚拟经历，那虚拟现实则提升到了一个更高的境界，这就是分布式虚拟现实系统。目前最典型的分布式虚拟现实系统是作战仿真互联网和 SIMNET，作战仿真互联网（defense simulation Internet，DSI）是目前最大的 VR 项目之一。该项目是由美国国防部推动的一项标准，目的是使各种不同的仿真器可以在巨型网络上互联，它是美国国防高级研究计划局 1980 年提出的 SIMNET 计划的产物。SIMNET 由坦克仿真器（Cab 类型的）通过网络连接而成，用于部队的联合训练。通过 SIMNET，位于德国的仿真器可以和位于美国的仿真器一样运行在同一个虚拟世界，参与同一场作战演习。

11.1.3 虚拟现实技术的主要特征

虚拟现实系统提供了一种先进的人机接口，它通过为用户提供视觉、听觉、触觉等多种直观而自然的实时感知交互的方法与手段，最大限度地方便了用户的操作，从而减轻了用户的负担，提高了系统的工作效率，其效率主要由系统的沉浸程度与交互程度来决定。虚拟现实技术具有三个突出特征：沉浸性、交互性和想象性。

1. 沉浸性

沉浸性（immersion）又称浸入性，是指用户感觉到好像完全置身于虚拟世界之中一样，被虚拟世界所包围。虚拟现实技术的主要特征就是让用户觉得自己是计算机系统所创建的虚拟世界中的一部分，使用户由被动的观察者变成主动的参与者，沉浸于虚拟世界之中，参与虚拟世界的各种活动。比较理想的虚拟世界可以达到使用户难以分辨真假的程度，甚至超越真实,实现比现实更逼真的照明和音响等效果。虚拟现实的沉浸性来源于对虚拟世界的多感知性,除了我们常见的视觉感知、听觉感知外,还有力觉感知、触觉感知、运动感知、味觉感知、嗅觉感知、身体感知等。从理论上来说,虚拟现实系统应该具备人在现实客观世界中具有的所有感知功能。但鉴于目前科学技术的局限性,目前在虚拟现实系统中,研究与应用中较为成熟或相对成熟的主要是视觉沉浸、听觉沉浸、触觉沉浸、嗅觉沉浸,有关味觉等其他的感知技术正在研究之中,还不够成熟。

(1)视觉沉浸。视觉通道给人的视觉系统提供图形显示。为了提供给用户身临其境的真实感觉,视觉通道应该满足一些要求:显示的像素应该足够小,使人不至于感觉到像素的不连续;显示的频率应该足够高,使人不至于感觉到画面的不连续;要提供具有双目视差的图形,形成立体视觉;要有足够大的视场,理想情况是显示画面充满整个视场。虚拟现实系统向用户提供虚拟世界真实的、直观的三维立体视图,并直接接受用户控制。

在虚拟现实系统中,产生视觉方面的沉浸性是十分重要的,视觉沉浸性的建立依赖于用户与合成图像的集成,虚拟现实系统必须向用户提供立体三维效果及较宽的视野,同时随着人的运动,所得到的场景也随之实时地改变。较理想的视觉沉浸环境是在洞穴式显示设备(CAVE)中,采用多面立体投影系统可得到较强的视觉效果。另外,可将此系统与真实世界隔离,避免受到外面真实世界的影响,用户可获得完全沉浸于虚拟世界的感觉。

(2)听觉沉浸。声音通道是除视觉外的另一个重要感觉通道,如果在虚拟现实系统加入与视觉同步的声音效果作为补充,在很大程度上可提高虚拟现实系统的沉浸效果。在虚拟现实系统中,主要让用户感觉到的是三维虚拟声音,这与普通立体声有所不同,普通立体声可使人感觉声音来自某个平面,而三维虚拟声音可使听者能感觉到声音来自围绕双耳的一个球形中的任何位置。也可以模拟大范围的声音效果,如闪电、雷鸣、波浪声等自然现象的声音,在沉浸式三维虚拟世界中,两个物体碰撞时,也会出现碰撞的声音,并且用户根据声音能准确判断出声源的位置。

(3)触觉沉浸。在虚拟现实系统中,我们可以借助于各种特殊的交互设备,使用户能体验抓、握等操作的感觉。当然从现在技术来说,不可能达到与真实世界完全相同的触觉沉浸,将来也不可能,除非技术发展到同人脑能进行直接交流。目前的技术水平,我们主要侧重于力的反馈方面。如使用充气式手套,在虚拟世界中与物体相接触时,能产生与真实世界相同的感觉;如用户在打球时,不仅能听到拍球时发出的"嘭嘭"声,还能感受到球对手的反作用力,即手上感到有一种受压迫的感觉。

(4)嗅觉沉浸。有关嗅觉模拟的开发是最近几年的一个课题,在日本最新开发出一种嗅觉模拟器,只要把虚拟空间中的水果放到鼻尖上一闻,装置就会在鼻尖处释放出水果的香味。其基本原理是这一装置的使用者先把能放出香味的环状嗅觉提示装置套在手上,头上戴着图像显示器,就可以看到虚拟空间的事物。如果看到苹果和香蕉等水果,用指尖把显示器拉到鼻尖上,位置感知装置就会检测出显示器和环状嗅觉提示装置接近。环状装置里装着8个小瓶,分别盛着8种水果的香料,一旦显示器接近该装置,气泵就会根据显示器上的水果形象释放特定的香味,让人闻到水果的飘香。虽然这些设备还不是很成熟,但对于虚拟现实技术来说,是在嗅觉研究领域中的一个突破。

(5)身体感觉沉浸、味觉沉浸等。在虚拟现实系统中,除了可以实现以上的各种感觉沉浸外,还有身体的各种感觉、味觉感觉等,但基于当前的科技水平,人们对这些沉浸性的形成机理还知之较少,还有待进一步研究与开发。

2. 交互性

在虚拟现实系统中,交互性(interactivity)的实现与传统的多媒体技术有所不同。从计算机发明直到现在,在传统的多媒体技术中,人机之间的交互工具主要是通过键盘与鼠标进行一维、二维的交互,而虚拟现实系统强调人与虚拟世界之间要以自然的方式进行,如人的走动、头的转动、手的移动等,通过这些,用户与虚拟世界进行交互,并且借助于虚拟现实系统中特殊的硬件设备(如数据手套、力反馈设备等),以自然的方式与虚拟世界进行交互,实时产生在真实世界中一样的感知,甚至连用户本人都意识不到计算机的存在。例如,用户可以用手直接抓取虚拟世界中的物体,这时手有触摸感,并可以感觉物体的重量,能区分所拿的是石头还是海绵,并且场景中被抓的物体也会立刻随着手的运动而移动。虚拟现实技术的交互性具有以下特点。

(1)虚拟环境中人的参与及反馈是一个重要的因素,这是产生一切变化的前提,正是因为有了人的参与和反馈,才会有虚拟环境中实时交互的各种要求与变化。

(2)人与虚拟现实系统之间的交互是基于真实感的虚拟世界,并与人进行自然的交互,人机交互的有效性是指虚拟场景的真实感,真实感是前提和基础。

(3)人机交互的实时性指虚拟现实系统能够快速响应用户的输入。例如,头转动后能立即在所显示的场景中产生相应的变化,并且能得到相应的其他反馈;用手移动虚拟世界中的一个物体,物体位置会立即发生相应的变化。没有人机交互的实时性,虚拟环境就失去了真实感。

3. 想象性

想象性(imagination)是指虚拟的环境是人想象出来的,同时这种想象体现出设计者相应的思想,因而可以用来实现一定的目标。所以虚拟现实技术不仅是一种媒体或是一种高级用户接口,它同时还是为解决工程、医学、军事等方面的问题而由开发者设计出来的应用系统,通常它以夸大的形式反映设计者的思想,虚拟现实系统的开发是虚拟现实技术与设计者并行操作,为发挥它们的创造性而设计的。虚拟现实技术的应用,为人类认识世界提供了一种全新的方法和手段,可以使人类突破时间与空间,去经历和体验世界上早已发生或尚未发生的事件;可以使人类进入宏观或微观世界进行研究和探索,也可以完成那些因为某些条件限制难以完成的事情。例如,当在建设一座大楼之前,传统的方法是绘制建筑设计图纸,无法形象展示建筑物更多的信息,而现在可以采用虚拟现实系统来进行设计与仿真,非常形象直观。制作的虚拟现实作品反映的就是某个设计者的思想,只不过它的功能远比那些呆板的图纸更生动,所以有些学者称虚拟现实为放大人们心灵的工具,或人工现实,这就是虚拟现实所具有的第 3 个特征,即想象性。现在,虚拟现实技术在许多领域中起到了十分重要的作用,如核试验、新型武器设计、医疗手术的模拟与训练、自然灾害预报,这些问题如果采用传统方式去解决,必然要花费大量的人力、物力及漫长的时间,或是无法进行,甚至会牺牲人员的生命。而虚拟现实技术的出现,为解决和处理这些问题提供了新的方法及思路,人们借助虚拟现实技术,沉浸在多维信息空间中,依靠自己的感知和认知能力全方位地获取知识,发挥主观能动性,寻求解答,形成新的解决问题的方法和手段。

综上所述,虚拟现实系统具有"沉浸性""交互性""想象性",使参与者能沉浸于虚拟世界之中,并与之进行交互。因此,虚拟现实系统是能让用户通过视觉、听觉、触觉等信息通道感受设计者思想的高级计算机接口。

一般来说,一个完整的虚拟现实系统由虚拟环境,以高性能计算机为核心的虚拟环境处理器,以头盔显示器为核心的视觉系统,以语音识别、声音合成与声音定位为核心的听觉系统,以方位跟踪器、数据手套和数据衣为主体的身体方位姿态跟踪设备,以及味觉、嗅觉、触觉与力觉反馈系统等功能单元构成。

11.1.4 虚拟现实关键技术

1. 环境建模技术

环境建模技术即虚拟环境的建模,目的是获取实际三维环境的三维数据,并根据应用的需要,利用获取的三维数据建立相应的虚拟环境模型。

2. 立体声合成和立体显示技术

在虚拟现实系统中消除声音的方向与用户头部运动的相关性,同时在复杂的场景中实时生成立体图形。

3. 触觉反馈技术

在虚拟现实系统中让用户能够直接操作虚拟物体并感觉到虚拟物体的反作用力,从而产生身临其境的感觉。

4. 交互技术

虚拟现实中的人机交互远远超出了键盘和鼠标的传统模式,利用数字头盔、数字手套等复杂的传感器设备,三维交互技术与语音识别、语音输入技术成为重要的人机交互手段。

5. 系统集成技术

由于虚拟现实系统中包括大量的感知信息和模型,因此系统的集成技术为重中之重,包括信息同步技术、模型标定技术、数据转换技术、识别和合成技术等。

虚拟现实是在计算机中构造出一个形象逼真的模型。人与该模型可以进行交互,并产生与真实世界中相同的反馈信息,使人们获得和真实世界中一样的感受。当人们需要构造当前不存在的环境(合理虚拟现实)、人类不可能达到的环境(夸张虚拟现实)或构造纯粹虚构的环境(虚幻虚拟现实)以取代需要耗资巨大的真实环境时,就可以利用虚拟现实技术。为了实现和在真实世界中一样的感觉,就需要有能实现各种感觉的技术。人在真实世界中是通过眼睛、耳朵、手指、鼻子等器官来实现视觉、触觉(力觉)、嗅觉等功能的。人们通过视觉观看到色彩斑斓的外部环境,通过听觉感知丰富多彩的音响世界,通过触觉了解物体的形状和特性,通过嗅觉知道周围的气味。总之,通过各种各样的感觉,使我们能够同客观真实世界交互(交流),使我们浸沉于和真实世界一样的环境中。在这里,实现听觉最为容易;实现视觉是最基本的也是必不可少和最常用的;实现触觉只有在某些情况下需要,现在正在完善;实现嗅觉才刚刚开始。人从外界获得的信息,有80%~90%来自视觉。因此,在虚拟环境中,实现和真实环境中一样的视觉感受,对于获得逼真感、浸沉感至为重要。在虚拟现实中和通常图像显示不同的是,要求显示的图像要随观察者眼睛位置的变化而变化。

此外,要求能快速生成图像以获得实时感。例如,制作动画时不要求实时,为了保证质量,每幅画面需要多长时间生成不受限制。而虚拟现实时生成的画面通常为30帧/秒。有了这样的图像生成能力,再配以适当的音响效果,就可以使人有身临其境的感受。能够提供视觉和听觉效果的虚拟现实系统,已被用于各种各样的仿真系统中。城市规划中,这样的系统正发挥着巨大作用。例如,许多城市都有自己的近期、中期和远景规划。在规划中需要考虑各个建筑同周围环境是否和谐相容,新建筑是否同周围原有的建筑协调,以免造成建筑物建成后才发现它破坏了城市原有风格和合理布局。

这样的仿真系统还可用于保护文物或重现古建筑。把珍贵的文物用虚拟现实技术展现出来供人参观,有利于保护真实的古文物。山东曲阜的孔子博物院就是这么做的,他们把大成殿也制成模型,观众通过计算机便可浏览到大成殿几十根镂空雕刻的盘龙大石柱,还可以绕到大成殿后面游览。用虚拟现实技术建立起来的水库和江河湖泊仿真系统,更能使人一览无余。例如,建立起三峡水库模型后,便可在水库建成之前,直观地看到建成后的壮观景象。蓄水后将最先淹没哪些村庄和农田,哪些文物将被淹没,这样能主动并及时解决问题。如果建立了某地区防汛仿真系统,就可以模拟水位到达警戒线时哪些堤段会出现险情,万一发生决口将淹没哪些地区,这对制订应急预案有莫大的帮助。

虚拟现实的广泛应用,把计算机的作用提高到一个崭新的水平,其意义显而易见。此外,还可从更高的层次上来看待其作用和意义。一是在观念上从“以计算机为主体”变成“以人为主体”;二是在哲学上使人进一步认识“虚”和“实”之间的关系。

过去的人机界面(人同计算机的交流)要求人去适应计算机,而使用虚拟现实技术后,人可以不必意识到自己在同计算机打交道,而可以像在日常环境中处理事情一样同计算机交流。这就把人从操作计算机的复杂工作中解放出来。在信息技术日益复杂且用途日益广泛的今天,这对充分发挥信息技术的潜力具有重大的意义。

虚和实的关系是一个古老的哲学命题。我们是处于真实的客观世界中,还是只处于自己的感觉世界中,一直是唯物论和唯心论争论的焦点。以视觉为例,我们所看到的一切,不过是视网膜上的影像。过去,视网膜上的影像都是真实世界的反映,因此客观的真实世界同主观的感觉世界是一致的。现在,虚拟现实导致了二重性,虚拟现实的景物对人的感官来说是实实在在存在的,但它又的的确确是虚构的东西。可是,按照虚构东西行事,往往又会得出正确的结果,因此就引发了哲学上要重新认识“虚”和“实”之间关系的课题。

11.1.5　虚拟现实技术的技术要点

1. 三维建模技术

只有设计出反映研究对象的真实有效的模型,虚拟现实系统才有可信度。

虚拟现实系统中的虚拟环境,可能有下列几种情况。

(1) 模仿真实世界中的环境(系统仿真)。

(2) 人类主观构造的环境。

(3) 模仿真实世界中人类不可见的环境(科学可视化)。

三维建模一般主要是三维视觉建模。三维视觉建模可分为几何建模、物理建模、行为建模。

2. 立体显示技术

立体显示是虚拟现实的关键技术之一,它使人在虚拟世界里具有更强的沉浸感,立体显示的引入可以使各种模拟器的仿真更加逼真。因此,有必要研究立体成像技术并利用现有的计算机平台,结合相应的软硬件系统在平面显示器上显示立体视景。目前,立体显示技术主要以佩戴立体眼镜等辅助工具来观看立体影像。随着人们对观影要求的不断提高,由非裸眼式向裸眼式的技术升级成为发展重点和趋势。目前比较有代表性的技术有分色技术、分光技术、分时技术、光栅技术、全息显示技术。

3. 有真实感的实时绘制技术

要实现虚拟现实系统中的虚拟世界,仅有立体显示技术是远远不够的,虚拟现实中还有真实感与实时性的要求,也就是说虚拟世界的产生不仅需要真实的立体感,而且虚拟世界还必须实时生成,这就必须要采用有真实感的实时绘制技术。

有真实感的实时绘制是在当前图形算法和硬件条件限制下提出的在一定时间内完成真实感绘制的技术。"真实感"的含义包括几何真实感、行为真实感和光照真实感。几何真实感指与描述的真实世界中对象具有十分相似的几何外观;行为真实感指建立的对象对于观察者而言在某些意义上是完全真实的;光照真实感指模型对象与光源相互作用产生的与真实世界中亮度和明暗一致的图像。而"实时"的含义则包括对运动对象位置和姿态的实时计算与动态绘制,画面更新达到人眼观察不到闪烁的程度,并且系统对用户的输入能立即做出反应并产生相应场景以及事件的同步。它要求当用户的视点改变时,图形显示速度也必须跟上视点的改变速度,否则就会产生迟滞现象。

4. 三维虚拟声音的实现技术

三维虚拟声音能够在虚拟场景中使用户准确地判断出声源的精确位置,符合人们在真实境界中的听觉方式。虚拟环绕声技术的价值在于使用两个音箱模拟出环绕声的效果,虽然不能和真正的家庭影院相比,但是在最佳的听音位置上效果是可以接受的,其缺点是普遍对听音位置要求较高。

5. 人机交互技术

在计算机系统提供的虚拟空间中,人可以使用眼睛、耳朵、皮肤、手势和语音等各种感觉方式直接与之发生交互,这就是虚拟环境下的人机自然交互技术。在虚拟相关技术中嗅觉和味觉技术的开发处于探索阶段,而恰恰这两种感觉是人对食物和外界最基础的需要。并且随着智能移动设备的普及,人们的各种基础需求会不断得到满足。因此,气味传送或嗅觉技术的现实应用空间将会很大,也更能引起人们的兴趣。在虚拟现实领域中较为常用的交互技术主要有手势识别、面部表情的识别、眼动跟踪以及语音识别等。

6. 碰撞检测技术

碰撞检测经常用来检测对象甲是否与对象乙相互作用。在虚拟世界中,由于用户与虚拟世界的交互及虚拟世界中物体的相互运动,物体之间经常会出现发生相碰的情况。为了保证虚拟世界的真实性,就需要虚拟现实系统能够及时检测出这些碰撞,产生相应的碰撞反应,并及时更新场景输出,否则就会发生穿透现象。正是有了碰撞检测,才可以避免诸如人穿墙而过等不真实情况的发生,影响虚拟世界的真实感。

在虚拟世界中关于碰撞,首先要检测到有碰撞的发生及发生碰撞的位置,其次是计算出发生碰撞后的反应。在虚拟世界中通常有大量的物体,并且这些物体的形状复杂,要检测这些物体之间的碰撞是一件十分复杂的事情,其检测工作量较大;同时由于虚拟现实系统中有较高实时性的要求,要求碰撞检测必须在很短的时间(如 30~50ms)完成,因而碰撞检测成了虚拟现实系统与其他实时仿真系统的瓶颈,碰撞检测是虚拟现实系统研究的一个重要技术。

11.1.6　虚拟现实技术的应用领域

1. 影视娱乐中的应用

近年来,由于虚拟现实技术在影视业的广泛应用,以虚拟现实技术为主而建立的第一现场 9DVR 体验馆得以实现。第一现场 9DVR 体验馆自建成以来,在影视娱乐市场中的影响力非常大,此体验馆可以让观影者体会到置身于真实场景之中的感觉,让体验者沉浸在影片所创造的虚拟环境之中。同时,随着虚拟现实技术的不断创新,此技术在游戏领域也得到了快速发展。虚拟现实技术是利用计算机产生的三维虚拟空间,而三维游戏刚好是建立在此技术之上的,三维游戏几乎包含了虚拟现实的全部技术,使得游戏在保持实时性和交互性的同时,也大幅提升了游戏的真实感。

2. 教育中的应用

虚拟现实应用于教育是教育技术发展的一个飞跃。它营造了"自主学习"的环境,由传统的"以教促学"的学习方式代之为学习者通过自身与信息环境的相互作用来得到知识、技能的新型学习方式。

它主要具体应用在以下几个方面。

(1) 科技研究。当前许多高校都在积极研究虚拟现实技术及其应用,并相继建起了虚拟现实与系统仿真的研究室,将科研成果迅速转化实用技术,如北京航空航天大学在分布式飞行模拟方面的应用;浙江大学在建筑方面进行虚拟规划、虚拟设计的应用;哈尔滨工业大学在人机交互方面的应用;清华大学对临场感的研究等都颇具特色。有的研究室甚至已经具备独立承接大型虚拟现实项目的实力。虚拟现实技术能够为学生提供生动、逼真的学习环境,如建造人体模型,让计算机太空旅行,显示化合物分子结构等,在广泛的科目领域提供无限的虚拟体验,从而加速和巩固学生学习知识的过程。亲身去经历及感受比空洞抽象的说教更具说服力,主动地去交互与被动地灌输有本质上的差别。虚拟实验利用虚拟现实技术可以建立各种虚拟实验室,如地理、物理、化学、生物实验室等,并拥有传统实验室难以比拟的优势。

① 节省成本。通常由于设备、场地、经费等硬件的限制,许多实验都无法进行。而利用虚拟现实系统,学生足不出户便可以做各种实验,获得与真实实验一样的体会。在保证教学效果的前提下,极大地节省了成本。

② 规避风险。真实实验或操作往往会带来各种危险,利用虚拟现实技术进行虚拟实验,学生在虚拟实验环境中可以放心地去做各种危险的实验。例如,虚拟的飞机驾驶教学系统,可免除学员操作失误而造成飞机坠毁的严重事故。

③ 打破空间、时间的限制。利用虚拟现实技术可以彻底打破时间与空间的限制。大到宇宙天体,小至原子粒子,学生都可以进入这些物体的内部进行观察。一些需要几十年甚至上百年才能观察的变化过程,通过虚拟现实技术,可以在很短的时间内呈现给学生观察。例如,生物中的孟德尔遗传定律,用果蝇做实验往往需要几个月的时间,而虚拟技术在一堂课内就可以实现。

(2) 虚拟实训基地。利用虚拟现实技术建立起来的虚拟实训基地,其"设备"与"部件"

多是虚拟的,可以根据随时生成新的设备。教学内容可以不断更新,使实践训练及时跟上技术的发展。同时,虚拟现实的沉浸性和交互性,使学生能够在虚拟的学习环境中扮演一个角色,全身心地投入学习环境中去,这非常有利于学生的技能训练;包括军事作战技能、外科手术技能、教学技能、体育技能、汽车驾驶技能、果树栽培技、电器维修技能等各种职业技能的训练,由于虚拟的训练系统无任何危险,学生可以不厌其烦地反复练习,直至掌握操作技能为止。例如,在虚拟的飞机驾驶训练系统中,学员可以反复操作控制设备,学习在各种天气情况下驾驶飞机起飞、降落,通过反复训练,达到熟练掌握驾驶技术的目的。

(3)虚拟仿真校园。教育部在一系列相关的文件中,多次涉及了虚拟校园,阐明了虚拟校园的地位和作用。虚拟校园也是虚拟现实技术在教育培训中最早的具体应用,它由浅至深有以下几个应用层面,分别适应学校不同程度的需求:简单的虚拟校园环境供游客浏览;以学员为中心,加入一系列人性化的功能,以虚拟现实技术作为远程教育基础平台;虚拟现实可为高校扩大招生后设置的分校和远程教育教学点提供可移动的电子教学场所,通过交互式远程教学的课程目录和网站,由局域网工具作校园网站的链接,可对各个终端提供开放性的、远距离的持续教育,还可为社会提供新技术和高等职业培训的机会,创造更大的经济效益与社会效益。随着虚拟现实技术的不断发展和完善,以及硬件设备价格的不断降低,我们相信,虚拟现实技术以其自身强大的教学优势和潜力,将会逐渐受到教育工作者的重视和青睐,最终在教育培训领域中广泛应用并发挥其重要作用。

3. 设计领域的应用

虚拟现实技术在设计领域中的应用已小有成就,例如,人们可以把室内结构、房屋外形通过虚拟技术表现出来,使之变成可以看得见的物体和环境。同时,在设计初期,设计师可以将自己的想法通过虚拟现实技术模拟出来,可以在虚拟环境中预先看到室内的实际效果,这样既节省了时间,又降低了成本,如图 11-12 所示。

4. 医学方面的应用

医学专家们利用计算机,在虚拟空间中模拟出人体组织和器官,让学生在其中进行模拟操作,并且能让学生感受到手术刀切入人体肌肉组织及触碰到骨头的感觉,使学生能够更快地掌握手术要

图 11-12　展示墙

领。主刀医生们在手术前也可以建立一个病人身体的虚拟模型,在虚拟空间中先进行一次手术预演,这样能够大幅提高手术的成功率,让更多的病人得以痊愈。

5. 军事方面的应用

由于虚拟现实的立体感和真实感,在军事方面,人们将地图上的山川地貌、海洋湖泊等数据通过计算机进行编写,利用虚拟现实技术,将平面的地图变成三维立体的地形图,再通过全息技术将其投影出来,更有助于进行军事训练,提高综合国力。除此之外,现在的战争是信息化战争,战争机器都朝着自动化方向发展,无人机便是信息化战争的最典型产物。无人机因其自动化及便利性而深受各国喜爱。军人训练可以利用虚拟现实技术模拟无人机的

飞行、射击等工作模式。在战争期间,军人也可以通过眼镜、头盔等机器操控无人机进行侦察等任务,减小战争中的伤亡率。由于虚拟现实技术能将无人机拍摄到的场景立体化,降低操作难度,提高侦查效率,所以无人机和虚拟现实技术的发展刻不容缓。

6. 航空航天方面的应用

由于航空航天是一项耗资巨大且非常烦琐的工程,所以,人们利用虚拟现实技术和计算机的统计模拟,在虚拟空间中重现了现实中的航天飞机与飞行环境,使飞行员在虚拟空间中进行飞行训练和实验操作,极大地降低了实验经费和实验的危险系数。

7. 道路桥梁方面的应用

城市规划一直是对全新的可视化技术需求最为迫切的领域之一。虚拟现实技术可以广泛地应用在城市规划的各个方面,并带来切实且可观的利益。虚拟现实技术在高速公路与桥梁建设中也得到了应用。由于道路桥梁需要同时处理大量的三维模型与纹理数据,导致需要很高的计算机性能作为后台支持。但近年来随着计算机软硬件技术的提高,一些原有的技术瓶颈得到了解决,使虚拟现实的应用达到了前所未有的发展。

在我国,许多学院和机构也一直在从事这方面的研究与应用。三维虚拟现实平台软件可广泛应用于桥梁道路设计等行业。该软件适用性强,操作简单,功能强大,高度可视化,所见即所得,它的出现将给正在发展的 VR 产业注入新的活力。虚拟现实技术在高速公路和道路桥梁建设方面有着非常广阔的应用前景,可由后台置入稳定的数据库信息,便于大众对各项技术指标进行实时的查询,周边再辅以多种媒体信息,如工程背景介绍、标段概况、技术数据、截面、电子地图、声音、图像、动画,并与核心的虚拟技术产生交互,从而实现演示场景中的导航、定位与背景信息介绍等诸多实用、便捷的功能。

8. 地理方面的应用

应用虚拟现实技术,将三维地面模型、正射影像和城市街道、建筑物及市政设施的三维立体模型融合在一起,再现城市建筑及街区景观,用户在显示屏上可以很直观地看到生动逼真的城市街道景观,可以进行诸如查询、量测、漫游、飞行浏览等一系列操作,满足数字城市技术由二维 GIS 向三维虚拟现实的可视化发展需要,为城建规划、社区服务、物业管理、消防安全、旅游交通等提供可视化空间地理信息服务。

电子地图技术是集地理信息系统技术、数字制图技术、多媒体技术和虚拟现实技术等多项现代技术为一体的综合技术。电子地图是一种以可视化的数字地图为背景,用文本、照片、图表、声音、动画、视频等多媒体为表现手段来展示城市、企业、旅游景点等区域综合面貌的现代信息产品,它可以存储于计算机外存,以只读光盘、网络等形式传播,以桌面计算机或触摸屏计算机等形式供大众使用。由于电子地图产品结合了数字制图技术的可视化功能、数据查询与分析功能,以及多媒体技术和虚拟现实技术的信息表现手段,加上现代电子传播技术的作用,它一出现就赢得了社会的广泛兴趣。

任务实施

小李通过课程的学习,可以对现在一些虚拟现实技术应用的领域做一些简单分析,如"3D 云展馆"应用案例解析。

1. 虚拟展厅的六大优势

(1) 便携。虚拟展厅完全基于互联网,参加者仅需要通过一个网页链接,便可以畅游虚拟环境,观看想看的内容,而不再受地域的限制,天南海北的人通过互联网都可以同时观看展览,透过计算机显示屏,通过移动鼠标和键盘方向键,就如同置身于真实的展厅内。

(2) 人性化。虚拟展厅面向全社会的人,而传统展厅有着种种局限性,受到地域、时间以及人数的限制。虚拟展厅就没有这些限制条件,而且对于年纪偏大或者行动不便的人,这样的展厅显得非常人性化。

(3) 交互体验好。相对于传统展厅来说,虚拟展厅可以 720°全方位无死角地覆盖实物各个角度,且配备详细的语音讲解,还可以与产品进行交互,整个展厅可以根据观展人的意愿进行风格、内容上的切换,观展人员获取的信息量远远超过传统展厅,这些交互功能也是传统展厅无法实现的,如图 11-13 所示。

图 11-13　虚拟展厅

(4) 成本低。虚拟展厅只需要通过计算机的三维建模技术,所需的成本远远低于传统展厅。其不仅节约了经济成本,更节约了时间成本。对于这个飞速发展的时代,时间是无比昂贵的,节约时间就相当于抢占先机。

(5) 绿色环保。在提倡信息多元化和低碳环保的今天,虚拟展厅的出现正慢慢改变着人们的观展习惯。传统展厅对于人力、物力的消耗远远超出虚拟展厅的消耗,对于资源的浪费也不符合所倡导的绿色环保的思想。尤其在疫情当前的情况下,虚拟展厅的重要性比传统展厅设计更为重要。

(6) 二次维护方便。传统展厅制作完成后,展厅内容是固定的,二次修改与添加成本非常高,甚至相当于重新设计;而虚拟展厅的二次开发与修订内容是非常方便的,成本要低得多,如图 11-13 所示。

2. 虚拟展厅的六大特性

虚拟展厅具备以下特性:3D 沉浸漫游行走,海量场景选择,场景嵌入功能,产品 3D 独立展示,可嵌入官网载体,多平台浏览等,如图 11-14 所示。

图 11-14 虚拟展厅的六大特性

任务 11.2 虚拟现实常用开发引擎

任务描述

小李已经体验并感受过了虚拟现实技术,也通过任务 11-1 了解了虚拟现实技术的发展史和特性、优势等内容,但是还想更进一步了解虚拟现实技术的应用背景以及常用开发引擎有哪些。

虚拟现实软件是被广泛应用于虚拟现实制作和虚拟现实系统开发的一种图形图像三维处理软件。虚拟现实软件的开发商一般都是先研发出一个核心引擎,然后在引擎的基础上,针对不同行业及不同需求,研发出一系列的子产品。

11.2.1 Unity 引擎

Unity 是实时 3D 互动内容创作和运营平台,包括游戏开发、美术、建筑、汽车设计、影视在内的所有创作者,借助 Unity 将创意变成现实。Unity 平台提供一整套完善的软件解决方案,可用于创作、运营和变现任何实时互动的 2D 和 3D 内容,支持平台包括手机、平板电脑、PC、游戏主机、增强现实和虚拟现实设备。

Unity3D 开发引擎的产品特点介绍如下。

1. 支持多种格式导入

整合多种 DCC 文件格式,包含 3ds Max、Maya、Lightwave、Collade 等文档,可直接拖拽到 Unity 中。除原有内容外,还包含 Mesh、多 UVs、Vertex、Colors、骨骼动画等功能,提升游戏制作的资源应用。

2. AAA 级图像渲染引擎

Unity 渲染底层支持 DirectX 和 OpenGL。内置的 100 组 Shader 系统,结合了简单易用、灵活、高效等特点,开发者也可以使用 ShaderLab 建立自己的 Shader。先进的遮挡剔除技术以及细节层级显示技术(LOD),可支持大型游戏所需的运行性能。

3. 高性能的灯光照明系统

Unity 为开发者提供高性能的灯光系统,动态实时阴影、HDR 技术、光羽 & 镜头特效等。多线程渲染管道技术将渲染速度大幅提升,并提供先进的全局照明技术(GI),可自动进行场景光线计算,以获得逼真细腻的图像效果。

4. NVIDIA 专业的物理引擎

Unity 支持 NVIDIA PhysX 物理引擎,可模拟包含刚体 & 柔体、关节物理、车辆物理等。

5. 高效率的路径寻找与人群仿真系统

Unity 可快速烘焙三维场景导航模型(NavMesh),用来标定导航空间的分界线。目前在 Unity 的编辑器中即可直接进行烘焙,设定完成后即可大幅提高路径找寻及人群仿真的效率。

6. 友善的专业开发工具

包括 GPU 事件探查器,可插入的社交 API 应用接口,以实现社交游戏的开发;专业级音频处理 API,为创建丰富通真的音效效果提供混音接口。引擎脚本编辑支持 Java、C♯、Boo 三种脚本语言,可快速上手,并自由创造丰富多彩且功能强大的交互内容。

7. 逼真的粒子系统

Unity 开发的游戏可以达到十分快速的运行速度,在良好的硬件设备下,每秒可以运算有数百万面的多边形。有高质量的粒子系统,可以控制粒子颜色、大小及粒子运动轨迹,可以快速创建如下雨、火焰、灰尘、爆炸、烟花等效果。

8. 强大的地形编辑器

开发者可以在场景中快速创建数以千计的树木,上百万的地表岩层,以及数十亿的青青草地。开发者可完成 75% 左右的地貌场景,引擎可自动填充优化完成其余部分。

9. 智能界面设计,细节凸显专业

Unity(图 11-15)以创新的可视化模式让用户轻松建构互动体验,提供直观的图形化程序接口,开发者可以按玩游戏的方式开发游戏。当游戏运行时,可以实时修改数值、资源甚至是程序,可以高效率开发程序。

10. Team License 协同开发系统

Team License 可以安装在任何 Unity 里,新增的界面可以方便地进行团队协同开发。避免不同人员重复

图 11-15　Unity 图标

不停地传送同样版本的资源至服务器,维持共用资源的稳定与快速反应中的变化,过长的反应更新时间将会影响团队协同开发的正确性与效率。

11.2.2　Unreal Engine 4 引擎

UE4(Unreal Engine 4)是目前世界最知名且授权最广的顶尖游戏引擎,占有全球商用

游戏引擎 80％的市场份额,如图 11-16 所示。自 1998 年正式诞生至今,经过不断的发展,虚幻引擎已经成为整个游戏界运用范围最广、整体运用程度最高、次世代画面标准最高的一款游戏引擎。UE4 是美国 Epic 游戏公司研发的一款 3A 级次时代游戏引擎。它的前身就是大名鼎鼎的虚幻 3(免费版称为 UDK),许多我们耳熟能详的游戏大作,都是基于这款虚幻 3 引擎诞生的,例如剑灵、鬼泣 5、质量效应、战争机器、爱丽丝疯狂回归等。其渲染效果强大以及采用 PBR 物理材质系统,所以如果它的实时渲染效果做好了,可以达到

图 11-16　Unreal Engine 4 图标

类似 VRay 静帧的效果,成为开发者最喜爱的引擎之一。Epic Games 从未停止过对完美虚拟现实开发平台的追求,新的引擎添加了一个全新的行动系统,并成为标准。在虚拟现实中进行瞬移可以减少用户产生晕动症的可能性,而这也正是 Unreal 一直希望实现的。

11.2.3　Cry Engine 3 引擎

Cry Engine 3(CE3)是德国的 CRYTEK 公司出品的一款对应最新技术 DirectX 11 的游戏引擎,如图 11-17 所示。采用了和 Killzone 2 一样的延迟渲染技术,在延迟着色的场景渲染中,像素的渲染被放在最后进行,随后通过多个缓存同时输出。

图 11-17　Cry Engine 3 图标

CE3 的图形引擎基本上是以 CE2 为基础进行加工完善而成的,我们可以认为是对与 PS3 以及 XBOX 360 进行的修正。CE3 并不是改变 CE2 图形引擎的渲染流程,而是给人一种将 CE2 的各个部分在各个游戏平台上进行最大幅度的优化,以便能够更好地对应各个平台的感觉。

下面介绍 CE3 图形引擎中最具有代表性的几个部分。

1. 实时动态光照(real-time dynamic illumination)

不进行预先的演算,也不限制场景的复杂性,能够实现二次光照与反射等特效。不进行预先的演算及不被几何条件所左右是该引擎的最大特点,在实际的效果中,我们还能看到类似于 SSAO 改进型态的特效。

2. 延迟光照(deferred lighting)

CE3 光照渲染是一种将存在于场景中的光源通过类似于后处理的渲染来进行的处理,并要对光照进行计算,这时需要通过多个缓存输出中间值。

在延迟光照中,就算遇到动态光源比较多或者场景内 3D 物件数量比较多的情况,也能够高效率地进行光照渲染。但是,因为半透明物件需要同普通的渲染管线的效果进行合成处理,所以在遇到场景内半透明的物件比较多的场合,可能会碰到性能的损失,使延迟渲染的效果无法得到很好的发挥。

3. 动态软阴影(dynamic soft shadows)

动态软阴影的生成可以说是 CE 引擎的一个特色。CE3 中使用了深度阴影的算法来实

现阴影的生成。而阴影边缘则使用了模糊滤镜,从而实现了平滑的软阴影效果。

任务实施

通过学习,小李了解到目前我们所体验到的虚拟现实技术,如数字城市、虚拟旅游、游戏制作、工业仿真、虚拟会展、虚拟现实三维操作系统等,都可以通过软件之间的相互结合来完成虚拟现实项目的各种制作要求。

习　题

一、填空题

1. 虚拟现实技术的分类有_____、_____、_____和_____、_____。

2. 虚拟现实常用的开发引擎有_____、_____、_____。

3. 虚拟展厅的六大优势是_____、_____、_____、_____、_____、_____。

二、简答题

1. 虚拟现实技术的应用领域有哪些?

2. 虚拟展厅的六大特性有哪些?

3. 虚拟现实技术常用的六大技术要点是什么?

4. 虚拟现实技术的主要特征有哪些?

第 12 章
信息安全技术

随着计算机应用的进一步深入,以及人工智能和大数据时代的来临,网络信息安全问题变得越来越重要。确保网络不受到攻击,信息不被篡改和窃取,保障计算机网络系统及信息免遭损失,也成为人们关注的重点,因此如何构建个人、企业的网络信息安全,从而减少不必要的安全损失,则是计算机专业人员必须了解和掌握的知识和技能。

任务 12.1 认识网络安全

任务描述

小李作为计算机专业的毕业生,刚入职公司,负责相应的网络安全工作。公司已有较好的网络硬件基础设施,也使用了不少信息管理系统,目前他要了解公司具体网络安全涉及的内容,分析网络安全产生的原因,为后续的网络安全管理奠定基础。

12.1.1 网络安全的概念

网络安全通常是指计算机及其网络系统资源和信息资源不受自然和人为有害因素的威胁和危害,即指计算机、网络系统的硬件、软件及其系统中的数据受到保护,不因偶然的或者恶意的原因而遭到破坏、更改、泄露,以确保系统能连续、可靠、正常地运行,使网络服务不中断。网络安全是一门涉及计算机科学、网络技术、通信技术、密码技术、信息安全技术、应用数学、数论以及信息论等多种学科的综合性学科。广义地说,凡是涉及网络上信息与设备的可靠性、保密性、完整性、可用性、不可抵赖性和可控性等相关技术和理论等研究领域,都属于网络安全。

12.1.2 网络安全的目标

网络安全的目标主要是保证网络系统的可靠性、保密性、完整性、可用性、不可抵赖性和可控性等方面。

（1）可靠性：指网络信息系统能够在规定的条件和规定的时间内完成规定的功能特性。可靠性是系统安全的最基本要求之一，是所有网络信息系统的建设和运行目标。

（2）保密性：又称为机密性，是指信息不泄露给非授权用户的特性，以确保信息安全，信息只为授权用户使用。

（3）完整性：即信息在存储或传输过程中保持不被修改、不被破坏和丢失的特性，确保数据不被篡改。

（4）可用性：指可被授权实体访问并按需求使用的特性，即当需要时能否存取所需的信息。例如，网络环境下拒绝服务，破坏网络和有关系统的正常运行等，都属于对可用性的攻击。

（5）不可抵赖性：又称为不可否认性。在网络信息系统的信息交换过程中，确信参与者的真实同一性，即所有参与者都不可能否认或抵赖曾经完成的操作和承诺。

（6）可控性：指对网络信息的传播及内容具有控制能力的特性。

12.1.3　网络安全面临的威胁

网络安全面临的威胁是指对计算机网络安全性的潜在破坏。一个系统可能遭受到各种各样的威胁，只有了解到系统面临哪些威胁，才能对其进行有效的防范。威胁可以分为主动威胁和被动威胁，主动威胁是指威胁者对计算机网络信息进行修改、删除等非法操作；被动威胁是指威胁者通过非法手段获取信息、分析信息，而不修改它。

网络安全面临的威胁包括对网络中信息的威胁和对网络中设备的威胁。影响网络安全的因素有很多，有些因素可能是有意的，也可能是无意的；可能是人为的，也可能是非人为的；还可能是外来黑客对网络系统资源的非法使用等。

通常，网络安全按威胁的对象、性质，可以分为以下几种。

（1）对硬件实体的威胁和攻击：是对计算机本身和外部设备以及网络和通信线路而言的。如各种自然灾害、人为破坏、操作失误、设备故障、电磁干扰、被盗和各种不安全因素所致的物质财产损失、数据资料损失等。

（2）对信息的威胁和攻击：对敏感的、机密的重要信息进行窃取、泄密。

（3）同时攻击软、硬件系统：如战争、武力以及病毒的危害。

（4）计算机犯罪：借助计算机技术或利用暴力、非暴力手段，攻击、破坏计算机及网络系统的不法行为。

12.1.4　网络安全威胁的来源

网络安全威胁的主要来源可分为不可控制的自然灾害，人为恶意攻击以及计算机系统本身的原因。其中人为因素和系统本身问题具有普遍性。

根据国际化标准组织对具体的威胁定义，总的来说，网络安全威胁如图 12-1 所示。

12.1.5　网络安全体系结构模型

网络安全技术主要方法有防火墙，网络检测，入侵检测，漏洞扫描，身份认证，灾难恢复和安全管理等,归纳起来可以分为网络保护技术、网络检测技术、网络响应技术、数据恢复技术。一个常见的 PDRR 网络安全模型如图 12-2 所示。PDRR 模型是美国国防部提出的,包含了网络安全的整个环节,即防护(protect)、检测(detect)、响应(react)、恢复(restore),这四部分构成了一个动态的信息安全周期。

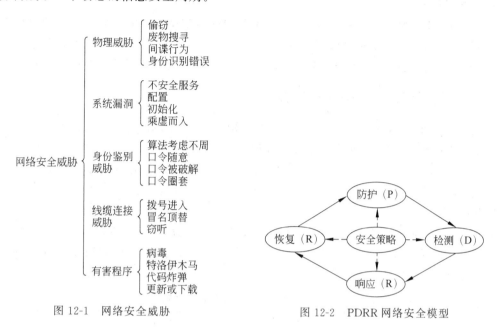

图 12-1　网络安全威胁　　　　　图 12-2　PDRR 网络安全模型

　　网络保护技术主要用于控制用户对网络系统和资源的访问,只允许经过授权的合法用户登录到网络系统,以规定的权限访问网络资源。安全技术包括了漏洞扫描、身份认证与访问控制、防火墙、病毒防治技术、数据加密技术、鉴别技术等。

　　网络检测技术主要用于检测和发现网络系统潜在的安全漏洞以及攻击者利用安全漏洞实施的入侵检测行为,并及时发出警报,所以分为安全扫描技术和入侵检测技术,主要技术包括安全漏洞扫描、入侵检测技术等。

　　网络响应及恢复技术的作用是在系统遭到攻击后立即做出响应,并进行数据恢复。一方面要快速地最大化恢复系统的运行,将系统损失减少到最低程度;另一方面通过安全审计寻找和发展攻击者的踪迹,同时发现遭到攻击的原因和漏洞,并即时补救。常用的网络响应技术有灾难性恢复、安全审计和安全管理。

任务实施

　　(1) 通过上网或相关资讯,请列举若干个最近有关网络安全的一些事件。

　　(2) 通过上网,查找最近一年全国信息网络安全状况与计算机病毒疫情调查分析报告,了解网络安全现状。

　　(3) 通过网络了解到的安全问题,然后对比单位网络,对存在的网络安全问题进行分析,说明本单位存在哪些安全威胁。

任务 12.2 计算机系统安全构建

任务描述

小李通过学习网络安全基本知识,了解了公司网络安全存在的主要威胁。他想构建一个完整的公司网络安全防护措施,首先应该对计算机系统安全进行构建,因此他找了相应的评估标准,对照公司计算机系统安全进行评估,提出可靠的计算机系统安全构建方案。

12.2.1 可信计算机系统评估准则

美国在 20 世纪 60 年代中期就开始提出计算机安全防护的问题。1983 年美国国防部计算机安全保密中心发表了《可信计算机系统评估准则》(trusted computer system evaluation criteria,TCSEC),简称橙皮书。1985 年 12 月美国国防部正式采用该准则,经过修改后作为美国国防部的标准。它的目的在于提供计算机系统硬件、固件、软件安全技术标准和有关的技术评估方法。

橙皮书对计算机系统安全级别进行了分类,由低到高分为 D、C、B、A 级。D 级暂时不分子级;C 级分为 C1 和 C2 两个子级,C2 比 C1 提供更多的保护;B 级由低到高分为 B1、B2 和 B3 三个子级;A 级暂时不分子级。每级包括下级的所有特性,如表 12-1 所示。

表 12-1 可信计算机系统评估准则

类别	名 称	主 要 特 征
A	可验证的安全设计	形式化的最高级描述和验证,形式化的隐秘通道分析,非形式化的代码一致性证明
B3	安全域机制	安全内核,高抗渗透能力
B2	结构化安全保护	设计系统时必须有一个合理的总体设计方案,面向安全的体系结构,遵循最小授权原则,较好的抗渗透能力,访问控制应对所有的主体和客体提供保护,对系统进行隐蔽通道分析
B1	标号安全保护	除了 C2 级别的安全需求外,增加安全策略模型、数据标号(安全和属性)及托管访问控制
C2	受控的访问环境	存取控制以用户为单位进行广泛的审计
C1	选择的安全保护	有选择地进行存取控制,用户与数据分离,数据的保护以用户组为单位
D	最小保护	保护措施很少,没有安全功能

1. D 级

D 级是最低的安全级别,整个计算机系统是不可信任的。硬件和操作系统很容易被侵袭。任何人都可以自由地使用该计算机系统,不对用户进行验证。系统不要求用户进行登记(要求用户提供用户名)或使用密码(要求用户提供唯一的字符串来进行访问)。任何人都可以坐在计算机的旁边并使用它。

2. C 级

(1) C1 级是选择性安全防护(discretionary security protection)系统,要求硬件有一定的安全保护(如硬件有带锁装置,需要钥匙才能使用计算机)。用户在使用计算机系统前必须先登录。另外,作为 C1 级保护的一部分,允许系统管理员为一些程序或数据设立访问许可权限。C1 级防护的不足之处在于用户直接访问操作系统的根。C1 级不能控制进入系统的用户的访问级别,所以用户可以将系统中的数据任意移走。

(2) C2 级对 C1 级的不足之处做了补充,引进了受控访问环境(用户权限级别)的增强特性。该环境具有进一步限制用户执行某些命令或访问某些文件的权限,而且还加入了身份认证级别。另外,系统对发生的事件加以审计,并写入日志当中,如什么时候开机,哪个用户在什么时候及从哪儿登录等。这样通过查看日志,就可以发现入侵的痕迹。如多次登录失败,也可以大致推测出可能有人想强行闯入系统。审计除了可以记录下系统管理员执行的活动以外,还加入了身份认证级别,这样就可以知道谁在执行这些命令。审计的缺点在于它需要额外的处理器时间和磁盘空间。

3. B 级

(1) B1 级指符号安全防护(label security protection),支持多级安全。"符号"是指网上的一个对象,该对象在安全防护计划中是可识别且受保护的。"多级"是指这一安全防护安装在不同级别(如网络、应用程序和工作站等),对敏感信息提供更高级的保护,让每个对象(文件、程序、输出等)都有一个敏感标签,而每个用户都有一个许可级别。任何对用户许可级别和成员分类的更改都受到严格控制。B1 级安全措施的计算机系统随着计算机系统而定,政府机构和防御承包商是 B1 级计算机系统的主要拥有者。

(2) B2 级又称为结构防护(structured protection),要求计算机系统中所有对象加标签,而且给设备(如工作站、终端和磁盘驱动器)分配安全级别。如允许用户访问一台工作站,但不允许访问含有职员工资资料的磁盘子系统。

(3) B3 级又称为安全域(security domain),要求用户工作站或终端通过可信任途径连接网络系统,而且这一级采用硬件来保护安全系统的存储区。

4. A 级

A 级是橙皮书中的最高安全级,又称为验证设计(verity design),它包括了一个严格的设计、控制和验证过程。与前面所提到的各级别一样,该级别包含了较低级别的所有特性。设计必须是从数学角度上经过验证的,而且必须进行秘密通道和可信任分布的分析。可信任分布(trusted distribution)的含义是,硬件和软件在物理传输过程中已经受到保护,以防止破坏安全系统。

依据计算机安全的分级,安全漏洞也相应划分为 D、C、B、A 四个等级,其对安全的威胁性由小到大。由于每个安全等级的标准不同,所以每个安全等级中出现的漏洞所产生的影响也不同。

12.2.2　中国计算机信息安全准则

在中国,1999 年由公安部主持制定、国家技术标准局发布了《计算机信息安全保护等级划分准则》,该准则作为我国实施强制性国家标准,是建立安全等级保护制度及实施安全等级管理的重要基础性标准。它将计算机信息系统安全保护等级划分为五个级别。

1. 用户自主保护级

本级的安全保护机制使用户具备自主安全保护能力,保护用户和用户组信息,避免其他用户对数据的非法读写和破坏。

2. 系统审计保护级

本级的安全保护机制具备第一级的所有安全保护功能,并创建、维护审计跟踪记录,以记录与系统安全相关事件发生的日期、时间、用户和事件类型等信息,使所有用户对自己行为的合法性负责。

3. 安全标记保护级

本级的安全保护机制有系统审计保护级的所有功能,并为访问者和访问对象指定安全标记,以访问对象标记的安全级别限制访问者的访问权限,实现对访问对象的强制保护。

4. 结构化保护级

本级具备第3级的所有安全功能,并将安全保护机制划分成关键部分和非关键部分相结合的结构,其中关键部分直接控制访问者对访问对象的存取。本级具有相当强的抗渗透能力。

5. 访问验证保护级

本级的安全保护机制具备第4级的所有功能,并特别增设访问验证功能,负责仲裁访问者对访问对象的所有访问活动。本级具有极强的抗渗透能力。

12.2.3 计算机系统安全体系构建

一个完整的计算机系统安全体系构建通常可包含实体与基础设施安全、操作系统安全、计算机网络安全以及应用安全等多个方面组成。

1. 实体与基础设施安全

实体与基础设施安全属于物理安全范畴,物理安全在整个计算机网络信息系统安全体系中占有重要的地位,物理安全保护了计算机硬件和存储介质的装置等,可以保护计算机信息系统设备、设施以及相应媒体免遭地震、水灾、火灾等环境事故,以及人为操作失误或错误,各种计算机犯罪行为导致的破坏。它包含的主要内容有环境安全、设备安全、电源系统安全和通信线路安全等。

2. 操作系统安全

操作系统是整个计算机信息系统的核心,它介于软件与硬件之间,提供用户交互界面。操作系统安全是整个安全防范体系的基础,同时也是信息安全的重要内容,它决定了整个网络操作系统与网络硬件平台是否可靠且是否安全。在操作系统安全中,主要包括标识和鉴别,自主访问控制,强制访问控制,安全审计,客体重用,最小特权管理,可信路径,隐蔽通道分析,加密技术等。

操作系统是计算机中最基本、最重要的软件,一台计算机可以安装多种不同的操作系统,如在办公系统计算机中,计算机系统还可供多人使用。操作系统安全必须能区分用户,以便于防止他们相互干扰。多数的多用户操作系统,不会允许一个用户删除属于另一个用户的文件,除非第二个用户明确地予以允许。

一些安全性较高、功能较强的操作系统可以为计算机的每一个用户分配账户。通常,一个用户只有一个账户。操作系统不允许一个用户修改由另一个账户产生的数据。

3. 网络安全

网络安全是指在外部和内部网络进行通信时的安全问题。外部网络相对内部网络是一个不可信任的网络系统。在计算机系统中,网络安全技术主要包含认证技术、加密技术、扫描技术、防火墙技术以及入侵检测技术等,这些都是网络安全的重要防线。

4. 应用安全技术

目前网络应用越来越广泛,尤其是电子商务的应用。在应用安全中,主要涉及 Web 应用安全、防垃圾邮件安全、即时通信安全、网上银行账号安全等问题。应用系统是不断发展且应用类型是不断增加的。在应用系统的安全性上,主要考虑尽可能建立安全的系统平台,通过专业的安全工具不断发现漏洞及修补漏洞,从而提高系统的安全性。

12.2.4　操作系统安全漏洞

在计算机网络安全领域中,"漏洞"是指硬件、软件或策略上的缺陷,这种缺陷导致非法用户未经授权而获得访问系统的权限或提高其访问权限。有了这种访问权限,非法用户就可以为所欲为,从而造成对网络安全的威胁。其实,每个平台无论是硬件还是软件都存在漏洞。各种操作系统存在安全漏洞;Internet/Intranet 使用的 TCP/IP 协议以及 FTP、E-mail、RPC 和 NFS 等都包含许多不安全的因素,也存在安全漏洞;数据库管理系统存在安全漏洞。

漏洞与后门是不同的,漏洞是难以预知的,后门则是人为故意设置的。后门是软硬件制造者为了进行非授权访问而在程序中故意设置的万能访问口令,这些口令无论是被攻破还是只掌握在制造者手中,都对使用者的系统安全构成严重的威胁。

12.2.5　加密技术

1. 密码技术的基本概念

加密技术是最常用的安全保密手段,利用加密技术手段将重要的明文数据变为密文,发送到目的方,再用解密技术手段还原为明文。任何一个加密系统至少包括下面四个组成部分。

(1) 未加密的报文(也称明文)。人或机器容易读懂和理解的信息称为明文。明文可以是文本、数字化语音流或数字化视频信息等。

(2) 加密后的报文(也称密文)。通过数据加密的手段,将明文变换成晦涩难懂的信息,称为密文。

(3) 加密/解密设备或算法。对传输的数据进行加密时,通过一定的算法或设备对信息进行处理。

(4) 加密/解密的密钥。由使用密码机制的用户随机选取,唯一能控制明文与密文之间的变换。密钥通常是一个随机字符串。

发送方用加密密钥,通过加密设备或算法,将信息加密后发送出去;接收方在收到密文后,用解密密钥将密文解密,恢复为明文。如果传输中有人窃取,他只能得到无法理解的密文,从而对信息起到保密作用。

2. 密码机制

密码学包括密码设计与密码分析两个方面,密码设计主要研究加密方法,密码分析主要针对密码破译。从密码学的发展来看,经历了古典密码、对称密钥密码(单钥密码机制)、公开密钥密码(双钥密码机制)三个发展阶段。

古典密码是基于字符替换的密码,是一种简单的加密技术。对称密钥和非对称密钥是基于密钥的算法管理方式来划分的。通常来讲,对称密钥机制又称为单密钥机制,加密密钥和解密密钥相同,系统的保密性取决于密钥的保密性,与算法的保密性无关。非对称密钥机制中,加密密钥和解密密钥不同,在加密过程中必须成对使用,一个可以公开,即公共密钥;另外一个由用户安全拥有,即私有密钥。

3. 对称数据加密技术

对称数据加密技术又称为对称加密(symmetric encryption)。加密和解密过程均采用同一把秘密钥匙(密钥),通信时双方都必须具备这把钥匙,并保证这把钥匙不会被泄漏。

通信双方采用对称加密技术进行通信时,两方必须先约定一个密钥,这种约定密钥的过程称为"分发密钥"。有了密钥之后,发送方使用这一密钥,并采用合适的加密算法将所要发送的明文转变为密文。密文到达接收方后,接收方用解密算法(通常是发送方所使用的加密算法的互逆方法),并把密钥作为算法的一个运算因子,将密文转变为跟发送方一致的明文。

采用对称加密技术对数据进行加密的过程如图 12-3 所示。

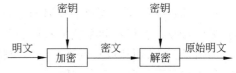

图 12-3 对称数据加密过程

使用对称加密技术时,加密算法和解密算法通常是公开的,因此保证密钥的安全性非常重要。这种对于密钥安全性的过分严格要求,使得分发密钥的过程变得非常困难。

4. 非对称数据加密技术

以公钥密码机制为代表的密码技术称为非对称密码技术。公钥密码机制采用的算法称为公开密钥算法。公钥密码机制展现了密码应用中的一种崭新的思想。这一思想的主要内容为:在不降低保密程度的基础上,在采用加密技术进行通信的过程中,不仅加密算法本身可以公开,甚至加密用的密钥也可以公开。

使用公钥密码机制对数据进行加密和解密时使用一个密码对,其中一个用于加密,而另外一个用于解密,这两个密码分别称为加密密钥和解密密钥,也称为公钥和私钥,它们在数学上彼此关联。加密密钥可以向外界公开,而解密密钥由自己保管,必须严格保密。

任务实施

(1) 对照计算机机房安全要求等级标准,如表 12-2 所示,判断计算机系统所处的安全等级。

表 12-2 计算机机房安全要求

安 全 类 别	A 级	B 级	C 级	安 全 类 别	A 级	B 级	C 级
场地选择	☆	☆		供配电系统	★	☆	☆
内部装修	★	☆		防静电	★	☆	
防水	★	☆		防雷击	★	☆	
防火	☆	☆	☆	防鼠害	★	☆	
空调系统	★	☆	☆	防电磁泄漏	☆	☆	
火灾报警和消防设施	★	☆	☆				

注:"☆"表示有要求,"★"表示更加完善的要求,空栏表示无要求。

（2）根据 GB 50174—93《电子计算机房设计规范》和 GB 2886—89《计算机站场地要求》中规定的温、湿度要求，如表 12-3 所示，评估计算机系统所处的 A/B 级标准。

表 12-3　计算机机房温、湿度评估标准

项　目	A 级		B 级
	夏　季	冬　季	全　年
温度	20～24℃	18～22℃	15～30℃
湿度	45%～65%		40%～70%
温度变化率	<5℃/h，不结露		<10℃/h，不结露

（3）检测网络操作系统中的账户安全，确定是否具备安全可靠的密码，对默认账户是否停用等。具体方法是：右击桌面上的"我的电脑"图标，选择"管理"命令，打开"计算机管理"窗口，如图 12-4 所示，在左边列表中找到并展开"本地用户和组"，单击"用户"文件夹，可以看到系统中的账户，并查看相应情况。

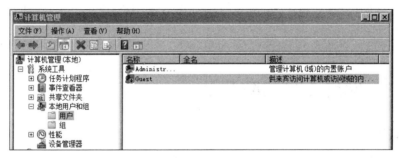

图 12-4　"计算机管理"窗口中的用户列表

（4）将计算机连接到网络后，从网络下载最新版的 360 安全卫士或腾讯电脑管家等软件，进行计算机系统检测，将计算机系统漏洞打上补丁，构建一个安全的计算机系统环境。

（5）利用流行压缩工具对文件进行加密处理，如用 Winrar 软件加密文件，如图 12-5 和图 12-6 所示。

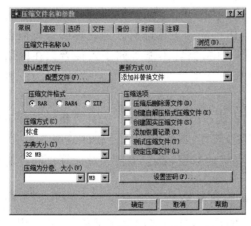

图 12-5　"压缩文件名和参数"对话框

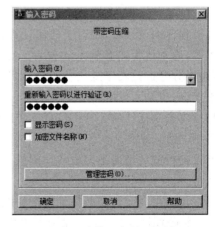

图 12-6　"输入密码"对话框

（6）利用 Office 软件加密文档，如在 Office 2010 版本以上 Word 中，选择"文件"→"信

息"命令,如图 12-7 所示,单击"保护文档",在弹出的对话框中选中"用密码进行加密"选项,则可以对文档进行加密操作。

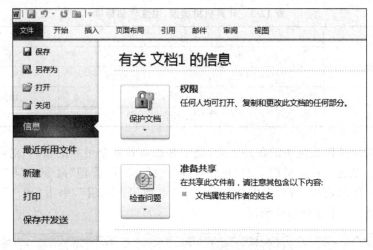

图 12-7　在 Office 中对文档进行权限加密

任务 12.3　网络攻击与防范

任务描述

现在,网络上黑客的攻击越来越猖獗,手段也越来越丰富,对网络安全造成了很大的威胁。小李通过前面两个任务的学习,初步掌握了网络安全和计算机系统安全构建的方法,接下来要重点理解网络攻击与防范技术,认识网络中有哪些网络攻击技术和手段,以便"知己知彼",然后提出有针对性的防御技术。

12.3.1　网络攻击简介

"黑客"是英文 hacker 的译音。黑客曾被人们用来作为描述计算机狂的代名词,是热衷于计算机程序的设计者,是对于任何计算机操作系统的奥秘都有强烈兴趣的人。但普通人谈到黑客,通常认为黑客就是入侵者。在计算机中,黑客不能等同于入侵者。在网络世界里,要想区分开谁是真正意义上的黑客,谁是真正意义上的入侵者并不容易,因为有些人可能既是黑客,也是入侵者。

网络攻击是指针对计算机信息系统、基础设施、计算机网络或个人计算机设备等进行的任何类型的进攻动作。对于计算机和网络来说,破坏、揭露、修改,使软件或服务失去功能,在没有得到授权的情况下窃取或访问任何计算机的数据,都会被视为对计算机和计算机网络的攻击。

网络攻击可以分为非破坏性攻击和破坏性攻击两类。

(1)非破坏性攻击:一般是为了扰乱系统的运行,并不窃取系统资料,通常采用拒绝服务攻击或信息炸弹等手段。

(2)破坏性攻击:以侵入他人计算机系统,盗窃系统保密信息,破坏目标系统的数据为目的。

12.3.2　网络攻击目的

网络攻击的目的不尽相同,有些是善意的,称为红客;也有的是恶意的,称为黑客。善意的攻击可以帮助系统管理员检查系统漏洞。恶意的攻击包括为了私人恩怨而进行的攻击;也有的是基于商业或个人目的而获得秘密资料,利用对方的系统资源满足自己的需求,寻求刺激;也有的是出于政治目的等。但是不管网络攻击的目的是什么,其主要攻击需要达到的目的大体有以下几种。

1. 窃取信息

在网络攻击中,最直接、最明显的目的就是窃取信息。黑客攻击中获取重要的信息与数据,甚至在窃取了这些信息与数据之后进行各种犯罪活动。政府、军事、邮电和金融网络是他们攻击的主要目标。在窃取信息过程中,可能并不一定要把信息带走,比如对信息进行涂改和暴露。涂改信息包括对重要文件进行修改、更换和删除,经过这样的涂改,原来信息的性质就发生了变化,以至于不真实或者错误的信息给用户带来难以估量的损失,达到黑客进行破坏的目的。暴露信息是指黑客将窃取的重要信息发往公开的站点,由于公开站点常常会有许多人访问,其他的用户完全有可能得到这些信息,从而达到黑客扩散信息的目的,通常这些信息是隐私或机密的。

2. 获取口令

实际上,获取口令也属于窃取信息的一种。口令是一个非常重要的数据,当黑客得到口令,便可以顺利地登录到其他主机,或者去访问一些原本拒绝访问的资源。

黑客攻击的目标是系统中的重要数据,必须通过登录目标主机,或者使用网络监听程序进行攻击。监听到的信息可能含有非常重要的信息,比如是用户口令文件。

3. 控制中间站点

在一些情况下,黑客为了攻击一台主机,往往需要一个中间站点,以免暴露自己的真实身份及位置。还有另外一些情况,比如,有一个站点能够访问另一个严格受控的站点或者网络,这时,黑客往往把这个站点当作中间站点进行攻击。

4. 获得超级用户权限

黑客在攻击某一个系统时,都企图得到超级用户权限,这样就可以完全隐藏自己的行踪;可在系统中埋伏下一个方便的后门,以便修改资源配置。

12.3.3　常见网络攻击步骤

网络攻击通常都要经过攻击准备阶段、实施攻击阶段和攻击善后阶段,具体如图 12-8 所示。

图 12-8　常见网络攻击步骤

1. 攻击准备阶段

攻击准备阶段主要是确定目标并收集信息。黑客进行攻击,首先要确定攻击的目标。比如可能会通过大范围的网络扫描以确定潜在的入侵目标站点。黑客锁定目标后,还要检查被入侵目标的开放端口和服务进行分析,获取目标系统提供的服务和进程类型、操作系统等信息,看是否存在能够被利用的服务,以寻找目标主机的安全漏洞或安全弱点。

2. 实施攻击阶段

实施攻击阶段主要是获取权限并实施攻击。黑客收集或探测到一些"有用"信息后,就可能会对目标系统实施攻击,比如获取未授权的访问权限,对目标主机账号文件等进行破解,如一些口令。攻击者还会进一步提升访问权限,获得系统更多的控制权,进而获得一些额外的权力,并最终获得目标主机的控制权,最终进行深入的攻击,例如,窃取主机上的各种敏感信息等。

3. 攻击善后阶段

高明的入侵者会把自己隐藏得更好,利用中间主机来实施攻击,入侵成功后还会把入侵痕迹清除干净,并留下后门为以后实施攻击提供方便,做好攻击善后阶段。

12.3.4 网络攻击手段和防范

网络攻击中常用的手段包括网络扫描、网络监听、密码破解、拒绝服务、缓冲区溢出、木马及后门程序等,其对应的攻击技术就有扫描技术、监听技术、破解技术、拒绝服务技术、缓冲区溢出技术、木马及后门技术。不过任何一种技术都具有两面性,它既可以用来充当攻击手段,在很多时候又是一种很好的防御技术。下面重点对网络扫描和网络监听进行介绍。

1. 网络扫描

在一般情况下,大部分的网络入侵是从扫描开始的。黑客可以利用扫描工具找出目标主机上各种各样的漏洞来。但是,扫描器并不是一个直接的攻击网络漏洞的程序,它仅能帮助发现目标主机存在的某些弱点,而这些弱点可能是攻击目标的关键所在。网络扫描是确认网络运行主机的工作程序,或是为了对主机进行攻击,或是为了进行网络安全评估。网络扫描程序,如 ping 扫射和端口扫描,返回关于哪个 IP 地址映射有主机连接到因特网上并是工作的,这些主机提供什么样的服务信息等。另一种扫描方法是反向映射,返回关于哪个 IP 地址上没有映射出活动的主机信息,这使攻击者能假设出可行的地址。

2. 网络监听

网络监听是一种监视网络状态、数据流程以及网络上信息传输的管理工具,它可以将网络界面设定成监听模式,并且可以截获网络上所传输的信息。也就是说,当黑客登录网络主机并取得超级用户权限后,若要登录其他主机,使用网络监听便可以有效地截获网络上的数据,这是黑客使用的最好方法。

网络攻击防范中,作为网络用户一方面要提高安全意识,例如,不要随意打开来历不明的电子邮件及文件,尽量避免下载不知名的软件、游戏等,尽可能设置字母组合的密码;二是要构建好网络安全,比如对计算机系统及时下载并安装系统补丁,使用相应的防毒软件或防火墙软硬件等;三是要做好数据备份,时刻注意网络系统的运行状态。

任务实施

(1) 试从网上收集常用的网络扫描工具并下载使用,如 X-Scan 扫描工具,可采用多线程方式对网络中指定的 IP 地址段(或单机)进行安全漏洞检测。

(2) 试从网上收集常用的网络监听工具并下载使用,如 WireShark,可进行网络监听,捕获不同的数据包,并进行内容分析。

(3) 对其他网络工具进行收集,并深入理解网络攻击原理,使用网络攻击工具在虚拟机中进行一些网络攻击操作。

任务 12.4 认识网络病毒及其预防

任务描述

小李通过学习,对公司网络安全有了较为全面的了解,能基本构建计算机系统安全以及网络安全。当前的计算机网络病毒越来越猖獗,如何对计算机网络病毒进行认识、清除和预防,也是小李必须掌握的内容,以便确保网络与信息安全。

12.4.1 计算机病毒定义

计算机病毒由来已久,其影响也甚广,尤其当前网络的迅猛发展,更加速了计算机病毒的传播和蔓延,越来越多的计算机用户受到病毒的困扰,轻者计算机速度减慢、死机以及出现蓝屏、花屏等现象,重者破坏系统文件,甚至破坏系统硬件等,以至重要的数据被毁于一旦。计算机病毒(computer virus)是一种能够自身进行复制,具有传染其他程序并起着破坏作用的一组计算机指令或程序代码。首先,计算机病毒是一种程序,或者说是一组计算机指令集合;其次,它能进行自身复制、传染;最后,它能起到破坏作用,当然也不排除一些良性病毒不对计算机系统进行直接的破坏,但它们会占用系统资源,会给用户带来不必要的烦恼,比如发出奇异的声音、画面等。

和生物病毒一样,计算机病毒也具有相同的特性,如传染性、流行性、繁殖性和依附性等,同时具有较强的隐蔽性、欺骗性、潜伏性和破坏性等,甚至有些病毒具有触发性。

12.4.2 网络病毒的特点

计算机网络使用广泛,然而也给计算机病毒带来了更为有利的生存和传播环境。在网络环境下,病毒可以按指数增长模式进行传染。病毒一旦侵入计算机网络,就会导致计算机效率急剧下降,系统资源遭到严重破坏,并在短时间内造成网络系统的瘫痪。网络病毒的特点更加明显,其主要表现在以下几个方面。

(1) 传染方式多。病毒入侵网络系统的主要途径是通过工作站传播到服务器硬盘,再由服务器的共享目录传播到其他工作站。

(2) 传播速度快。在单机上,病毒只能通过软盘从一台计算机传染到另一台计算机,而在网络中病毒则可通过网络通信机制,借助于高速电缆迅速扩散。由于病毒在网络中传播速度非常快,故其扩散范围很大,不但能迅速传染局域网内所有计算机,还能通过远程工作站将病毒在一瞬间内传播到千里之外。

（3）清除难度大。在单机上，再顽固的病毒也可通过删除带病毒文件及格式化硬盘等措施将病毒清除。而网络中只要有一台工作站未清除干净，就可使整个网络全部重新被病毒感染，甚至刚刚完成清除一台工作站的病毒，也有可能被网上另一台工作站的带毒程序所传染。因此，仅对工作站进行杀毒处理并不能彻底解决网络病毒问题。

（4）破坏性强。网络上的病毒将直接影响网络的工作，轻则降低速度，影响工作效率，重则造成网络系统的瘫痪，破坏服务器系统资源，使众多工作毁于一旦。

12.4.3 网络病毒传播途径

（1）通过可移动的存储介质传播。比如磁盘、U盘、移动硬盘等存储介质，这些存储介质都是应用非常广泛、使用频率非常高的存储介质，当一个移动存储设备在一台已感染的计算机上使用，该存储介质就会被病毒程序感染，再在另一台计算机使用时传播。早期的计算机病毒主要以这种方式进行传播。

（2）通过计算机网络进行传播。目前计算机网络无处不在，这自然给计算机病毒提供了一个传播的"高速公路"，计算机病毒可以附在正常的文件或网页中，通过计算机网络传输就非常容易地实现了计算机病毒的传播，其具有传播速度快、传播范围广等特点，也是目前最主要的传播途径，尤其是蠕虫病毒和木马程序。

（3）通过不可移动的计算机硬件设备进行传播。主要包括计算机专用芯片和硬盘等，这种病毒相对较少，但破坏力极强，检测和清除病毒都较难。

（4）通过无线电等无线通信介质进行传播。随着智能手机的广泛应用，智能手机实际上充当了网络的节点，从计算机病毒发展到手机病毒，通过无线通信、蓝牙技术等，计算机病毒同样实现了广泛的传播。

12.4.4 网络病毒的危害

（1）占用系统资源，影响计算机运行速度。大多数病毒在动态下都是常驻内存的，这必然会占用一部分系统资源，因此在计算机进程管理中，通常能找到病毒执行程序。计算机病毒抢占内存，导致内存减少，不断消耗 CPU 效率，甚至抢占中断，干扰系统的运行。由于计算机病毒占用了系统资源，自然就会影响计算机速度，这是因为病毒为了判断传染激发条件，会对计算机的工作状态进行监视。

（2）占用磁盘存储空间，破坏文件。很多计算机病毒是依附其他文件而存在的，比如寄生病毒，此时就会占用大量的磁盘空间。有些病毒还会破坏原有文件数据，导致文件不能打开或异常。引导型病毒还会占据磁盘引导区，破坏磁盘扇区。

（3）直接破坏计算机数据，导致用户数据不安全。有部分病毒在激发的时候可以直接破坏计算机中的重要数据，比如删除重要的文件，甚至格式化磁盘，改写文件分配表和目录区，破坏 CMOS 设置。随着计算机病毒的发展，还可以使计算机内部数据造成损坏和失窃。

12.4.5 蠕虫病毒和木马病毒

（1）蠕虫病毒。蠕虫是计算机病毒的一种，是利用计算机网络和安全漏洞来复制自身的一小段代码。蠕虫病毒可以扫描网络来查找具有特定安全漏洞的其他计算机,然后利用该安全漏洞获得计算机的部分或全部控制权,并且将自身复制到计算机中,然后又从新的位置进行复制。蠕虫与其他病毒最大的不同在于,它在没有人为干预的情况下能不断进行自我复制和传播。

蠕虫病毒一旦侵入计算机网络,可以导致计算机网络的效率急剧下降,系统资源遭到严重破坏,短时间内造成网络系统瘫痪。在网络环境下,蠕虫病毒可以按几何增长模式进行传染。

(2) 木马病毒。木马是一种可以驻留在计算机系统中的程序,它能对计算机系统进行控制或破坏,比如窃取密码,控制系统操作,删除文件等。严格来说,木马不是病毒,但它跟病毒的破坏性相当甚至更大。一般木马有控制端和被控制端(通常又称客户端和服务器端)两个程序,其中,控制端用于攻击者远程控制植入木马的计算机,被控制端程序即是木马程序。通常木马不具有传染性,但具有很强的隐蔽性,能够自我隐藏。

12.4.6　计算机病毒的预防

计算机病毒具有很强的传播性和感染性,因此在计算机病毒预防时,要注意以下几点。

(1) 要提高防范意识,重点关注计算机病毒的传播途径。目前主要的计算机病毒的传播途径有计算机网络、U 盘、移动硬盘等存储介质。因此,不要随意打开一些来历不明的链接和文件,对外来的存储介质应进行检查。

(2) 要对系统漏洞安装相应的升级补丁。网络病毒的入侵通常是借助于系统的漏洞,通过相应的端口进行通信。

(3) 使用防火墙和杀毒软件。防火墙可以阻隔计算机网络病毒的传播,杀毒软件通常会提供网络实时监控功能。当病毒传播或感染计算机系统时,会实时报警或执行失败,从而减少病毒的传播。

任务实施

(1) 通过上网或查找相关资讯,请说明目前最新的病毒安全动态,以了解最新的计算机病毒状况及原理。

(2) 若计算机存在病毒,尤其蠕虫病毒或木马病毒,可以通过查看进程列表方法,识别相应的病毒。进程列表查看方法可以按 Ctrl + Alt + Del 组合键,然后启动 Windows 任务管理器,如图 12-9 所示,单击"进程"选项卡,即可查看进程。如果有计算机感染病毒,通常 CPU 的使用率和内存占用率会比较高,会出现很多莫名的进程。

(3) 从网络上下载杀毒软件,如 360 杀毒软件,并进行安装及使用。

图 12-9　Windows 任务管理器

习 题

一、填空题

1. 网络安全的目标主要是保证网络系统的＿＿＿＿＿、＿＿＿＿＿、＿＿＿＿＿、＿＿＿＿＿、
＿＿＿＿＿和＿＿＿＿＿等方面。

2. 网络面临的威胁是指对计算机网络安全性的潜在破坏，可以分为＿＿＿＿＿和
＿＿＿＿＿，前者是威胁者对计算机网络信息进行修改、删除等非法操作；后者则是威胁者通
过非法手段获取信息，分析信息，而不修改它。

3. 网络安全威胁主要来源可分为＿＿＿＿＿、＿＿＿＿＿以及计算机系统本身的原因。

4. PDRR 模型是美国国防部提出的，包含了网络安全的整个环节，即＿＿＿＿＿、
＿＿＿＿＿、＿＿＿＿＿、＿＿＿＿＿，这四个部分构成了一个动态的信息安全周期。

5. 一个完整的计算机系统安全体系构建通常可包含＿＿＿＿＿、＿＿＿＿＿、＿＿＿＿＿以及
＿＿＿＿＿等多方面。

6. ＿＿＿＿＿是指硬件、软件或策略上的缺陷后门，这是软硬件制造者为了进行非授权访
问而在程序中故意设置的万能访问口令。

7. 从密码学的发展来看，经历了古典密码、＿＿＿＿＿、＿＿＿＿＿三个发展阶段。

8. 网络攻击通常都要经过＿＿＿＿＿、＿＿＿＿＿、＿＿＿＿＿。

9. ＿＿＿＿＿是一种能够自身进行复制，具有传染其他程序，并起着破坏作用的一组计
算机指令或程序代码。

二、判断题

1. 计算机软硬件设计中的漏洞与后门本质是一样的，都会对计算机安全构成威胁。
（　　）

2. DES 算法是基于单钥加密算法的。（　　）

3. 不对称加密算法中，任何一个密钥都可用于加密、解密，但不能自加密、自解密。
（　　）

4. "木马"不能被计算机自动启动。（　　）

5. 非对称密钥密码机制要比对称密钥密码机制的运算量大。（　　）

6. 发现木马，首先要在计算机的后台关掉其程序的运行。（　　）

7. 按计算机病毒的传染方式来分类，可分为良性病毒和恶性病毒。（　　）

8. 使用最新版本的网页浏览器软件可以防御黑客的攻击。（　　）

三、单项选择题

1. 计算机网络的安全是指（　　）。
   A. 网络中设备设置环境的安全　　　　　B. 网络使用者的安全
   C. 网络中信息的安全　　　　　　　　　D. 网络中财产的安全

2. 信息风险主要是指（　　）。
   A. 信息存储安全　　　　　　　　　　　B. 信息传输安全

C. 信息访问安全   D. 以上都正确

3. 以下（   ）不是保证网络安全的要素。

    A. 信息的保密性   B. 发送信息的不可否认性

    C. 数据交换的完整性   D. 数据存储的唯一性

4. 网络病毒与一般病毒相比,所具有的特点是(   )。

    A. 隐蔽性强   B. 潜伏性强

    C. 破坏性强   D. 传播性广

参考文献

[1] 成秋华.操作系统原理与应用[M].北京：清华大学出版社,2008.

[2] 姜庆玲.操作系统实用教程[M].北京：清华大学出版社,2015.

[3] 林子雨.大数据导论(通识课版)[M].北京：高等教育出版社,2020.

[4] 林子雨.大数据基础编程、实验和案例教程[M].北京：清华大学出版社,2017.

[5] 王雪蓉.计算机应用基础(Windows 2010＋Office 2019)[M].北京：清华大学出版社,2020.

[6] 周燕霞,王旺迪.办公软件高级应用技术(考证实践指导)[M].成都：电子科技大学出版社,2014.

[7] 张得佳.计算机应用基础(建工类)[M].北京：科学出版社,2017.

[8] 郑建标.办公软件高级应用实验指导[M].成都：电子科技大学出版社,2014.

[9] 李伯虎.云计算导论[M].北京：机械工业出版社,2019.

[10] 郝兴伟.大学计算机(计算机应用的视角)[M].济南：山东大学出版社,2018.

[11] 李新晖,陈梅兰.虚拟现实技术与应用[M].北京：清华大学出版社,2016.

[12] 徐祥征,彭勇.计算机网络基础与 Internet 应用[M].成都：电子科技大学出版社,2007.

[13] 王凤英,程震.网络与信息安全[M].北京：中国铁道出版社,2006.

[14] 尼克.人工智能简史[M].北京：人民邮电出版社,2017.

[15] 李建,王芳,张天伍.虚拟现实技术基础与应用[M].北京：机械工业出版社,2018.

[16] 赵卫东,董亮.机器学习.北京：人民邮电出版社,2018.

[17] 杨云.计算机网络技术与实训[M].4 版.北京：中国铁道出版社,2019.

[18] https://baike.baidu.com/.